新一代
网络多媒体技术及应用研究

张艳芳　齐慧平　张　迪　编著

中国水利水电出版社

www.waterpub.com.cn

·北京·

内 容 提 要

　　网络多媒体技术是当前世界上发展最快和最富有活力的高新技术之一。本书分 12 章，对网络多媒体技术相关的基本概念、技术及应用作了全面的论述，包括概论、网络技术基础、网络多媒体开发技术、多媒体数据压缩技术、多媒体硬件环境、多媒体应用软件开发技术、数字音频技术、数字图像处理、数字动画处理、数字视频处理、流媒体技术和网络多媒体应用系统。

　　本书可供计算机爱好者以及从事多媒体、通信、计算机方面工作的工程技术人员参考。

图书在版编目（ＣＩＰ）数据

新一代网络多媒体技术及应用研究 / 张艳芳，齐慧
平，张迪编著. -- 北京 : 中国水利水电出版社，2016.9（2022.10重印）
ISBN 978-7-5170-4667-7

Ⅰ. ①新… Ⅱ. ①张… ②齐… ③张… Ⅲ. ①计算机
网络－多媒体技术－研究 Ⅳ. ①TP37

中国版本图书馆CIP数据核字(2016)第207815号

责任编辑:杨庆川　陈　洁　封面设计:崔　蕾

书　　　名	新一代网络多媒体技术及应用研究　XINYIDAI WANGLUO DUOMEITI JISHU JI YINGYONG YANJIU
作　　　者	张艳芳　齐慧平　张　迪　编著
出版发行	中国水利水电出版社
	（北京市海淀区玉渊潭南路 1 号 D 座 100038）
	网址：www. waterpub. com. cn
	E-mail:mchannel@263. net(万水)
	sales@ mwr.gov.cn
	电话：(010)68545888(营销中心)、82562819（万水）
经　　　售	全国各地新华书店和相关出版物销售网点
排　　　版	北京鑫海胜蓝数码科技有限公司
印　　　刷	三河市人民印务有限公司
规　　　格	184mm×260mm　16 开本　16 印张　389 千字
版　　　次	2016年9月第1版　2022年10月第2次印刷
印　　　数	1501-2500册
定　　　价	56. 00 元

前　言

20世纪90年代以来,日新月异的信息技术给人们的生活和工作等方方面面带来了深刻的变化,而通信技术、计算机技术与多媒体技术相融合形成的网络多媒体技术更是大大推进了这一变革。网络多媒体技术是一门综合的、跨学科的技术,它综合了计算机技术、通信技术以及多种信息科学领域的技术成果,目前已经成为世界上发展最快和最富有活力的高新技术之一。它不仅为计算机行业、通信行业和电视行业的发展带来了巨大变革,而且也得到了越来越广泛的应用,利用多媒体计算机的文本、图形、视频、音频及其交互特点,可以制作出生动形象的计算机辅助教学软件;利用多媒体信息系统,可以实现远程视频、音频节目点播;利用多媒体技术,人们可以轻松地获得旅游、金融、交通、电信等服务信息。

为了把自己的教学成果和实践经验通过本书展现给读者,更为了使读者能够通过本书系统地了解和掌握网络多媒体技术的基本原理、关键技术和发展方向,我们在撰写本书时力求做到分析透彻、结构合理、语言流畅、通俗易懂,注重突出以下特点。

(1)内容全面,重视基础理论、基本技术的全面介绍

本书内容包括了网络技术基础、网络多媒体开发技术、多媒体数据压缩技术、多媒体应用软件开发技术、数字音频技术、数字图像处理、数字动画处理、数字视频处理、流媒体技术和网络多媒体应用系统,涵盖了网络多媒体技术所涉及的概念、关键技术及应用。

(2)难易结合,覆盖面广,深度适中,注重理论联系实际

在讲述基础理论和基本技术的同时,本书也对相关标准和前沿技术进行了介绍,并结合关键技术对网络多媒体应用系统进行了全面分析。对涉及的难点、重点和新知识的部分,本书增加了相关的基础知识介绍。

(3)内容先进,重视网络多媒体领域的新技术、新方法

本书内容除基础知识外,还包括网络多媒体新技术以及实用先进技术,如压缩技术、流媒体技术、交互视频服务系统及虚拟现实系统等。

全书由张艳芳、齐慧平、张迪撰写,具体分工如下:

第2章~第4章、第10章:张艳芳(临汾职业技术学院);

第1章、第5章、第6章、第9章、第11章:齐慧平(临汾职业技术学院);

第7章、第8章、第12章:张迪(赤峰学院)。

本书在写作过程中,参考了大量国内外相关文献,并从互联网上查阅了相关资料,在此对这些文献及资料的作者表示衷心的感谢。

由于网络多媒体技术是一门综合性很强的技术,其发展相当迅速,新知识、新方法、新概念和新系统等层出不穷,加之笔者学识有限,书中难免存在不足之处,敬请读者指正。

作　者
2016年3月

目　　录

第 1 章　概　　论

1.1　网络多媒体技术的概念

网络多媒体技术作为一门综合技术,涉及许多概念。本节通过解释一些相关的重要概念,来使读者初步认识网络多媒体技术。

1.1.1　媒体

媒体是人与人之间、人与计算机之间进行信息交流的介质,是指信息传递和存储的最基本的技术和手段,即信息的载体。媒体的英文是 Medium,复数是 Media。

在计算机领域中,媒体有两种含义:一是指传播信息的载体,如语言、文字、图像、视频及音频等;二是指存储信息的载体,如磁带、磁盘、光盘以及半导体存储器等。

从广义的应用过程来看,作为信息的载体的媒体有多种,如书刊报纸、广播电台及网络系统等,光盘存储器也是很重要的承载信息的载体。

媒体分为以下五大类。

1.感觉媒体

它是指人类通过其感觉器官,如听觉、视觉、嗅觉、味觉和触觉器官等直接产生感觉的一类媒体,这类媒体包括声音、文字、图像、气味和冷、热等。比如,人的耳朵能够听到的各种声音,人的眼睛能够看到的各种光线、颜色、文字、图像等。人类感觉器官能够感知到的所有形式都是感觉媒体。对应人的五种感觉是视觉、听觉、触觉、嗅觉和味觉。感觉媒体存在于人类能够感觉到的整个世界,目前多媒体技术主要研究和应用听觉媒体和视觉媒体。

2.表示媒体

它是指用于数据交换的编码表示,其目的是有效地加工、处理、存储和传输感觉媒体而人为研究、构造出来的一种媒体。其目的是更有效地加工、处理和研究感觉媒体。表示媒体代表媒体信息在计算机中以什么样的形式存在,即信息的数据编码。表示媒体有各种编码方式,如文本编码(ASCII 码、GB-2313 码等)、图像编码(JPEG、MPEG 等)、声音编码(MP3 等)以及电报码和条形码等。

3.表现媒体

表现媒体是指感觉媒体和用于通信的电信号之间转换用的一类媒体。表现媒体通常为表达和接收媒体信息的物理设备,所以表现媒体又可分为两种:一种是输入表现媒体,如键盘、话筒、摄像机等;另一种是输出表现媒体,如显示器、扬声器、打印机等。目前尚缺少通用的嗅觉、味觉、触觉表现装置。

4.存储媒体

存储媒体是指进行信息存储的媒体,以便计算机随时处理、加工和调用。如硬盘、光盘、ROM 及 RAM 等。

5.传输媒体

它是指承载信息并将信息进行传输的媒体,包括双绞线、同轴电缆、光缆和无线链路等。计算机网络是传输媒体,3G 网络是移动多媒体数据传输媒体。

各种媒体之间的关系如图 1-1 所示。

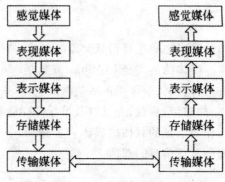

图 1-1　ITU-T 五种媒体间关系示意图

1.1.2　常见的媒体类型

1.文本

文本包含符号、符号的字体、符号的尺寸、符号的格式与色彩以及在数据传送和操作管理中的符号编码等。

目前,文本主要的国际标准和工业标准包括 ISO646、ISO10646、T.101、ASCII 以及 GB2312 等。

2.图形

它是指从点、线、面到三维空间的黑白或彩色几何图。它一般由图形编辑器或程序产生,也常被称作计算机图形。计算机对图形文件进行存储时,实际上存储的是绘图指令和相关绘图参数。图形的优点是可以实现无级放大,不会失真,且占用的存储空间小;缺点是颜色不丰富,描述复杂图形比较困难。

目前,图形编码主要的国际标准和工业标准包括 T.101、T.150、ISO8632 以及

ISO7942 等。

3. 图像

图像是指由像素点阵组成的画面。它包括扫描静态图像和合成静态图像。扫描静态图像通过扫描仪、模/数转换装置或数字相机等捕捉;后者由计算机辅助创建或生成,即通过程序、屏幕截取等生成。图像文件存储的是像素点阵值,在文件格式中没有任何结构信息。

图像编码主要的国际标准有 JBIG、JPEG 以及 JPEG 2000。

4. 视频与动画

视频与动画利用人眼的视觉暂留特性,快速播放一连串静态图像,在人的视觉上产生平滑流畅的动态效果。关于视频与动画,主要有以下几个基本概念。

(1)视频

视频以位图形式存储,需要较大的存储容量,分为捕捉运动视频与合成运动视频。前者是通过普通摄像机与模/数转换装置、数字摄像机等捕捉的;后者是由计算机辅助创建,即通过程序和屏幕截取等生成的。

(2)动画

动画是运动图形,它存储对象及其时空关系,因此带有语义信息,在播放时需要通过计算才能生成相应的视图。它通常是通过动画制作工具或程序生成的。

运动图像的数据量很大,通常都要经过压缩才能进行传输或存储,其压缩标准种类繁多,目前主要包括 H. 261、H. 263、H. 264 及 MPEG 系列标准等。

5. 声音

声音指在听觉范围内的语音、音乐及噪声等音频信息。语音编码标准大部分由 ITU-T 提出,主要包括 G. 711、G. 723 及 G. 729 等。

1.1.3　多媒体与多媒体技术

1. 多媒体

它是融合两种或者两种以上媒体元素的信息交流和传播媒体,是超媒体的子集。超媒体由超文本和多媒体两部分构成。有时超媒体也混称为多媒体。超文本的最重要应用形式是Internet 中的 Web(网页)应用。在网页基于 HTML 超文本表述语言制作的网页中支持多媒体信息的应用。本书所说的多媒体不包含超文本。

现代科技的发展赋予多媒体丰富的含义,其特征如下。

①多媒体是信息交流和传播的媒体,从这个意义上说,多媒体和电视、报纸及杂质等媒体的功能是一样的。

②多媒体是人机交互式媒体。早期认为人机交互是人和计算机之间的交互,目前已出现了数字交互电视,因此人机交互的概念也包含了任何电视之间的交互。

③多媒体信息都是以数字形式而非模拟信号形式存储和传输的。

④传播信息的媒体的种类很多。

多媒体具有如下特点。

(1)信息量巨大

信息量巨大表现在信息的存储量以及传输量上。例如,640×480 像素、256 色彩色照片的存储量为 0.3MB;CD 双声道的声音每秒的存储量为 1.4MB;广播质量的数字视频码率约为 216Mb/s;高清晰电视数字视频码率在 1.2Gb/s 以上。

(2)集成性

在多媒体系统中,是将各种信息载体集成一体,强调各种媒体之间的协同关系及利用。从早期的图像、声音的单独处理与应用,到如今的图像与声音集成的视频技术、动画与交互技术集成的在线游戏等,体现了多媒体的集成性。

此外,多媒体设备的集成性也体现在软、硬件两个方面。硬件方面,包括能处理多媒体信息的高性能 CPU、多通道的输入输出接口及宽带通信网络接口与大容量的存储器,并将这些硬件设备集成为统一的系统;在软件方面,则有多媒体操作系统,满足多媒体信息管理的软件系统、高效的多媒体应用软件和创作软件等。

(3)数据类型具有多样性与复合性

媒体的多样性表现如下。

①媒体的种类多样化。

②多媒体信息的表现形式和相互作用关系形式多样化。

③多媒体的应用形式多样化。

多媒体数据包括文本、图形、图像、声音和动画等,而且还具有不同的格式、色彩、质量等。媒体信息具有多样化和多维化,通常不局限于单一媒体元素,而是多种媒体元素的有机组合,从而能够更好地丰富和表现信息。

人类具有五大感觉,即视、听、嗅、味与触觉。前三种感觉占总信息量的 95% 以上,如图 1-2 所示,而计算机远没有达到人类处理复合信息媒体的水平。

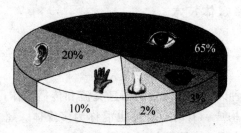

图 1-2 人类五大感觉所占信息量关系

(4)多媒体的交互性

多媒体的交互性指人机之间的信息交换关系。这里的"机"指的是电子计算机,也包含其他的机器。媒体所携带的信息作用于人或计算机系统后,信息的受体要对所接收的信息做出反应,并以相同媒体形式或不同媒体形式表现出来。

(5)数据类型间的区别较大

不同媒体间的存储量差别较大,不同媒体间的内容与格式不一,相应的内容管理、处理方法和解释方法也不同。

(6)数据处理复杂

为了能够有效地对多媒体信息进行存储和在网络中进行传输,必须对多媒体信息进行有效处理。数据压缩和解压缩技术、语音识别、多媒体信息检索、虚拟现实等处理技术都是多媒体研究中的重要课题。

2. 多媒体技术

目前公认比较准确的概念是由 Lippincott 和 Robinson 于 1990 年 2 月在《Byte》杂志上发表的两篇文章中给出的"多媒体技术"的定义:多媒体技术就是计算机交互式综合处理多媒体信息——文本、图形、图像和声音,使多种信息建立逻辑连接,集成为一个系统并具有交互性的技术。简而言之,多媒体技术就是计算机综合处理声、文及图等信息的技术,具有集成性、实时性和交互性的特点。

多媒体技术内容广泛,包括多媒体信息感知技术、多媒体信息表现技术,多媒体信息数字化表示技术、多媒体信息存储技术、多媒体信息传输技术以及其他相关技术。以计算机为核心并实现数字化的多媒体功能的系统称为多媒体计算机系统,它由各种多媒体传感器(如话筒、摄像头)、多媒体表现装置(如扬声器、显示器)、相应的计算机接口和控制器电路、电子计算机硬件、多媒体操作系统软件、多媒体应用软件等构成。

具体来说,多媒体计算机技术是指以数字化为基础,能够对多种媒体信息进行采集、编码、存储、传输、处理和表现,综合处理多种媒体信息并使之建立起有机的逻辑联系,集成为一个系统并具有良好交互性的技术。多媒体技术主要涉及以下方面。

①图像处理。如静态图像和视频图像的压缩/解压缩、动画、图形等。

②声音处理。如声音的压缩/解压缩、音乐合成、特定人与非特定人的语音识别、文字-语音转换等。

③超文本处理。如文本中的词、短语、符号、图像、声音或视频之间的链接,使得建立互相链接的对象不受空间位置的限制。

④多媒体数据库。如基于内容的图像数据库。

⑤信息存储体、大容量存储技术。如 CD-ROM 类只读光盘、磁光盘(MOD)、相变光盘(PCD)、数字声音磁带(DAT)等。

⑥多媒体通信。如 FAX、局域网(LAN)、广域网(WAN)、城域网(MAN)、业务数据网络(N-ISDN、B-ISDN)等通信。

多媒体技术研究的媒体对象主要有文本、声音、图形、图像、动画和视频等。

(1)文本

文本(Text)是文字的集合。文字是人类最早用来交流信息的符号系统,是记录语言的书写形式。计算机中的文字指的是组成计算机文本文件的基本元素。

没有任何文本格式或排版信息的纯文字文件,称为非格式化文本文件或纯文本文件,如扩展名为.txt 的文件;包含文本格式或加入了排版命令的特殊文本文件,则称为格式化文本文件,如扩展名为.doc 的文件。

在计算机中,文本是采用编码的方式进行存储和交换的。英文字符采用美国信息交换标准代码 ASCII 编码,如 ASCII 码中的 A 表示为 8 位二进制码 01000001。汉字采用中国国标 GB 2312 编码的方式在计算机内进行存储和交换。

(2)声音

声音是物体振动产生的声波。在计算机领域,通常要将声音的模拟信号转换成为数字信号,即数字音频。数字音频是计算机保存、传输声音信号的一种方式。

计算机中常用的存储声音的文件有如下几种。

①WAV:WAV 文件又称为波形文件,是 PC 常用的一种声音文件。它是通过对声音波形的高速采集、数字化后直接得到的文件,其优点是失真小,但是占用存储空间较大。

②MP3:MP3 是一种经过压缩转换后的声音文件。它是根据 MPEG-1 视频压缩标准,对立体声伴音进行第三层压缩所得到的声音文件,它保持了 CD 激光唱盘的立体声高品质音质,压缩比达到 12:1。

③MID:数字音频文件称为 MIDI(Musical Instrument Digital Interface,音乐设备数字接口)音乐数据文件,它是 MIDI 协会制定的音乐文件标准。MID 文件不同于其他音频文件,它并不保存模拟音频数字化后的声音信息,而是用于描述乐曲演奏过程中的一系列指令,这些指令包含了音高、音长和通道号等主要信息,播放的时候则根据这些指令进行声音合成,因而这类音频文件占用的磁盘空间较小。

(3)图形与图像

1)图形

图形一般是指由计算机通过计算而绘制的画面,如直线、圆、矩形、曲线、图表、景物等。如机械结构图、建筑结构图和电路图等,都是典型的组合图形。图形文件只记录生成图的算法和图上的某些特征点,例如,描述构成该图的各种图元位置的维数、图形生成规则等,因此又称为矢量图。图形的最大优点在于可以分别控制处理图中的各个部分,在移动、旋转、放大、缩小、扭曲时不产生失真。图形的这些特点使得它适用于工程制图领域,如几何图形、工程图纸、CAD、3D 造型软件等。

图形有二维(2D)图形和三维(3D)图形之分,如图 1-3 所示。

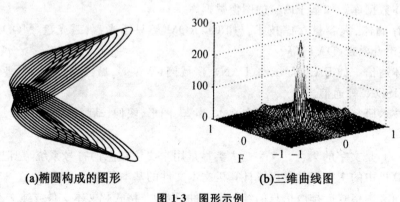

(a)椭圆构成的图形　　　　　　(b)三维曲线图

图 1-3　图形示例

2)图像

图像是指用各种观测系统、以不同形式和手段观测客观世界而获得的影像数据,它直接作用于人眼,进而产生视觉感知的实体。如照片、雷达图像、红外图像、ET 片等。

日常所见的图像大多是用模拟信号表示的，为了能用计算机进行加工处理，需要将其数字化，数字化后的图像称为数字图像。本书重点讨论的就是数字图像。

数字图像的基本单元称为像素。一幅数字图像由许多紧密排列的像素点组成的矩阵描述，这种图像称为位图。位图中的位用来定义图中每个像素点的颜色和亮度。

计算机中常用的图像文件格式有以下几种。

①BMP：即位图文件，是最通用的一种图像文件格式，一般数据量比较大，占用存储空间也较大。

②JPEG：也可简写为JPG，是一种采用了JPEG图像压缩标准进行有损压缩后的图像文件，也是目前网上最流行的图像格式。

③GIF：一种采用了压缩技术的图像文件，适用于网上的小图片，如Logo和图标等。

此外，常用的文件格式还有".pcx"".tif"".psd"等。

（4）动画与视频

1）动画

动画是指动态的图画，其实质是连续播放的一幅幅静态图像或图形，一幅静态图像称为一帧。由于人眼具有视觉暂留现象，也就是在亮度信号消失之后，人眼仍然能够保持这种亮度感觉1/20～1/10s的时间。动画就是根据这个特性产生的。图1-4中的七幅静态小鸟图片，在Flash中制作成连续播放形式，即成为人眼感知的小鸟飞翔的动画。

图1-4　构成小鸟飞行动画的七帧图片

动画与视频图像不同的是，视频图像一般是指现实生活中所发生的事件的记录，而动画通常是指人工绘制出来的连续图形所组合成的动态影像。

常用的动画文件格式如下。

①GIF：不仅是图像文件格式，还可以存放多幅图像，然后逐幅显示而形成简单的动画，Internet上大量采用这种格式的动画。

②FLI或FLC：是Autodesk公司提出的文件格式，3D Studio MAX以及Animator采用的就是这种文件格式。

③SWF：Macromedia公司的Flash矢量动画格式，也是目前常用的格式。

2）视频

视频是一种活动影像，是若干幅相互关联的静止图像的连续播放。视频中的每一幅静态图像称为一帧，多幅静态图像的连续播放速度达到24f/s，对于人眼就会产生图像"动"的效果。计算机中的视频是数字化的，主要来自摄像机、录像机或电视机等视频设备，这些视频图像被送至计算机内的视频图像捕捉卡进行数字化处理，并保存在计算机的存储设备中。目前的视频采集设备（如摄像机）也可以直接将采集到的图像数字化。

计算机中的主要视频文件格式如下。

①AVI：Windows使用的动态图像格式，它可以将声音和图像同步播出，但文件占用存储

空间较大。

②MPG：是 MPEG 制定压缩标准中确定的文件格式，应用于动画和视频影像，文件占用存储空间较小。

1.1.4　超文本与超媒体技术

1. 超文本

1965 年，Ted Nelson 提出了"超文本"这个术语，而且开始在计算机上实现这个想法。超文本是一种按信息之间的关系非线性地存储、组织、管理和浏览信息的计算机技术。超文本技术与传统计算机技术的区别在于，它不仅注重所要管理的信息，更注重信息间关系的建立和表示。

图 1-5 为一完整的小型超文本结构。

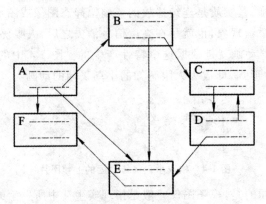

图 1-5　小型超文本结构

世界上第一个实用的超文本系统是美国布朗大学在 1967 年为研究及教学而开发的"超文本编辑系统（Hypertext Editing System）"。从 1985 年以后，超文本在实用化方面取得了很大进步，开始广泛地应用到各种信息系统。例如：1985 年 Janet Walker 研制出了"符号文献检测器"；1985 年布朗大学推出了 Intermedia 系统，在 Macintosh 上运行；1986 年 OWL 引入 Guide，这是第一个广泛应用的超文本；1987 年 Xerox 公司推出了 Notecards，它有一个良好的浏览工具，含有一个层次系统和组织复杂的 Notecard 网络，还提供了用于网络的组织以及用于显示和管理的一组工具；1987 年美国苹果公司在 Macintosh 微机上推出了 HyperCard 软件，这是一个十分形象的集图、文、声为一体的超文本系统；1991 年美国 Asymetrix 公司推出 ToolBook 系统；1990 年位于日内瓦的欧洲量子物理实验室 CERN 的物理学家和工程师为了与其他协作机构探讨最新学术研究成果而建立的运行于 Internet 网络的 WWW(Web)系统开始流行，成为当前最重要的网络多媒体信息管理系统，全面影响着人类的生活与工作方式。

与此同时，超文本的学术理论研究也日益受到重视。1987 年 ACM 超文本专题讨论会在北卡罗来纳大学召开；1989 年第一次超文本公开会议在英国约克郡召开；1990 年第一届欧洲超文本会议在法国召开。这些活动都成了系列性会议而被延续下来,这标志着超文本技术的进一步成熟。同时,ISO 等国际组织也制定了超文本方面的标准,并得到越来越广泛的应用。

2. 超媒体

超媒体指多媒体超文本(Multimedia Hypertext),即以多媒体的方式呈现相关文件信息。

超文本/超媒体技术的出现,为实现有效的多媒体信息综合管理带来了希望。尤其在 Internet 飞速发展的今天,超文本/超媒体技术已经成为 Internet 上信息检索的核心技术。

一般认为,超文本的历史可以追溯到美国著名科学家 V. Bush。早在 20 世纪 30 年代初期,他就提出了一种叫做 Memex(Memory extender,存储扩充器)机器的设想,并于 1939 年写出了有关的论文稿。由于种种原因,这篇名为 *As We may Think*(由于我们可以思考)的著名论文直到 1945 年才发表,但其影响至今。尽管 Bush 还没有使用超文本或超媒体这个术语,实际上 Memex 已经提出了今天超媒体的思想。Bush 提出 Memex 设想的原因是他担心由于科学信息量迅速增长,即使是某一门学科的专家也不可能跟踪该学科的发展情况。而且 200 多年来印刷技术没有什么突破性的进展,有关共享与表现信息的方法也很少,不敷应用。同时 Bush 也指出了传统的顺序检索方式的缺点,即当要查找某一信息时,就要遍历所有对象逐一查找,而且信息的定位需要繁琐的规则。Bush 试图用 Memex 的联想检索的方法来克服这些缺点。按照 Bush 的描述,Memex 是"一种个人文件和图书的管理机","一种专门存储书籍、档案和信件的设备。由于它是机械的,所以它能快速而灵活地进行查阅"。他设想把信息存在缩微胶片中,并配有一个扫描器,用户可用它来输入新的资料,也可以在页边用手加写注释和说明。所有各种书籍、图片、期刊和报纸等均可方便地输入到 Memex 之中。Bush 的论文发表后曾引起广泛的注意,然而事实上并未制造出任何实际的 Memex 机器。有趣的是,作为早期的计算机专家的 Bush,却没有用计算机技术作为他的设想的基础,这大概与当时的计算机既庞大又昂贵有关。

Bush 的论文发表后一二十年间,在超媒体研究方面没有取得什么重要的进展。Douglas Engelbart 的工作却值得一提。1959 年,Engelbart 在斯坦福研究所开展了 Augment 课题的研究,这是办公自动化和文本处理方面的重要工作。Augment 课题中的一个实验工具联机系统(On Line System,NLS)虽然还不是一个超文本或超媒体系统,但已具有若干超文本的特性。设计 NLS 是为了"存储所有的说明书、计划、程序、文献、备忘录、参考文献、旁注等,做所有的琐事,制定计划,进行设计、跟踪等,以及通过控制台进行大量的内部通信"。

超文本(Hypertext)这个词是由 Ted Nelson 在 20 世纪 60 年代创造的,所以他被认为是早期超文本的创始人。20 世纪 60 年代末期,Nelson 应布朗大学的邀请共同研究超文本问题,他提出了 Xanadu 系统的设想,根据他的想法,任何人任何时候所写的东西都可以存储在通用的超文本中,Xanadu 便是"文字记忆的魔地"的意思。Nelson 把超文本看作是一种文字媒介,他认为:"任何事物之间都有很深的联系",因此可以把它们连在一起。后来,Xanadu 成了一个实际的系统。

从 Ted Nelson 创立超文本概念之后的十几年中,超文本的研究不断取得可喜的进展。这个阶段出现了许多超文本概念系统,如超文本编辑系统 FRESS、NLS、ZOG、Aapen Movie

Map 等。尤其是 Aspen Movie Map(白杨城影片地图),其想象力之丰富在今天仍被人津津乐道。进入 20 世纪 80 年代,由于技术的进步,超文本研究发生了质的飞跃,达到了实用的水平。这期间最著名的系统有 SDE、NoteCards、Intermedia、Guide 及 HyperCard 等。

1987 年到 1989 年几次国际性的超文本会议最终确定了超文本领域的形成,标志着超文本已进入了成熟期。由于多媒体的产生,超文本技术与多媒体技术发生了融合,从而产生了超媒体的概念。特别是 20 世纪 90 年代兴起的信息高速公路热,以超文本技术实现的 WWW (World Wide Web)系统的广泛应用,使得超文本和超媒体更受瞩目。WWW 的出现,实际上代表着超媒体发展的未来。

国内超文本和超媒体的研究起步较晚,由国防科技大学设计的 HWS 系统(1991)、HDB (1995)系统是最早的工作之一,前者是一个以多媒体创作为主的单机超媒体系统,而后者是一个可以在网络上运行的、具有丰富创作功能的、并且可以进行多媒体数据库管理的超媒体系统,受到同行的重视。后面介绍的许多内容和实例都与它们有关。

1.2　网络多媒体技术的发展

1.2.1　网络多媒体技术的发展

在 Internet 普及之前,多媒体技术已经在大多数个人计算机中扎下了根,如通过计算机聆听 CD、观看 VCD 等。多媒体技术的出现,使计算机这种看起来高深莫测的高档机器有了一副友善的面孔,使之迅速普及到千家万户。多媒体技术所具有的与影音结合的特点和交互功能,迎合了计算机发展的平民化趋势,成为计算机发展史上不可磨灭的亮点。

20 世纪 90 年代中期的多媒体制作主要围绕光盘存储器,大多数多媒体制作工具,如 ToolBook、Authorware、Director 等都是围绕这个目的开发的。

2005 年 12 月 26 日,国家 863 计划计算机软硬件技术主题专家组,在北京正式推出 2005 中国数字媒体技术发展白皮书,白皮书重新定义了数字媒体这一概念:数字媒体是数字化的内容作品,以现代网络为主要传播载体,通过完善的服务体系,分发到终端和用户进行消费的全过程。这一定义强调了数字媒体的传播方式是通过网络,而将光盘等媒介内容排除在数字媒体的范畴之外。

因此,现在的多媒体制作正从以光盘为中心转向以网络为中心,用多媒体网络开发语言(如 HTML 语言、XML 语言、VRML 语言、SMIL 语言、WML 语言等)或工具(如 Microsoft Windows Media、Real Producer、Macromedia Flash 等)开发的多媒体项目不仅可以在网络上传输,而且可以存储在光盘上发行。

随着 Internet 的迅速普及,计算机正在经历着一场网络化的革命。在这场变革中,传统多媒体手段由于其大传输量的特点而与网络传输环境发生了矛盾,面临发展相对停滞的危机。如何在现有的网络传输条件下实现多媒体技术,成了众多软件公司和技术组织研究的热点,当前常见的解决方案主要包括减小多媒体文件的体积和采用流媒体技术两种方法。

1. 减小多媒体文件的体积

在网络环境下实现多媒体技术，一个重要的前提就是在使用者能够接受的品质下，将庞大的多媒体信息进行最大程度的减小。

（1）信息压缩

要使体积庞大的多媒体文件在现有网络上进行传输，必须减少传输的信息量；而要减少传输的信息量，首选方案就是对多媒体文件进行大比例的压缩。一个典型的动态影音文件至少需要每秒 1M 左右的数据传输，即便是达到 200∶1 压缩比的标准 MPEG-1 文件也需要至少每秒 150K，这还是过于庞大的。因此，要在现有网络上发布实时的影音文件，就必须进行更为极端的压缩。

例如，对于声音，实验证明有些频率的声音人们根本很难分辨，如果将这些人耳很难分辨的声音从多媒体信息文件中清除，就能进一步减小体积；如果没有必要使用两个声道来表现立体声的效果，那么一个声道的信息又减小了一半。通过采用这些压缩信息的方法，可以将一个活动的影音信息的传输从每秒上百 K 减小到每秒几 K。当然，这种压缩方法是以牺牲多媒体信息的品质为代价的，很难奢望这种方法制作出来的多媒体信息能达到传统的多媒体视觉和听觉效果，但是对于低速的网络来说也只能如此了。

Microsoft 公司的 .ASF 文件和 Real Networks 公司的 .RM 文件就是这类压缩方式的典型代表。

（2）矢量图形

除了加大压缩程度外，减小文件体积的另一个可行办法就是使用矢量图形文件。

多媒体信息中的图像（位图）由无数小像素点组成，每个像素点都要占据一定的存储空间，图像越大，像素点越多，相应的文件体积就变大。在网络应用中，这种由像素点组成的点阵图像的面积不可能做到很大，否则相应的文件体积将成倍地增加。

矢量图形是能满足大画面、低数据量传输需求的图形格式。矢量图形和位映像图（简称位图）最大的区别在于：位图靠无数的小像素点来描述信息，而矢量图形是以数学表达式的方法来描述信息，如图 1-6 所示。

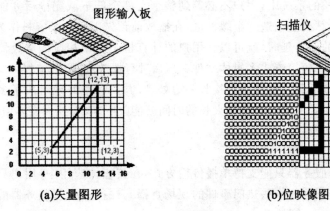

图 1-6　矢量图形与位图

举一个简单的例子:假设画一个 3cm 边长的正方形,用位图的方法来表达需要画 50 个小点,用矢量图形的方法则需要数学公式 3×3(cm) 表达;如果将要求改成画 300cm 边长的正方形,同样用位图的方法需要画 500000 个小点,而用矢量图形的方法只需将数学公式改成300×300(cm) 即可。虽然只是一个简单的比喻(实际绝非如此简单),但从这两种表达方式的比较中不难看出,矢量图形具有所需信息量小、表达准确的特点,所以特别适合在网络环境下使用。Macromedia 公司的.SWF 文件格式正在成为矢量图形的标准。

(3)三维实时着色技术

三维实时着色技术也是降低文件传输量的一种有效手段。常见的三维动画是按照制作人员设定、着色后生成的文件,庞大的文件只有借助于有损质量的大比例压缩方式才能适应网络环境。

如果换一种方式来实现:三维图像并不直接生成文件,而是先在网络上传输未生成的 3D 模型和相应的贴图文件,然后在使用者的计算机上实时进行渲染着色,这会大大减轻网络的传输负担,非常适合网络的特定环境。Met Creations 的 MetaStream(.MTS)正是采用这样一种模式的文件格式。

2.采用流媒体技术

除了减小多媒体文件的体积外,网络中的多媒体都支持"流"传输方式,几乎每一种网络多媒体信息解决方案都使用了"流"技术来进行信息的传输。

(1)流式传输方式

由于网络的传输速度慢,如果按传统的计算机文件处理方式来处理网络多媒体信息,将会造成麻烦。通常情况下,计算机处理文件是完整地进行处理的,也就是说文件在被处理的时候必须是一个完整的整体。文件一旦遭到损坏,或者只有一半的内容,那么计算机将认为该文件是坏的,是不可处理的。在网络环境下,一个 5min 的 Real 格式音乐文件,压缩后体积约为600K,完整地传输到本地需要 3~4min 的时间。也就是说按照"惯例",使用者按下鼠标后,最快也要 3min 以后才能听到声音。如果是 100min 的音乐文件呢? 使用者要静静地等上一个小时才能听到声音,这显然不符合人们的日常习惯,解决该问题的答案就是"流"技术。

在采用流式传输方式的系统中,用户不必等到整个文件全部下载完毕后才能看到其中的内容,而是在使用者的计算机上创造一个缓冲区,在播放前预先下载一段资料作为缓冲。这样只需经过几秒或几十秒的启动延时,就可以在用户的计算机上使用相应的播放器或其他软硬件,对压缩的动画、视频、音频等流式多媒体文件解压后进行播放和观看,流媒体文件的剩余部分将在后台服务器内继续下载。这种一边接收一边处理的方式,很好地解决了多媒体信息在网络上的传输问题。使用者可以不必等待太长的时间就能收听、收看到多媒体信息,并且在此之后可以一边播放一边接收。

(2)P2P 协作流传输和共享

目前,大多数流媒体服务器只能支持单播传输方式,在流媒体应用中,用户只能选择单播的传输方式。当用户很多时(如一些热门事件的现场直播),往往会引起服务器的拥塞;另外,用户间往往会存在一些冗余的带宽。

P2P 是当前互联网上较热门的技术,其基本思想是通过 P2P 技术,使每个用户除了能与服务器交换信息外,还可以共享他人的文件或将自己的信息提供给其他用户。

P2P 技术应用到流媒体中,每个流媒体用户都是 P2P 中的一个节点,用户可以根据他们的网络状态和设备能力与其他用户建立连接来分享数据。这种连接能减轻服务器的负担,提高每个用户的播放质量。

P2P 技术如果与可伸缩性视频编码技术相结合,将能极大地提高每个用户所接收的视频质量。由于可伸缩性码流的可加性,媒体数据不用全部传输给每一个用户,而是把它们分散传输给用户,再通过用户间的连接,每一个用户就可以得到合在一起的媒体数据。即使每一个用户与服务器的连接带宽是有限的,应用 P2P 技术,用户依然可以通过流媒体系统享受高质量的多媒体服务。

P2P 技术在流媒体应用中特别适用于一些热门事件,它可以在用户间建立合作,降低服务器负载,提高媒体的播放质量。即使大量的用户同时访问流媒体服务器,也不会造成服务器因负载过重而瘫痪。

1.2.2　网络多媒体技术的发展趋势

网络多媒体技术的发展将随着通信技术、电视技术和计算机技术的发展而同步前进。在今后的多媒体通信技术的发展中,网络技术、终端技术和视频信息处理技术仍属发展的关键技术所在。

1. 网络技术

网络技术总的发展趋势是信息传输的超高速和网络功能的高度智能化。随着网络体系结构的演变和宽带技术的发展,传统网络向下一代网络(NGN)的演进是不可遏制的大趋势,基于软交换(Softswitch)的下一代网络开展的传统的话音业务和多媒体业务的商业应用已逐步出现。从发展的角度来看,NGN 是传统的基于时分复用(TDM)的 PSTN 逐步向基于IP/ATM 的分组网络的演进,是 PSTN 与分组网融合的产物。从网络的角度看,NGN 以软交换为核心,结合媒体网关、信令网关、互联电路交换网和分组网,来实现业务层的融合和网络的统一管理。随着网络应用加速向 IP 汇聚,网络将逐渐向着对 IP 业务最佳的分组化网(特别是IP 网)的方向演进和融合,融合将成为未来网络技术发展的主旋律。从技术层面上看,融合将体现为话音技术与数据技术的融合、电路交换与分组交换的融合、传输与交换的融合、电与光的融合。这种融合不仅使话音、数据和图像这三大基本业务的界限逐渐消失,也使网络层和业务层的界限在网络边缘处变得模糊;网络边缘的各种业务层和网络层正走向功能乃至物理上的融合,整个网络正在向下一代的融合网络演进,最终将导致传统的电信网、计算机网和有线电视网在技术、业务、市场、终端、网络乃至行业管制和政策方面的融合。

2. 视频信息处理技术

视频信息处理技术一直是多媒体通信中的一个关键部分。在图像信息处理方面,人们正在继续研究和开发新一代图像压缩编码的算法,例如模型基及语义基算法、神经网络、模糊集合、混沌及分形理论等算法,并力图将这些算法变成适当的软件或硬件,以期在保持一定图像质量的前提下获得更大的压缩比。

3. 终端技术

随着半导体集成技术的发展,处理器处理多媒体信息的能力不断加强,使多媒体通信终端的体积越来越小,性能却越来越强,小型化且使用简单是多媒体通信终端发展的趋势。宽带、高质量、演播室级的多媒体通信终端也是今后发展的另一个方向。

另外,为了满足多媒体网络化环境的要求,多媒体通信终端在硬件结构不断优化的同时还需对软件作进一步的开发和研究,使多媒体通信终端向部件化、智能化和嵌入化的方向发展。还要对多媒体通信终端增加如文字的识别和输入、汉语语音的识别和输入、自然语言的理解和机器翻译、图形的识别和理解、机器人视觉和计算机视觉等的智能。

随着网络的发展,用户对网络能提供的多媒体通信业务的要求也越来越高、越来越多,因此,多媒体通信终端的发展必须融合传统电视和个人计算机的功能,使其必须支持各种多媒体业务,如视频会议、远程教学、家庭办公、交互游戏、远程医疗、实时广播及点播业务等,同时还必须支持多种接入方式,如 IP 接入、ISDN 接入及专线接入等。

1.3   网络多媒体技术的应用

1. 数字视频服务系统

诸如影片点播系统、IPTV 系统、多媒体监控系统及视频购物系统等数字视频服务系统将拥有大量的用户,它也是网络多媒体技术的一个应用热点。

2. 移动流媒体

3G 及 4G 无线网络的发展使得流媒体技术被应用到无线终端设备上,如图 1-7 所示。

移动流媒体业务支持的媒体格式包括 Mov、MPEG4、MP3、WAV、AVI、AU 及 Flash 等,可为移动用户提供在线不间断的声音、影像或动画等多媒体的播放,为用户提供信息服务、娱乐服务、通信服务、监控服务和定位服务。

3. 多媒体通信

随着"信息高速公路"的开通,电子邮件已被普遍使用。对人们的生活、学习和工作将产生深刻影响的还有可视电话和视频会议系统等可视通信系统。与电话会议系统相比,视频会议系统能够传输实时图像,使与会者具有身临其境的感觉,提高了交流的质量。

4. 咨询和演示

在销售、导游或宣传等活动中,使用多媒体技术编制的软件(或节目),能够图文并茂地展示产品、游览景点和其他宣传内容,使用者可与多媒体系统交互,获取感兴趣对象的多媒体信息。例如,旅游、邮电、交通、商业、金融、证券和宾馆能够提供高质量的无人咨询服务系统。演示系统也从过去只能用图表和文字展示发展到可以把立体声、图形、图像、动画等结合起来。

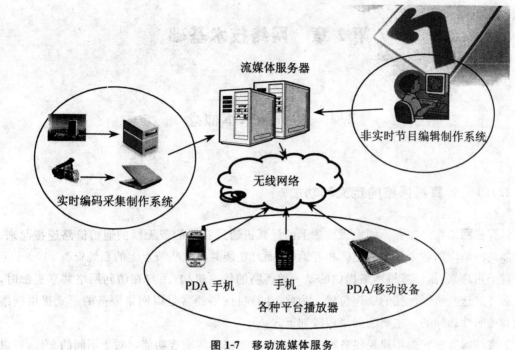

图 1-7 移动流媒体服务

5.管理信息系统

管理信息系统在商业、企业及银行等部门已得到广泛的应用。该系统可得到多种形象生动、活泼、直观的多媒体信息,克服了传统管理信息系统中数字加表格那种枯燥的工作方式,使用人员通过友好直观的界面与之交互获取多媒体信息,工作也变得生动有趣。因此,多媒体信息管理系统改善了工作环境,提高了工作质量,有很好的应用前景。

6.计算机支持协同工作

它是指在计算机支持的环境中,一个群体协同工作以完成一项共同的任务。例如,远程会诊系统可把身处两地(如北京和上海)的专家召集在一起同时异地会诊复杂病例;远程报纸共编系统可将身处多地的编辑组织起来共同编辑同一份报纸。计算机支持协同工作的应用领域将十分广泛。

第2章 网络技术基础

2.1 网络的基本概念

2.1.1 计算机网络的定义和功能

计算机网络将分布在不同地理位置上的计算机通过有线的或无线的通信链路连接起来，不仅能使网络中的各个计算机之间相互通信，而且还能共享某些节点上的系统资源。

对于用户来说，计算机网络提供的是一种透明的传输机构，用户在访问网络共享资源时，可不必考虑这些资源所在的物理位置。为此，计算机网络通常是以网络服务的形式提供网络功能和透明性访问的。主要的网络服务如下。

①文件服务。它为用户提供各种文件的存储、访问及传输等功能。对于不同的文件，可以设置不同的访问权限，维护网络的安全性。这是一项最重要的网络服务。

②打印服务。它为用户提供网络打印机的共享打印功能。它使得网络用户能够共享由网络管理的打印机。例如，每个网络用户都需要使用激光打印机输出高质量的文档。由于价格原因，不可能也没必要为每一台计算机都配备激光打印机。而网络可以将某一台激光打印机作为网络打印机，使每个用户都能共享这台激光打印机，执行打印输出任务。

③电子邮件服务。它为用户提供电子邮件(E-mail)的转发和投递功能。电子邮件是一种无纸化的电子信函，具有传递快捷、准确等优点，已成为一种现代化的个人通信手段。

④信息发布服务。它为用户提供公众信息的发布和检索功能。例如，时事新闻、天气预报、股票行情、企业产品宣传以及导游、导购等公众信息的发布与远程检索。

网络服务还有很多种，如电视会议、电子报刊、新闻论坛、实时对话、布告栏等，并且，新的网络服务还在不断地被开发出来，以满足人们对网络服务的不同需求。

2.1.2 计算机网络系统的组成和分类

1.计算机网络系统的组成

(1)网络通信系统

它提供节点间的数据通信功能，这涉及传输介质、拓扑结构以及介质访问控制等一系列核心技术，决定着网络的性能，是网络系统的核心和基础。

（2）网络操作系统

它对网络资源进行有效管理,提供基本的网络服务、网络操作界面、网络安全性和可靠性措施等,是实现用户透明性访问网络的必不可少的人-机接口。

（3）网络应用系统

它是根据应用要求而开发的基于网络环境的应用系统。例如,在机关、学校、企业、商业、宾馆、银行等各行各业中所开发的办公自动化、生产自动化、企业管理信息系统、决策支持系统、医疗管理服务系统、电子银行服务系统、辅助教学系统、电子商务系统等都是网络应用系统。

2.计算机网络的分类

随着计算机网络的广泛应用,目前已出现了多种类型的网络。计算机网络从不同的角度有着不同的划分方法。

①按网络的覆盖范围划分,可分为局域网和广域网。

局域网 LAN(Local Area Network):其覆盖范围一般从几百米到几十千米,通常是处于同一栋建筑物、同一所大学或方圆几千米地域内的专用网络。这种网络一般由部门或单位所有。

广域网 WAN(World Area Network):又称远程网,它的覆盖范围一般从几十千米到几千米,通常遍布一个国家、一个洲甚至全球。广域网又被分为城域网(Metropolitan Area Network,MAN)、地区网、行业网、国家网和洲际网等。这种网络一般由政府控制。

近几年来,城域网作为一种新的分类被提出,主要用于跨地区的同行业部门,它可以覆盖一组临近的公司、办公室和一个城市。它的覆盖范围介于 WAN 与 LAN 之间,基本上是一种大型的 LAN,通常使用与 LAN 相近的技术。

②按网络的通信介质划分,可分为有线网和无线网。

有线网:采用同轴电缆、双绞线及光纤等有线介质来传输数据的网络。

无线网:采用激光和微波等无线介质来传输数据的网络。

③按网络的数据传输方式划分,可分为交换网和广播网。

交换网:网中一个节点发出的数据,只有与它直接连接的节点可以直接接收,而通过中间节点与其间接相连的节点,则必须经过中间节点的"转发"才能获得数据,这个转发过程就称为"交换"。

广播网:网中一个节点发出的数据,不需要中间节点的交换,可以被网内所有节点接收到。

④按网络的拓扑结构划分,可分为星形网、总线型网、环形网、树形网、全连接和不规则形网,如图 2-1 所示。

⑤按网络的信号频带所占用的方式划分,可分为基带网和宽带网。

⑥按信息交换方式划分,可分为线路交换网、分组交换网和混合交换网。

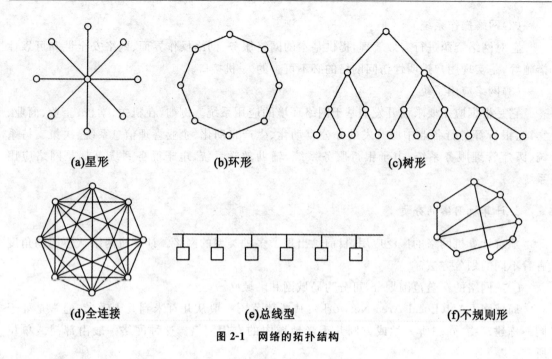

| (a)星形 | (b)环形 | (c)树形 |
| (d)全连接 | (e)总线型 | (f)不规则形 |

图 2-1　网络的拓扑结构

2.2　OSI 分层网络模型

ISO/OSI 是国际标准化组织(International Standards Organization,ISO)于 1981 年提出的"开放系统互连(Open System Interconnection,OSI)"参考模型,这个模型把计算机网络通信协议分成七层,即物理层、数据链路层、网络层、传输层、会话层、表示层和应用层。图 2-2 描绘了 OSI 模型和它的层结构。

1.物理层

物理层是 OSI 模型的最低层或第一层,该层包括物理连网媒介,如电缆连线连接器。物理层的协议产生并检测电压,以便发送和接收携带数据的信号。

2.数据链路层

这一层的功能是建立、维持和释放网络实体之间的数据链路,该数据链路对网络层应表现为一条无差错的信道。数据链路层对损坏、丢失和重复的帧应能进行处理,它的通信规程主要有两类:面向字符的通信规程和面向比特的通信规程。

3.网络层

它为端到端传输数据提供面向连接的或无连接的服务。中间节点的网络层必须提供存储转发、路由选择、拥塞控制以及网络互联等功能,并通过网络层/传输层接口向传输层提供透明的数据传输服务。

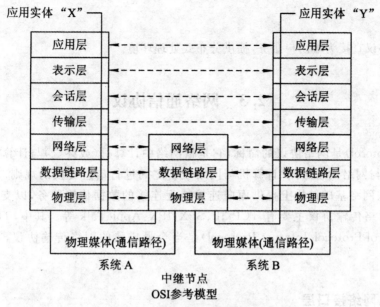

图 2-2   OSI 模型和它的层结构

由于网络层提供的服务是端到端的,源端发送的数据要经过很多中间节点或通信子网才能被传递到目的端,因此网络层的功能很多是针对中间节点定义的,如路由选择、拥塞控制及网络互联等。

4.传输层

该层在低层服务的基础上提供一种通用的传输服务。传输层用多路复用或分流的方式优化网络的传输性能。

5.会话层

它是指两个用户按已协商的规程,为面向应用进程的信息处理建立的临时联系。会话实体向会话服务用户提供如下功能。

①在两个会话服务用户之间建立一组会话连接,并以同步方式提供信息交换和有序的会话连接及释放。

②协商使用标记来控制信息交换、同步以及释放。

③在数据流中设置同步点,可根据会话服务用户的请求并利用已设的同步点,提供重新同步的功能。

④为会话服务用户提供中断与恢复会话的功能。会话层提供交互会话的管理功能,有三种数据流方向的控制模式:单路交互、两路交替、两路同时会话。

6.表示层

它的功能是处理文本格式化,显示代码转换。其关心的是所传输的数据的表现方式,即语法和语义。

7. 应用层

该层的协议直接为端用户服务,提供分布式处理环境。

2.3　网络通信协议

协议(Protocol)是网络协议的简称,它是指网络中计算机(或终端)与计算机(或终端)之间、网络设备与网络设备之间、计算机与网络设备之间进行信息交换的规则。一般来说,网络传输协议在网络基础结构上提供面向连接或无连接的数据传输服务,以支持各种网络应用。常用的网络传输协议主要有 TCP/IP、SPX/IPX、AppleTalk 等。其中,TCP/IP(Transmission Control Protocol/Internet Protocol)是当今最成熟的网络传输协议,本节主要介绍 TCP/IP。

2.3.1　网络接口层

TCP/IP 不包含具体的物理层和数据链路层协议,只定义了 TCP/IP 与各种物理网络之间的网络接口。网络接口层定义了一种接口规范,任何物理网络只要按照这个接口规范开发网络接口驱动程序,就能够与 TCP/IP 集成起来。

2.3.2　网际层

它的主要功能是由 IP 提供的。IP 除了提供端到端的数据分组发送功能外,还提供了很多扩充功能,如用以标识网络号和主机节点号的地址功能等。

网际层还提供了数据分段和重新组装的功能,使得很大的 IP 数据报能以较小的分组在网络上传输。

网际层的另一个重要服务是在不同的网络之间建立互联网络。在互联网络中,使用路由器(在 TCP/IP 中,有时也称为网关)来连接各个网络,网间的报文通过路由器由一个网络传送到另一个网络。

1. IP 地址

在互联网体系结构中,每台主机都要预先分配一个唯一的 32 位地址作为该主机的标识符,这个主机必须使用该地址进行所有通信活动,这个地址称为 IP 地址。

(1)IP 地址的格式与分类

IP 地址长 32bit,以 X. X. X. X 格式表示,X 为 8bit。

IP 地址分为五类,格式如图 2-3 所示。

表 2-1 列出了各类地址的起止范围。

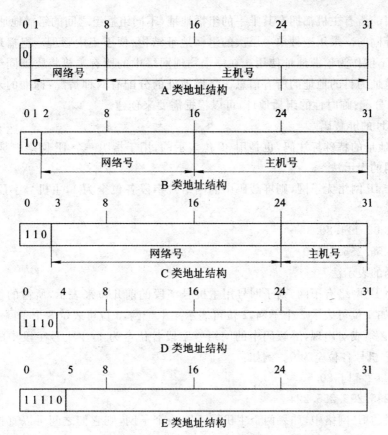

图 2-3　IP 地址分为五类

表 2-1　各类地址的起止范围

类型	范围
A	0.0.0.0 到 127.255.255.255
B	128.0.0.0 到 191.255.255.255
C	192.0.0.0 到 223.255.255.255
D	224.0.0.0 到 239.255.255.255
E	240.0.0.0 到 247.255.255.255

在因特网的 IP 地址中有一些特定的专用地址,例如当主机地址全为"0"时,该 IP 地址表示本网的网络地址,常用在路由表中。而当主机地址全为"1"时,则表示该 IP 地址为广播地址,具有这种地址的数据报将向所在特定网上的所有主机进行发送。

当一个 IP 地址的目的端为单个主机时,该 IP 地址称为单播地址;当一个 IP 地址的目的端是给定网络上的所有主机时,该 IP 地址称为广播地址;当一个 IP 地址的目的端为同一组内的所有主机时,该 IP 地址称为组播地址,D 类地址即组播地址。从图 2-3 中可以看到,D 类地址不同于 A、B、C 类地址,它不具有在前缀之后加上网络号和主机号的这种层次化地址结构,而是前缀之后跟着一个组播编号,每一个组播组都对应一个编号,形成自己唯一的组播地址,同一组播组内的所有主机都拥有其唯一的组播地址,不同组播组之间的组播地址不相同,但它们的关系是等同的。采用这种单一层次的组播地址结构,便于集中管理。组播地址只作为目的地址使用,不能作为信源地址使用。在一个物理网络中的所有主机将收到同组其他主机发送的以组播地址为目的地址的所有信息。组播地址的分配有两种情况:标准的永久性组播地址,由 NIC 来分配;临时性的组播地址,可以根据需要来创建。

(2)IP 地址的屏蔽码

它是 IP 地址的特殊标注码,也是用 32 位表示的,用于指明一个 IP 网络中是否有子网。

1)无子网的表示法

如果一个 IP 网络无子网,则屏蔽码中的网络号字段各位全为 1,主机号字段各位全为 0。例如:

IP 地址:202.114.80.5

屏蔽码:255.255.255.0

2)有子网的表示法

如果一个 IP 网络有子网,则子网号用主机号字段的前几位来表示,所占的位数与子网的数量相对应,如 1 位可表示 2 个子网,2 位可表示 4 个子网,3 位可表示 8 个子网……并且屏蔽码和 IP 地址必须成对出现,屏蔽码中的网络号字段各位全为 1,主机号字段中的子网号各位也全为 1,而主机号各位全为 0。例如:

IP 地址:202.114.80.5

屏蔽码:255.255.255.224

在有子网的 IP 网络中,如果两个主机属于同一个子网,则它们之间可以直接进行信息交换,而不需要路由器;如果两个主机不在同一个子网,即子网号不同,则它们之间就要通过路由器进行信息交换。例如:

屏蔽码:255.255.255.224

IP 地址:202.114.80.1   主机号字段为 00000001

IP 地址:202.114.80.16   主机号字段为 00010000

这两个 IP 地址的主机号字段前三位均为 000,说明它们属于同一子网,可不通过路由器而直接交换信息。又如:

屏蔽码:255.255.255.224

IP 地址:202.114.80.1   主机号字段为 00000001

IP 地址:202.114.80.130   主机号字段为 02000010

这两个 IP 地址的主机号字段前三位不同,说明它们属于不同子网,必须通过路由器来交换信息。它们在各自子网上的主机号分别为 1 和 2。

2.IP

IP 是 TCP/IP 协议集的核心协议之一,它提供了无连接的数据报传输和互联网的路由服务。IP 的基本任务是通过互联网传输数据报,各个 IP 数据报是独立传输的。主机上的 IP 层基于数据链路层向传输层提供传输服务,IP 从源传输层实体获取数据,再通过物理网络传送给目的主机的 IP 层。IP 不保证传送的可靠性,在主机资源不足的情况下,它可能会丢弃某些数据报,同时 IP 也不检查被数据链路层丢弃的报文。

在传送时,高层协议将数据传给 IP,IP 将数据封装为 IP 数据报后通过网络接口发送出去。如果目的主机直接连在本地网中,则 IP 直接将数据报传送给本地网中的目的主机;如果目的主机在远程网络上,则 IP 将数据报传送给本地路由器,由本地路由器将数据报传送给下一个路由器或目的主机。这样一个 IP 数据报通过一组互联网络从一个 IP 实体传送到另一个 IP 实体,直至到达目的主机。

IP 数据报由报头和报文数据两部分组成,参见图 2-4。

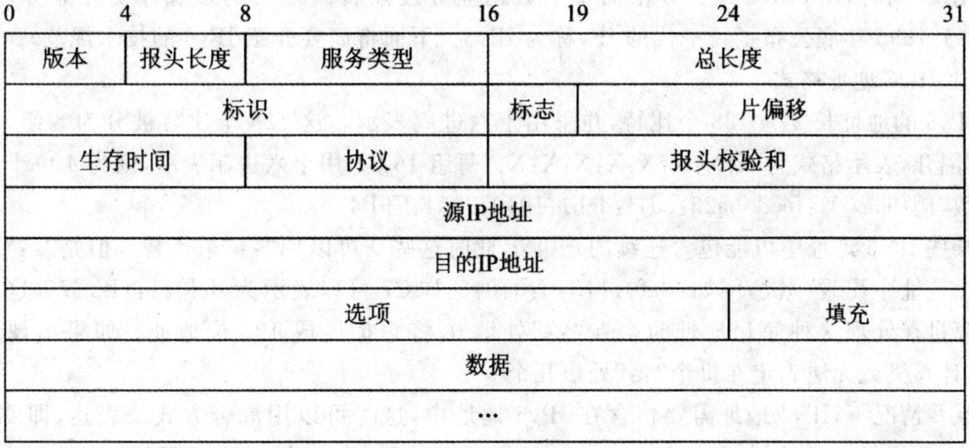

图 2-4　IP 数据报格式

IP 数据报中各字段的含义如下。

①版本,即 IP 的版本。这里介绍 IPv4。

②报头长度,指示报头的长度。

③服务类型,共 8 个比特。前 3 个比特用来表示数据的优先级,取值范围为 0~7,值越大,优先级越高,其值由用户指定。第 4 个比特代表低延时,第 5 个比特代表高吞吐量,第 6 个比特代表高可靠性,这 3 个比特是用户对本数据报的服务质量提出的要求,不具有控制性,当路由器进行路由选择时,如果找不到可满足的路由,就对它们完全忽视。最后两个比特未用。

④总长度,即报头和数据的总长。

⑤标识,即识别 IP 数据报的编号,用于目的主机重组分片。

⑥标志,占用 3 个比特。第 1 个比特保留。第 2 个比特用于确定该数据报是否分片,为 0 表示有分片,为 1 表示没有分片。第 3 个比特用于确定该分片是否是该数据报的最后一片,为 1 表示不是该数据报最后的分片,为 0 表示是该数据报最后的分片。

⑦片偏移,给出分片在该数据报中的位置。

⑧生存时间(TTL),即数据报的最大生存时间,单位为秒。它由发送主机设置,如果时间超过此值,数据报被删除,同时向发送主机发送出错信息,其目的是防止数据报不断在 IP 网上永无终止地循环,导致网络拥塞。

⑨协议,即 IP 数据报上层协议,多数为 TCP 协议。

⑩报头校验和,用于保证报头的完整性。

⑪源 IP 地址和目的 IP 地址,标识发送和接收该数据报的终端设备的 32 位 IP 地址。

⑫选项:用于网络控制和测试等。时间戳就是其中一种选项内容,它将数据报经过每一个网关时的当地时间和有关数据记录下来,可用于网络吞吐量的分析以及拥塞情况、负载情况的分析。

3. IPv6

上面介绍的 IP 是 IPv4 版本。近年来,Internet 的迅速发展,用户数量的剧增使 IPv4 地址出现枯竭,同时,Internet 的业务由简单的数据业务逐渐转向复杂的多媒体交互业务,因此 IETF 于 1995 年底公布了新一代的 IP,称为 IPv6。下面将简要介绍 IPv6 的技术规范。

(1)IPv6 地址格式

IPv6 的地址长度为 128 个比特,并采用十六进制表示。这 128 个比特被分为 8 组,中间用":"隔开,表示格式为 X:X:X:X:X:X:X:X。每组 16 位,用十六进制表示,则为 4 位十六进制整数,例如,2001:fecd:ba23:cd1f:dcb1:1010:9234:C9B4。

某些 IPv6 地址中可能包含连续的几组 0,此时这些 0 可以用"::"来代替。但是"::"只能在一个地址中出现一次,例如:def0:1:0:0:0:0:0:B3C7 可以表示为 def0:1::B3C7。这是因为计算机在处理这种简化地址时会在"::"处填 0,将它扩展成 128 位地址。如果出现多个"::",计算机就无法确定在每个"::"处填几个 0。

某些情况下,IPv4 地址需要包含在 IPv6 地址中,这时可以用混合方式来表达,即 X:X:X:X:X:X:d.d.d.d,其中前六组 X(96 个比特)表示方法同上,最后两组 X(即 32 个比特)用 IPv4 的十进制方法表示,例如,0:0:0:0:0:0:192.168.10.1 或::192.168.10.10。IPv6 目前定义了三种地址:单播、多播和任播,它们由地址格式前缀来区分。

①单播地址。它唯一地标识一个接口,以该类地址传送的数据报将交付给该地址对应的接口。IPv6 定义了多种单播地址格式,如完整用户单播地址(图 2-5)。

010	REG ID	PROV ID	SUBSC ID	SUBNET ID	INTERFACE ID

图 2-5　完整单播地址格式

②多播地址。它标识了一组接口,以该地址类型传送的数据报将交付给该地址对应的所有接口。IPv6 未定义广播地址类型,它可利用多播地址来实现。

③任播地址。它标识了一组接口,即该地址被分配给多个接口,当一个数据报发送到该地址时,只有按照路由协议计算出的最近的接口才接收该数据报。这种地址方式可用于标注一组服务提供者所对应的路由器,发送者利用路由扩展报头,将任播地址作为一个路由序列的一部分,从多个服务提供者中挑选一个来完成数据报的传送。

(2)IPv6 报文格式

与 IPv4 相比,IPv6 的报文格式(图 2-6)大为简化。

图 2-7 为一个带有多个扩展报头的 IPv6 数据报的例子。

(3)IPv6 的特点

①简化了报头格式。虽然 IPv6 的报头比 IPv4 的报头长,固定为 40 字节,但其中 IPv6 的

源和目的地址的长度各为 128 比特,而 IPv4 的源和目的地址的长度各为 32 比特,因此实际上 IPv6 的字段数比 IPv4 的少,或者是将其变为了可选项,这使得 IPv6 数据报在传输时被路由器处理的时间少,减少了网络节点的延时。

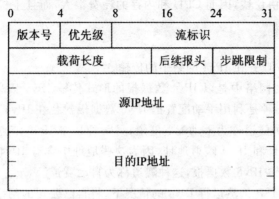

图 2-6　IPv6 的报文格式

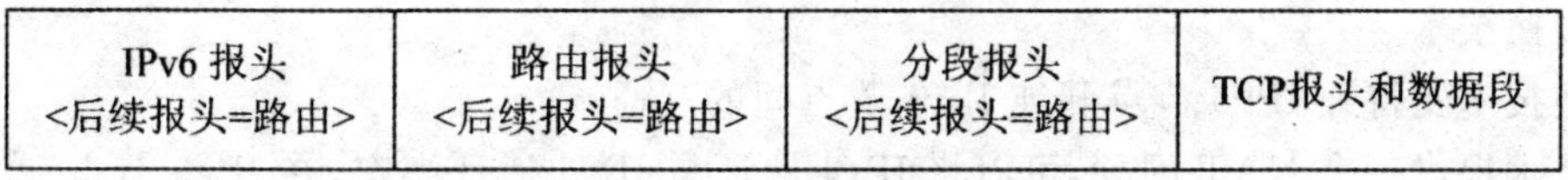

| IPv6 报头
<后续报头=路由> | 路由报头
<后续报头=路由> | 分段报头
<后续报头=路由> | TCP报头和数据段 |

图 2-7　带有多个扩展报头的 IPv6 数据报

②增加了扩展报头。在 IPv6 中,将可选项作为扩展报头来处理,需要时插入到 IPv6 报头和实际数据之间。而在 IPv4 中,这些选项被集成在报头中。IPv6 的这种处理增加了它的灵活性,使数据报的转发效率大大提高,并且使以后定义的新增选项也可以很容易地插入到 IPv6 数据报中。

③扩展了地址功能。IPv4 的地址空间为 32 位,而 IPv6 的地址空间为 128 位,地址空间得到了大大扩展;不仅如此,IPv6 还引入了新的地址类型——任意地址,可以向一个工作组中的某一个成员发送消息。IPv6 的组播地址定义了组播范围字段,可以更灵活地确定组播范围。更令人惊奇的是,IPv6 协议内置有地址的自动配置功能,可以使 IP 地址的配置大为简化。

④增加了安全性。IPv6 支持身份验证,并支持数据的完整性和数据的机密性。

⑤补充了 QoS 管理功能。IPv6 将属于同一传输流的数据报设置成相同的流标签,这样通过流标签使传输路径上的所有路由器能够对这些数据报进行跟踪与处理,而无需重新处理每个数据报的报头,从而增强了实时性流量的处理能力。

(4)IPv6 与 IPv4 的共存技术

在现有的互联网中仍使用 IPv4 技术,相信在不远的将来 IPv6 必然逐步代替 IPv4,所以在一段时间内会出现 IPv4 与 IPv6 共存的局面。此时欲实现信息的交互,需要一定的技术支持。

1)双栈技术

它支持在同一设备及网络中同时运用 IPv4 和 IPv6。

这种技术提供一个同时支持 IPv4 和 IPv6 两种协议版本的双栈节点,该节点被称为 IPv6/IPv4 节点。双栈节点中有一个配置开关,通过开启和禁用操作,可实现两个协议间的转换,当然也可以同时启用这两个协议。此类节点在每种协议版本下配置有对应该协议的至少一个 IP 地址,并且需要一个 DNS 解析器来同时解析这两种情况下的域名地址。

这种技术使用灵活,易于实现 IPv4 和 IPv4、IPv6 和 IPv6 间的通信。其缺点是每个节点都需要运行两个独立的协议栈,因而 CPU 和内存的耗费很大,而且主机上运行的所有应用程序都要求提供两种版本。

2)隧道技术

隧道技术支持 IPv6 业务在 IPv4 网络中的传输。

这种技术在 IPv4 的网络中是以 IPv4 数据报的形式传输 IPv6 信息的,从而形成了 IPv6 的隧道。有两种隧道:一种是利用手动配置把 IPv6 数据报封装在 IPv4 的数据报中,然后通过 IPv4 进行网络传输,这种隧道称为手动配置隧道;另一种是在 IPv6 节点处使用特殊的单播地址类型,如 IPv4 兼容地址和 IPv4 映射地址,因为这些地址中含有 IPv4 地址,可以在 IPv4 网络中动态建立隧道来传输 IPv6 数据报,这种隧道称为自动隧道。

隧道技术适用于在 ISP 仍然运行 IPv4 的情况下,将自己公司的网络移植到 IPv6 上,此时只需在公司出口处进入隧道就可以连接至终端。其缺点是增加了路由器的负担以及延时。

3)转换技术

转换技术支持纯 IPv6 节点和纯 IPv4 节点间的互通。

该技术提供一个 NAT 网关,可以将 IPv4 地址与 IPv6 地址绑定,在 IPv6 节点和 IPv4 节点间提供透明的路由。

这种技术在解决 IPv6 和 IPv4 互通的同时又会引入其他缺点,如 NAT 不支持 IPv6 的一些高级特性,无法使用灵活的路由机制等。

另外,网际层还有其他协议,如 ARP、RARP 和网际控制报文协议,限于篇幅,在此不再赘述。

2.3.3 传输层

传输层提供端到端应用进程之间的通信,常称为端到端(End to End)通信。它包含了两个重要协议:传输控制协议(Transport Control Protocol,TCP)和用户数据报协议(User Datagram Protocol,UDP)。TCP 提供可靠的信息流传输服务,确保信息流无差错地按序到达对端。UDP 是一种面向无连接的传输协议。

1. 传输控制协议(TCP)

TCP 对下层网络协议只有基本的要求,因而可以在众多的网络上工作,它提供可靠的虚电路服务和面向数据流的传输服务,用户数据可以被有序而可靠地传输。在分组发生丢失、破坏及失序等的情况下,TCP 服务通过一种可靠的进程间通信机制能够自动纠正各种差错。TCP 可以支持许多高层协议(Upper Level Protocel,ULP),它对 ULP 的数据结构无任何要求。

TCP 的主要功能是在一对 ULP 之间提供面向连接的传输服务,连接管理可以分为三个阶段:建立连接、数据传输和终止连接。

（1）TCP 报文格式

TCP 的报文格式如图 2-8 所示。

| D_0 | D_1 | D_2 | D_3 | D_4 | ... | D_{27} | D_{28} | D_{29} | D_{30} | D_{31} |

源端口号						目的端口号				
序号										
确认序号										
TCP头长(4位)	保留(6位)	URG	ACK	PSH	RST	SYN	FIN	窗口大小		
校验和						紧急指针				
可选项										
数据										

图 2-8　TCP 的报文格式

TCP 报头说明参见表 2-2。

表 2-2　TCP 报文各字段的含义

字段名称	位数	含义
源端口号	16	说明源服务访问点
目的端口号	16	说明目标服务访问点
序号	32	用来标识从 TCP 发端向 TCP 收端发送的数据字节流
确认序列号	32	用于收端给予发端关于接收的数据字节流的应答
报头长度	4	
标志字段		表示各种控制信息
URG		指示紧急指针是否有效
ACK		指示确认序列号是否有效
PSH	6	指示接收方是否应该尽快将这个报文段交给应用层
RST		指示是否重建连接
SYN		指示是否用来发起一个同步连接
FIN		指示发端是否完成发送任务
窗口	16	为流控分配的信贷数
校验和	16	一个强制性的字段。将 IP 首部、TCP 报头和 TCP 数据全部计算在内。用于检错，即由发端计算校验和并存储，由收端进行验证
紧急指针	16	从发送顺序号开始的偏置值，指向字节流中的一个位置，此位置之前的数据是紧急数据

续表

字段名称	位数	含义
可选项	可变	目前只有一个任选项,即在连接建立阶段指定的最大段长
填充	可变	补齐 32 位字边界

(2)序号

在每条 TCP 通信连接上传送的每个数据字节都有一个与之相对应的序号,这是 TCP 实体的重要概念之一。以字节为单位递增的 TCP 序号主要用在数据排序、重复检测、差错处理及流量控制窗口等 TCP 机制上,保证了传输任何数据字节都是可靠的。

TCP 报头中的序号字段为 4 个字节,表示的序号空间范围为 $0 \sim 2^{32}$,因此发送字节的序号编码算法都要以 2^{32} 为模。

TCP 序号不仅用于保证数据传送的可靠性,还用于保证建立连接(SYN 请求)和拆除连接(FIN 请求)的可靠性。每个 SYN 和 FIN 段都要占一个单位的序号空间。

(3)建立连接

在 TCP 中,建立连接要通过"三次握手"机制来完成。"三次握手"机制既可由一方 TCP 发起同步握手过程而由另一方 TCP 响应该同步过程,也可以由双方同时发起连接的同步握手。此外,在建立连接过程中,对于出现的异常情况,TCP 协议要通过使用复位段来加以恢复,即发现异常的一方发送 RST 段通知对方来处理。

(4)拆除连接

当通信的一方没有数据需要发送给对方时,可以使用 FIN 段向对方发送拆除连接请求。只有当通信的对方也递交了拆除连接请求后,这个 TCP 连接才会完全关闭。

(5)流量控制

在数据传输过程中,TCP 提供一种基于动态窗口协议的流量控制机制,使接收方的 TCP 实体能够根据自己当前的缓冲区容量来控制发送方的 TCP 实体传送的数据量。流量控制实际上反映了信道容量和接收缓冲区容量的有效利用和动态分配问题。

(6)PUSH 操作

PUSH 数据机制可使得上层协议递交的数据能够迅速地从本地推向远地,不受发送方当前发送窗口大小和发送方式的限制。

当发送方 TCP 收到上层协议的 PUSH 操作请求时,它将在流量控制允许的范围内进行数据分段并发送本地 TCP 缓冲区中的所有数据。当接收方 TCP 收到带有 PUSH 标志的 TCP 数据段后,将迅速把这些数据段递交给上层接收协议并结束当前的接收命令。

发送方和接收方的 TCP 实体对于连续的推进,并不保证各个推进边界,它们可以把若干推进单元合成一个推进单元来发送和接收。

(7)紧急数据

当 TCP 段中的 URG 标志置位时,紧急指针表示从段序号开始的偏置值。对于一个包含该字节的数据段来讲,其紧急数据长度从段序号开始一直延续到该字节为止。

紧急数据是 TCP 用户认为很重要的数据,例如键盘中断等控制信号。紧急数据由上层用户使用,TCP 只是尽快地把它交给上层协议。

(8)TCP 的多路复用机制

TCP 的多路复用功能是通过端口机制提供的。端口是用于标识 TCP 连接的地址集。一个主机上的多个应用进程可以通过不同的端口同时使用 TCP 实体进行通信,从而达到多路复用的目的。

(9)TCP 的优先级和安全性

TCP 的优先级和安全性参数是由 TCP 实体的上层应用进程指定的,并通过 IP 的选项操作传送给远地通信实体。当远地 TCP 实体收到的安全性参数与在建立连接时所协商的参数值不相匹配时,或者收到的优先级参数低于协商值时,远地 TCP 将通过复位段复位已建立的连接。

2.用户数据报协议(UDP)

UDP 对应用级提供无连接的传输服务。相反,由于 UDP 开销少,因而在很多场合相当实用。特别是网络管理方面,大都使用 UDP 协议。

UDP 运行在 IP 协议层之上,由于它不提供连接,因此只是在 IP 上加上端口寻址能力,这个功能表现在 UDP 头上,如图 2-9 所示。

图 2-9　UDP 头

UDP 头包含源端口号和目的端口号。段长指整个 UDP 段的长度,包括头部和数据部分。检查和与 TCP 相同,但它是任选的,如果不使用检查和,则这个字段置 0。由于 IP 的检查和只作用于 IP 头,并不包括数据部分,因此当 UDP 的检查和字段为 0 时,实际上对用户数据不进行校验。

2.3.4　应用层

每一种网络应用都可能对应一种应用层协议,因而基于 TCP/IP 的应用层协议有很多。例如,在 Internet 中,HTTP 支持 WWW 应用、SMTP 支持电子函件应用、Telnet 协议支持远程登录应用、FTP 支持文件传输应用、Gopher 支持网络应用的开发。

2.4　网络设备

在计算机网络中,硬件系统主要包括主机、传输介质、网络适配器和网络互联设备等。本节对这些硬件设备进行介绍。

2.4.1 主机

网络中的计算机统称为主机(Host)。根据它们在网络中的地位又分为服务器(Server)和客户机(Client)。

服务器是为所有客户机提供服务的主机,它装有网络的共享资源。一般采用速度快、容量大、可靠性好的计算机作服务器,例如大型机、小型机或高档微机。根据服务器用途不同,又分为文件服务器、数据服务器、打印服务器、文件传输服务器及电子邮件服务器等。

客户机又称工作站(Working Station),是网络用户使用的计算机,具有独立处理能力。进入局域网后,工作站可向服务器发出请求,使用网络系统提供的服务。一般的微机和图形工作站都可用做客户机。

2.4.2 传输介质

传输介质是通信中实际传送信息的载体。计算机网络中采用的传输介质可分为有线介质和无线介质。

1. 有线传输介质

(1)双绞线(Twisted Pair Line)

双绞线由呈螺旋排列的两根绝缘导线组成。一根双绞线电缆有多个绞在一起的线对(如8条线组成4个线对)。

双绞线既可用于传输模拟信号,又可用于传输数字信号,比较适合于短距离传输。网络用它作为传输介质时,其传输速率取决于所采用的芯线质量、传输距离、驱动器和接收器能力等因素。

双绞线有非屏蔽和屏蔽两种类型。非屏蔽双绞线(Unshielded Twisted-Pair,UTP)中没有用做屏蔽的金属网,易受外部干扰,其误码率为 $10^{-6} \sim 10^{-5}$。普通电话线使用的就是非屏蔽双绞线。屏蔽双绞线(Shielded Twisted-Pair,STP)是在其外面加上金属包层来屏蔽外部干扰的,其误码率为 $10^{-8} \sim 10^{-6}$。虽然 STP 的抗干扰性能更好,但比 UTP 昂贵,而且安装也很困难。

双绞线的特点是成本低,易于敷设,它既能传输数字信号,又能传输模拟信号,但容易受外部高频电磁波的影响,线路也有一定噪声。如果将双绞线用于数字信号的传输,每隔 $2 \sim 3km$ 需要加一台中继器或放大器。因此,双绞线一般用于建筑物内。

(2)同轴电缆(Coaxial Cable)

同轴电缆比双绞线的屏蔽性更好,因此在更高速度上可以传输更远的距离。同轴电缆由中心导体、环绕绝缘层、金属屏蔽网(用密织的网状导体环绕)和最外层的保护性护套组成,如图 2-10 所示。中心导体可以是单股或多股导线。

①基带同轴电缆(阻抗为 50Ω):用来直接传输数字信号。同轴电缆的带宽取决于电缆的长度。1km 的电缆可达到 $50Mb/s$ 的数据传输速率。当电缆长度增加时,传输率要降低或使

用中间放大器。

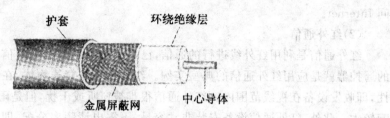

图 2-10 同轴电缆的组成

②宽带同轴电缆（阻抗为 70Ω）：用来传输模拟信号。宽带同轴电缆的传输速率可达 300~450Mb/s，利用频分多路复用（FDM）技术可实现同时传输多路信号。例如，电视信号传播采用的 CATV 电缆就是宽带同轴电缆。

同轴电缆的特点是价格适中，传输速度快，在高频下抗干扰能力强，传输距离比双绞线远。在计算机局域网中，基带同轴电缆是常用的传输介质。但由于宽带同轴电缆可划分为多个信道，电视信号和数据等可在一条电缆上同时传输，因此，宽带同轴电缆传输是今后的发展方向和研究热点之一。

（3）光纤

光纤（Fiber）是一种传送光信号的介质。根据光波的传输模式，它主要分为两种：多模光纤和单模光纤。

在多模光纤中，通过多角度地反射光波来实现光信号的传输。由于多模光纤中有多个传输路径，因而导致光信号在时间上出现扩散和失真，限制了其传输距离或者传输速率。

在单模光纤中，只有一个轴向角度来传输光信号，其传输系统的价格要高于多模光纤传输系统。

光纤系统主要由三部分组成：光发送器、光纤和光接收器。发送端的光发送器利用电信号对光源进行光强控制，从而将电信号转换为光信号；光信号经过光纤传输到接收端，光接收器通过光电二极管再把光信号还原成电信号。

光纤是一种不易受电磁干扰和噪声影响的传输介质，具有很大的传输带宽，可进行远距离、高速率的数据传输，而且具有很好的保密性能。由于光纤的衔接、分岔比较困难，一般只适用于点到点或环形结构的网络系统中。

2. 无线传输介质

目前常用的无线传输介质有无线电通信、红外通信、激光通信和微波通信等。

（1）无线电通信

无线电通信在无线电广播和电视中已广泛使用。国际电信联盟的 ITU-R 已将无线电的频率划分为若干波段。在低频和中频波段内，无线电波可以轻易地通过障碍物，但能量随着与信号源距离的增大而急剧减小，因而可沿地表传输，但距离有限；在高频和甚高频波段内的电波，会被距地表数百千米高度的电离层反射回地面，因而可达到远距离的传输。

由于便携式计算机的出现以及在军事、野外等特殊场合下移动通信联网的需要，更进一步促进了数字化无线电通信的发展，因此便出现了无线局域网产品——能在一栋楼内提供不需要导线连接的无线计算机网络;同时,无线应用协议的运用使数字移动电话可通过无线通信访问 Internet。

(2)红外通信

红外通信是利用红外线进行的通信,已广泛应用于短距离的信号传输。电视机和录像机的遥控器就是应用红外通信的典型实例。红外线不能穿透物体,在通信时要求有一定的方向性,即收发设备在视线范围内。红外通信很难被窃听或干扰,但是雨和雾等天气因素对它的影响较大。此外,红外通信设备安装非常容易,不需申请频率分配,即不授权便可使用。红外通信也可以用于数据通信和计算机网络中。

(3)激光通信

激光通信的原理与红外通信基本相同,但它使用的是相干激光。它具有与红外线相同的特点,不同之处是由于激光器件会产生低量放射线,因而需要加装防护设施;激光通信必须向政府管理部门申请,授权分配频率后方可使用。

(4)微波通信

微波通信也是沿直线传播的,但方向性不及红外线和激光强,受天气因素影响较大。微波传输要求发送和接收天线精确对准。由于微波沿直线传播,而地球表面是曲面,天线塔的高度决定了微波的传输距离,因此可通过微波中继接力来增大传输距离。微波通信可用于连接两个建筑物内的局域网。

卫星通信可以看成一种特殊的微波通信。与一般地面微波通信不同的是,它使用地面同步卫星作为中继站来转发微波信号。

2.4.3 网络适配器

它亦称接口卡或网卡,能够使工作站、服务器、打印机或其他节点通过网络介质接收并发送数据。因网络适配器只传输信号而不分析高层数据,在有些情况下,它也可对承载的数据作基本的解释,而不只是把信号传送给 CPU,让 CPU 去解释。

网络适配器的类型与所依赖的网络传输系统、网络传输速率(如 10Mb/s 与 100Mb/s)、连接器接口(如 BNC 与 RJ-45)以及兼容的主板或设备的类型有关。当然,它也与制造商有关。常见的网络接口卡的制造商包括 3Corn、Adaptec、IBM、Intel、Linksys、Olicom、SMC 和 Western Digital 等。网络接口卡的种类繁多,与网络的结构、传输介质的类型、网段的最大长度、节点之间的距离有关,使用时需予以注意。

2.4.4 网络互联设备

1. 中继器

当信源刚发出信号时,信号是清晰的;当信号在物理介质中传输的距离越远时,信号就变弱。中继器的作用就是将已变弱失真的信号接收下来进行放大再重新送到网络上继续传输。

2.集线器

它是一种多端口中继器,其工作原理是当它从任一个端口收到一个信息包后,就将此信息包广播发送到其他所有的端口。

3.网桥

它的互联层次是数据链路层,可实现链路层及以下层的协议转换,主要用于连接同构型局域网。

网桥具有多个端口,每个端口可连接一个网段。网桥通过检测接收到的数据帧中包含的目的地的 MAC 地址,来确认目的地是否属于本网桥所连接的网段。若与本网桥所连接的网段地址一致,便接收该数据帧,并转发到相应的网段,否则抛弃。

4.路由器

它可实现网络层及其以下各层的协议转换,它不仅用于局域网之间的互联,还用于局域网与广域网(WAN)、广域网与广域网之间的互联。

5.网关

它用于连接异构型网络,可实现协议转换、数据格式变换和信息速率变换的功能,这样可使所连接的两个网络达到互通。

第3章　网络多媒体开发技术

3.1　超文本标记语言 HTML

3.1.1　HTML

1. 什么是 HTML

超文本标记语言用于编写网页。HTML 是一切网页实现的基础,在网络中浏览的网页都是一个个由 HTML 标记构成的文件。一个 HTML 文件包含了很多 HTML 标记,用来告诉浏览器应该如何显示文本、图像以及网页的背景等。

一个 HTML 文档通常由文档头与正文构成,在正文中包含了表格、段落和列表等文档元素。用 HTML 组织的文件是普通的文本文件,可以用文本编辑器(如记事本)进行编辑,也可以使用专门的 HTML 文件编辑器来编辑,如 Microsoft 公司的 FrontPage、Macromedia 公司的 Dreamweaver 等。

HTML 标记由"<""标记名称"和">"三部分组成,如<head>。标记可以分为单标记和双标记。

单标记只需单独使用就能完整地表达意思,其语法为<标记名称>。

双标记由"起始标记"和"结束标记"两部分构成,而且必须成对使用,语法是<标记名称>内容</标记名称>。

HTML 标记可以嵌套,标记名称中的字母不分大小写,标记还可以包含"属性",用于提供相应的附加信息,如颜色、字体、对齐方式等。

2. HTML 文件结构

HTML 的文件结构相当简单,其主体结构主要有以下几部分。

<html>
<head>
文件头信息
</bead>
<body>
在浏览器中显示的 HTML 文件的正文
</body>

```
</html>
```

3.常见 HTML 标记

<p></p>　　段落标记

　　回车换行标记
<title></title>　　网页标题标记
<hr>　　水平线
<img>　　图像标记
<a></a>　　超链接标记

3.1.2　超链接标记

超文本链接(Hypertext Link)通常称为超链接(Hyperlink),或者简称为链接(Link)。它可以将文字或图形连接到其他网页、图形、文件、邮箱或其他网站。单击超链接,可以从网页的当前位置跳转到当前网页的另一个地方,或者进入另外一个网页。这些链接能把用户带到 Internet 的任何一个部分,甚至获得原本不属于 Web 的资源。

在 HTML 中,超链接的基本格式是:

<a href="资源地址">显示的文字</a>

超链接可以分为以下几种形式。

1.URL 链接

URL(Uniform Resource Locator)是识别因特网(Internet)上任何一个文件地址或资源地址的标准表示方法,称为统一资源地址。万维网使用 URL 来指定在其他服务器上文档的位置。一个信息资源在网络上的 URL 地址通常由三部分组成。

①请求服务的类型,用于说明使用何种网络协议来存取资源,如 WWW 服务程序使用 HTTP(Hyper Text Transfer Protocol)协议、文件传送使用 FTP(File Transfer Protocol)协议等。

②网络上的主机名。

③服务器上的文件名。

例如,在<a href="http://www.microsoft.com/index.htm">中,http 表示使用的网络协议是 HTTP 协议;双斜线(//)之后的 www.microsoft.com 表示存放信息的主机名,这是 Microsoft 公司的 Web 服务器;单斜线后面的 ifldex.htm 表示服务器上的文件名。这个地址告诉 Web 浏览器"使用 HTTP 协议,从名字为 www.microsoft.tom 的服务器里,取回名为 index.htm 的文件"。

2.本地链接

对同一台机器上的不同文件进行的链接称为本地链接。如果链接的文档在同一目录下,HTML 可以使用相对路径链接该文档,也可以使用绝对路径进行链接。使用相对路径链接比使用绝对路径链接的运行效率更高,一般在同一个网站内的链接采用相对路径实现。

3.同一网页中的链接

同一网页中超链接的语法格式是:

＜a href＝"＃锚名"＞显示的文字＜la＞

其中,锚名是指网页中能被链接到的一个特定的位置,通过标记＜a name＝"锚名"＞指定具体的锚名。

4.链接电子邮件程序

如果需要链接电子邮件程序,就要用到"mailto"。语法结构为:

＜a href＝"mailto:userinfo@host"＞显示的文字＜/a＞

例 3-1 同一网页中超链接的实现。

＜html＞

＜head＞

＜title＞同一网页中超链接的实现＜/title＞

＜/head＞

＜body＞

个人简历＜br＞

＜a href＝"＃BasicInformation"＞个人基本信息＜/a＞＜br＞

＜a href＝"＃Education"＞教育经历＜/a＞＜br＞

＜a href＝"＃Job"＞工作经历＜/a＞＜br＞

＜br＞

＜a name＝"BasicInformation"＞个人基本信息＜/a＞＜br＞

姓名:张三＜br＞

性别:男＜br＞

年龄:32＜br＞

爱好:体育、音乐、上网等＜br＞

＜br＞

＜a name＝"Education"＞教育经历＜/a＞＜br＞

高中:上海市某中学＜br＞

大学:上海某大学＜br＞

硕士研究生:上海某大学＜br＞

博士研究生:上海某大学＜br＞

＜br＞

＜a name＝"Job"＞工作经历＜/a＞＜br＞

2002 年 5 月至 2003 年 9 月   某大学任讲师＜br＞

2003 年 9 月至 2005 年 9 月   国外某大学作博士后＜br＞

2005 年 9 月至今　　　某公司任研发部经理

</body>

</html>

将文件保存为 ex1.html，文件中的
是换行标记样式。当单击"工作经历"超链接时，会链接到网页中<a name="Job">的位置，如图 3-1 所示。

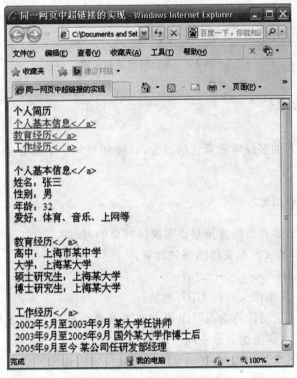

图 3-1　同一网页中的超链接

例 3-2　其他超链接的实现。

<html>

<head>

　<title>其他超链接的实现</title>

</head>

<body>

　<p><a href="ex1.html">本地链接</a></p>

　<p><a href="http://hein.blogone.net">URL 链接</a></p>

　<D><a href="mailto:heinhe@126.com">电子邮件</a></p>

</body>

</html>

将文件保存为 ex2.html 在浏览器中显示如图 3-2 所示的样式。

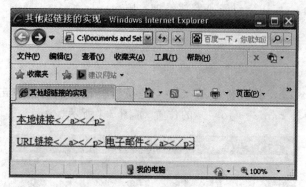

图 3-2 其他超链接的实现

3.1.3 多媒体标记

通常在网页中嵌入的多媒体元素包括图像、音频和视频。下面分别介绍如何在网页中插入图像、音频和视频。

1. 内联图像与外联图像

在网页中插入丰富多彩的图像是制作多媒体网页的基础。

在 HTML 文档中插入图像文件的语句如下：

＜img src＝"ImageName"＞…＜/img＞

其中 ImageName 是图像文件的 URL 地址。

采用这种方式插入的图像称为内联图像。内联图像指与 Web 网页中的文本一起下载和显示的图像，表现为文本和图像显示在同一网页上。

如果插入的内联图像文件太大，在浏览网页时就需要很长的下载时间。因此在编写 HT-ML 文档时，可以用文字或者图标来代表大图像，而把大图像当作一个单独的文档，然后把文字或者图标与大图像文件链接在一起，当用鼠标单击这个链接后，大图像显示在另一个窗口中，这种图像就称为外联图像。

链接外联图像可使用下面的语句：

＜a href＝"ImageName"＞…＜/a＞

例 3-3 内联图像与外联图像。

＜html＞
＜head＞
　＜title＞内联图像与外联图像＜/title＞
＜/head＞
＜body＞
　＜p＞内联图像：＜/p＞
　＜img src＝"images/image1. gif"width＝"74"height＝"74"alt＝"内联图像"＞
　＜p＞＜a href＝"images/image2. gif"＞外联图像＜/a＞＜/p＞

```
</body>
</html>
```

将文件保存为 ex3. html。内联图像 image1. gif 的 width、height 属性指定了图像的显示宽度与高度,alt 属性的作用是对图像进行说明,当鼠标置于图像之上时,出现关于该图像的说明。

2.图像作为网页背景

使用图像作为网页背景的语句如下:

```
<body background="ImageName">
```

body 标记的 background 属性指定图像文件,浏览器将其平铺,布满整个网页。

例 3-4　以图像作网页背景。

```
<html>
<head>
  <title>以图像作网页背景</title>
</head>
<body background="images/landscape.jpg">
</body>
</html>
```

将文件保存为 ex4. html。

3.在文档中链接声音或视频文件

在 HTML 文档中,使用下面的语句将声音文件或视频文件链接到文档中:

```
<a href="FileName">…</a>
```

其中 FileName 是声音文件或视频文件的文件名。

例 3-5　链接声音文件或视频文件。

```
<html>
<head>
  <title>链接声音文件或视频文件</title>
</head>
<body>
  <p><a href="sound1.way">链接声音文件</a></p>
  <p><a href="clock.avi">链接视频文件</a></p>
</body>
</html>
```

将文件保存为 ex5. html,在浏览器中打开如图 3-3 所示。

图 3-3　链接声音文件或链接视频文件

4. 在文档中嵌入声音或视频文件

在 HTML 文档中，除了可以在文档中链接声音文件或视频文件之外，还可以使用下面的语句将声音文件或视频文件嵌入到 HTML 文档中：

<embed src＝"声音或视频文件名">…</embed>

例 3-6　嵌入声音文件。

```
<html>
<head>
  <title>嵌入声音文件</title>
</head>
<body>
  <embed src="sound1. wav"autostart=true width=350 height=150 loop=true>
  </embed>
</body>
</html>
```

将文件保存为 ex6. html，在浏览器中打开显示如图 3-4 所示的样式。

属性 width、height 定义播放器的大小，若希望浏览器中不出现播放界面，可以将它们的值赋为 0。属性 autostart-ttae 表示自动播放，loop＝true 表示循环播放，autostart、loop 属性默认时不会实现自动播放和循环播放功能。

嵌入视频文件的方法与声音文件嵌入方法相同，只要将音频文件改为视频文件即可。

5. 在文档中嵌入背景声音

通常在多媒体网页中可以插入背景音乐。嵌入背景音乐的基本语法格式如下：

<bgsound src＝"FileName" loop＝n>

其中，FileName 表示背景音乐的文件名，loop 表示循环次数，当 loop 设为－1 时，表示循环播放。

例 3-7　在网页中设置背景音乐。

```
<html>
<head>
```

　　<title>设置背景声音</title>

　　<bgsound src="background. mid"loop=-1>

</head>

<body>

</body>

</html>

将文件保存为 ex7. html,打开该网页就可以听到动听的背景音乐。

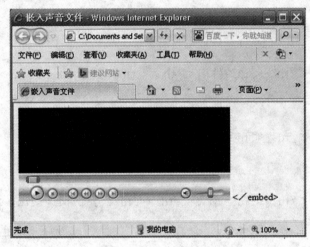

图 3-4　嵌入声音文件

3.1.4　表格标记

表格是网页中常用的一种布局方式,HTML 表格的基本格式为:

<Table>

<Caption>表格标题</Caption>

<Tr>

<Th>表头 1</Th>…<Th>表头 n</Th>

<Tr>

<Td>表项 1</Td>…<Td>表项 n</Td>

……

</Table>

表格中的所有内容都在<Table>和</Table>之间,在<Caption>和</Caption>之间定义了表格的标题。<Tr>定义表格的行,<Tr>可用</Tr>结束,也可以作为独立标记符使用。表头的内容在<Th>和</Th>之间,而表中的各行内容放在<Td>和</Td>之间。

例 3-8　表格示例。

<html>

<head>

```
<title>HTML 表格示例</title>
</head>
<body>
<p>
<font size=2>
<table border="3"aliqn=center>
<caption>学生信息</caption>
</font>
<font size=3>
<tr>
<th>学号</th><th>姓名</th><th>性别</th><th>年龄</th><th>班级</th>
<tr>
<td>0001</td><td>张三</td><td>男</td><td>21</td><td>01</td>
<tr>
<td>0002</td><td>李飞</td><td>男</td><td>20</td><td>02</td>
<tr>
<td>0003</td><td>张丽</td><td>女</td><td>20</td><td>02</td>
</table>
</font>
</p>
</body>
</html>
```

将文件保存为 ex8. html,其中<font>为字体标记,在浏览器中显示如图 3-5 所示的样式。

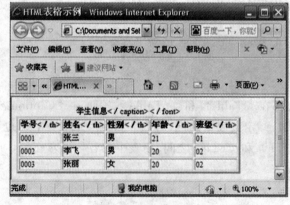

图 3-5 表格显示结果

3.1.5　表单标记

表单是信息交流的窗口,是页面上表单域的集合,用户通过在表单中输入自己的信息,单击"提交"按钮来提交表单。

表单处理程序从表单中收集信息,将数据提交给服务器,服务器启动表单控制器进行数据处理,并将结果生成新的网页,显示在用户屏幕上。

创建表单的语法格式为:

＜form action＝"URL" method＝"GET I POST"＞

＜input type＝＊name＝♯＞

＜/form＞

其中,action＝"URL"中的 URL 指明客户端向服务器请求的文件,一般为.asp 文件(动态网页文件);method 表示浏览器与服务器之间的通信方法;GET 传输方法表示将数据加在 action 设定的 URL 地址后面传送到服务器,适合传输少量数据;POST 方法表示通过 HTTP post 传输数据方式将输入数据传送到服务器,适合传输较大量的数据。

表单中提供给用户进行输入的语句是＜input type＝＊name＝♯＞。其中 type＝＊中的＊代表不同的输入元素类型,如表 3-1 所示。name＝♯中的≠代表表单元素的名称,供服务器的表单处理程序识别、处理。用户单击"提交"按钮后,可以通过 ASP 实现与服务器端的交互功能。

表 3-1　type 属性

属性值	意义	属性值	意义
Buuon	按钮	Hidden	隐藏按钮
Checkbox	复选框	Submit	提交按钮
Textarea	多行文本输入区	Image	图像传送服务器
Text	文本框	Reset	重置按钮
Password	密码文本框	Radio	单选按钮

例 3-9　表单示例。

＜html＞

＜head＞

＜title＞HTML 表单示例＜/title＞＜/head＞＜body＞

请输入个人注册信息

＜form action＝"ex1.html"method＝"get"＞

用户名:＜input type＝"text"name＝"name"size＝18＞＜br＞

密码:＜input type＝"password"name＝"pwd"size＝18＞＜br＞

性别:＜input type＝"text"name＝"sex"size＝18＞＜br＞

生日:＜input type＝"text"name＝"birthday"size＝18＞＜br＞

爱好：文学＜input type＝"checkbox"name＝"literature"value＝"yea"checked＞

音乐＜input type＝"checkbox"name＝"music"value＝"yea"＞

运动＜input type＝"checkbox"name＝"sport"value＝"yea"＞

＜input type＝"submit"value＝"提交"＞＜br＞

＜/form＞

＜/body＞

＜/html＞

将文件保存为 ex9. html，在浏览器中显示如图 3-6 所示的样式。

在表单中输入相应的内容，单击"提交"按钮，执行 ex1. html 并在浏览器中显示。

若将 action 后的文件改为 ASP 动态网页文件，存放在服务器中，当用户单击"提交"按钮后，通过表单处理程序从表单中收集信息，将数据提交给服务器，服务器启动表单控制器进行数据处理，并将结果生成新的网页，显示在用户屏幕上，这样就可以实现客户端与服务器端的交互功能。

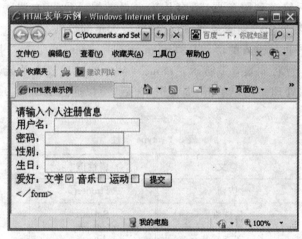

图 3-6　表单显示结果

3.1.6　HTML 语言应用

1. 实验内容

①使用记事本建立一个具有基本结构标记的 HTML 文件，然后以 webhtml. htm 文件名保存，效果如图 3-7 所示。

②修改 HTML 文件，实现图片、文字移动，播放音乐，插入链接和当前日期等效果。

2. 实验步骤

(1)准备工作

在 D 盘建立 htmcss 文件夹，在 htmcss 中创建子文件夹 material，将 C:\intdmt-2015\htmcss\htm 中的全部素材文件复制到 D:\htmcss\material 文件夹中。

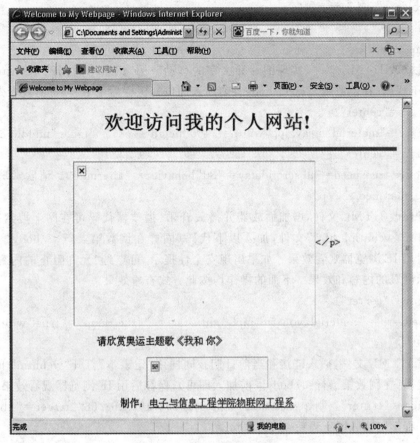

图 3-7　HTML 语言应用样张

（2）使用记事本创建和修改 HTML 文件

①使用记事本创建 HTML 文件,输入代码实现添加文字、水平线,设置网页标题和网页背景的效果。启动"记事本"程序,输入以下内容,完成后以 webhtml.htm 文件名保存到 D:\htmcss 文件夹中(注意,在保存时一定要在"文件类型"处选择"所有文件",输入文件名时要把文件的扩展名也一起输入),用 IE 浏览器观看效果,如有偏差用"记事本"打开修改,再次查看效果时可以在浏览器中按功能键 F5 刷新(不需重新打开文件)。

特别提醒:HTML 文件中,所有的标点符号、字母、数字都是半角字符,必须在英文状态下输入,否则将导致网页出错或不能正常显示;HTML 标签的属性之间请使用空格隔开;HTML 文件不区分大小写;所有的文件名、文件夹名请使用英文字母,不要使用中文名。

```
<html>
<head>
<title>Welcome to My Webpage</title>
</head>
<body background="material/back2.gif">
<h1 align="center"><font color="maroon">欢迎访问我的个人网站!<font>
```

```
</h1>
```
＜hr color＝"red"size＝"4"＞

```
</body>
```

```
</html>
```
②通过修改 HTML 文件,实现图片和文字的移动。用"记事本"打开"webhtml. htm"文件,加入以下代码(在倒数第二行＜/body＞前加入即可),保存后用 IE 浏览器观看效果。

＜p align＝"center"＞

＜img src＝"material/meay. jpg"width＝"400"height＝"265"align＝"middle"＞＜/p＞

＜p align＝"center"＞

＜marquee truespeed＝"9"scrolldelay＝"80"behavior＝"alternate"＞请欣赏奥运主题歌《我和你》＜/marquee＞＜/p＞

③通过修改 HTML 文件,增加播放器并播放音乐(播放器代码可在网上搜索得到)。用"记事本"打开"webhtml. htm"文件,加入以下代码(同样在倒数第二行＜/body＞前加入即可),保存后用 IE 浏览器观看效果。如果出现安全性提示,可点选"允许阻止的内容",这样才能完整显示网页的内容和效果。下面的操作均按此方式查看效果。

＜p align＝"center"＞

＜embed src＝"material/youarm mp3"autostart＝"true"loop＝"true"width＝"200"height＝"50"＞

④修改 HTML 文件,插入链接和当前日期。同样用"记事本"打开"webhtml. htm"文件,加入以下代码(在倒数第二行＜/body＞前加入即可),保存后用 IE 浏览器观看效果。

＜p align＝"center"＞制作:＜a href＝"http://202.192.163.58/"target＝"_blank"＞电子与信息工程学院物联网工程系＜/a＞＜br＞

＜p align＝"center"＞

＜script type＝"text/javascript"＞

var myDate＝new Date( );

document. write(myDate. toLocaleString( ))

＜/script＞

3.2　使用 Dreamweaver 制作多媒体网站

3.2.1　网页设计基础

1. Dreamweaver 概述

(1)制作网站的流程

规划网站类型及主题→搜集资料素材→使用软件进行网页制作→测试及发布。

（2）认识 Dreamweaver

Dreamweaver 是当前最流行、最方便的网页设计和网站开发工具软件。Dreamweaver 是集网页制作和管理网站于一身的所见即所得网页编辑器，它是第一套针对专业网页设计师特别开发的可视化网页开发工具。Dreamweaver CS5 的启动界面如图 3-8 所示。Dreamweaver CS5 的用户界面如图 3-9 所示。

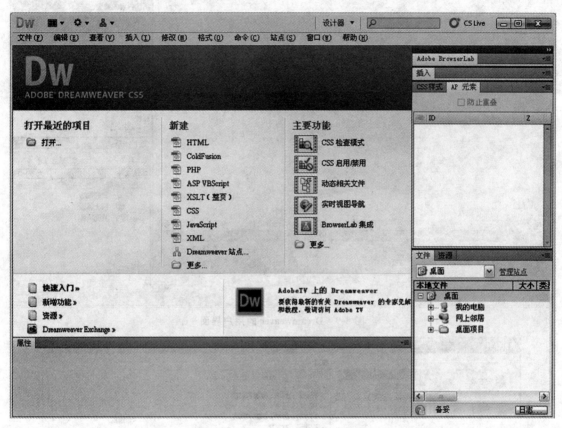

图 3-8　Dreamweaver 的启动界面

2. 网页文件的基本操作

基本网页的文件类型为 HTML 文档，保存的文件扩展名为 .html。

（1）新建网页

下列操作方法均可新建一个空白网页文档。

①启动 Dreamweaver 后，单击其欢迎屏"新建"区域的"HTML"按钮 `<> HTML`，可快速新建一空白网页文档，如图 3-10 所示。

②选择菜单命令"文件"→"新建"，弹出"新建文档"对话框，在该对话框中可选择创建无布局 HTML 空白网页。

③右键单击"文件"面板上网站文件夹，选择"新建文件"命令，可新建→名为"untitled.ht-ml"的网页文件，重命名后，双击打开便可编辑该网页文档。

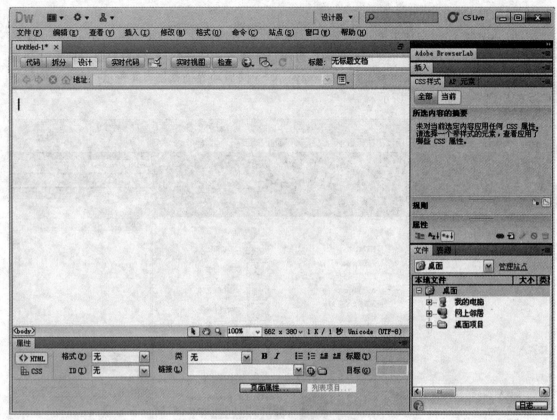

图 3-9　Dreamweaver 的用户界面

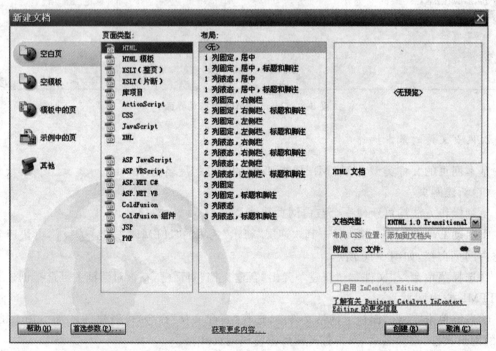

图 3-10　"新建文档"对话框

（2）向网页添加内容

向网页中添加内容，通常典型的方法是利用菜单命令进行操作，即选择"插入"菜单下的有关命令完成相应对象的添加。其实，利用"插入"面板的不同类别中的命令按钮进行操作，会更直接和直观，可通过勾选菜单选项"窗口"→"插入"来显示"插入"面板。"插入"面板有常用、布局、表单、Spry、文本等类别。根据插入不同的内容对象，选用不同的类别中的命令，其中，"常用"类别中有超级链接、水平线、表格、图像等命令按钮或命令按钮组。命令按钮组又包括一组命令，如"图像"组包括图像、图像占位符、鼠标经过图像等，"媒体"组包括 SWF、FLV、插件等。

（3）利用"HTML"属性检查器辅助文本结构化和格式设置

"HTML"和"CSS"属性检查器（也称属性面板），位于 Dreamweaver 工作区下方，两个面板分别通过"HTML" <> HTML 和"CSS" CSS 按钮来切换。"HTML"属性面板主要用于 HTML 属性检查、结构化和样式设置，如文本的段落、标题、项目列表的属性检查、结构化和样式格式设置等，如图 3-11 所示。"CSS"属性面板主要用于 CSS 属性检查、CSS 样式设置等。

图 3-11 "HTML"属性面板的结构化与格式设置

（4）设置网页外观属性

网页标题、页面默认字体、默认字体大小、背景颜色、背景图片、边距。

（5）创建站点

1）什么是站点

Dreamweaver 的站点是一种管理网站中所有相关联文件的工具。通过站点可以对网站的相关页面及各类素材进行统一管理，还可以使用站点管理实现将文件上传到网页服务器，测试网站。

2）创建站点及目录

例如，图 3-12 所示的《my site》站点根目录为 D:\mysite\ 。

（6）管理站点

1）在"文件"面板中实现以下操作

①选择编辑网页文件。

②创建文件或文件夹。

③剪切、粘贴、复制、删除、重命名文件或文件夹。

2）站点管理

①编辑站点。

②复制站点。

③删除站点。

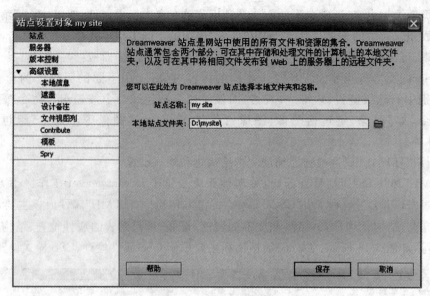

图 3-12 站点的创建

3.2.2 框架

1. 什么是框架

一个框架就是一个区域,可以单独打开一个 HTML 文档。多个框架就把浏览器窗口分成不同的区域,每个区域显示不同的 HTML 文档,如图 3-13 所示。

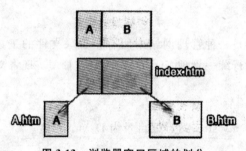

图 3-13 浏览器窗口区域的划分

2. 框架的基本操作

(1)建立框架

建立框架有两种方法,如下所示。

1)方法一

①选择菜单"新建"→"文件"命令,打开"新建文档"对话框,单击"确定"按钮。

②打开要插入框架的页面。单击"布局"插入栏中的"框架"按钮,在弹出的菜单中选择需

要的框架类型。

2) 方法二

选择"新建页"→"示例的页"→"框架页",选择所需类型后可在右侧预览框架模式,如图
3-14 所示。

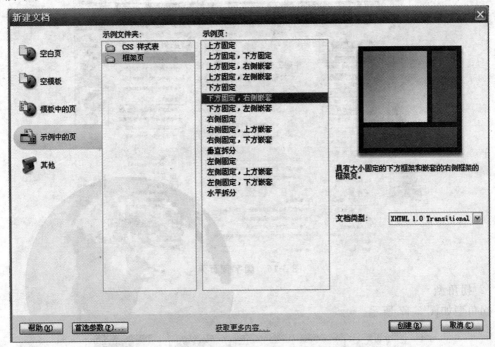

图 3-14　框架集

选择"下方固定,右侧嵌套"选项,单击"创建"按钮,出现"框架标签辅助功能属性"对话框,
用于确定每个框架的标题,如图 3-15 所示。

(2)保存框架和框架集

①保存框架。鼠标置于要保存的框架,选择"文
件/保存框架"命令。

②保存框架集。选择要保存的框架集,选择"文
件/保存框架页"或者"文件/框架集另存为"命令。

③保存全部。这时是保存整个框架结构,保存
的时候虚线笼罩的就是现在保存的框架。

(3)编辑框架页

选择框架页,并进行编辑,然后保存框架。

图 3-15　"框架标签辅助功能属性"对话框

3.2.3　应用表格布局页面

1. 类型

网页布局大致可分为国字型、拐角型、标题正文型、左右框架型、上下框架型、综合框架型、

封面型、Flash 型、变化型。

（1）国字型

国字型如图 3-16 所示。

图 3-16　国字型页面

（2）拐角型

拐角型如图 3-17 所示。

图 3-17　拐角型网页

（3）正文型

正文型如图 3-18 所示。

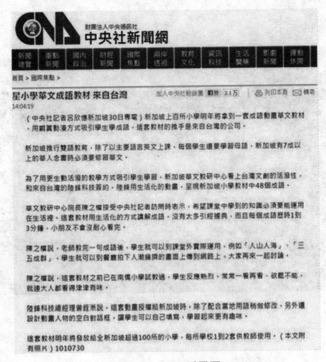

图 3-18　正文型网页

(4)左右框架型

左右框架型如图 3-19 所示。

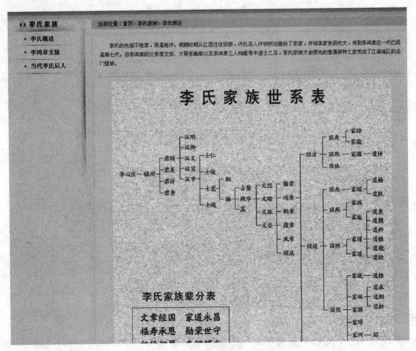

图 3-19　左右框架型网页

(5)Flash 型

Flash 型如图 3-20 所示。

图 3-20　Flash 型网页

2.页面的构成

页面的构成要素主要有四点,具体如图 3-21 所示。

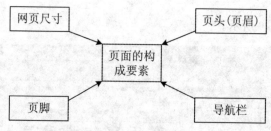

图 3-21　页面的构成要素

3.2.4　超链接的添加

1.超链接的添加方法

在 Dreamweaver 中插入超链接有三种方法。

①执行"插入"→"超级链接"命令。

②单击右键后在弹出的快捷菜单中选择"创建链接"命令。

③选中需要添加超链接的文本或图像,在属性窗口中设置。

例 3-10　插入超链接。

①选择"链接文件",执行"插入"→"超级链接"命令,出现"超级链接"对话框,如图 3-22 所示。

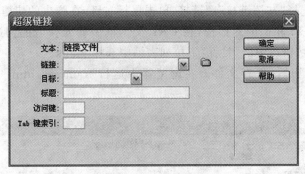

图 3-22　"超级链接"对话框

②在"链接"文本框中输入 URL 地址，或单击右面的文件夹图标，在弹出的对话框中选择需要链接的文件。选中文件后，相应的 URL 地址会自动填写到"链接"文本框中，如图 3-23 所示。

图 3-23　输入链接的文件或 URL 地址

③在"目标"下拉列表框中选择超链接打开的方式，选择 blank，单击"确定"按钮，超链接设置完毕，如图 3-24 所示。

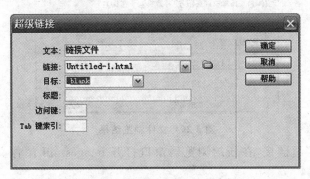

图 3-24　设置"目标"下拉列表框

④在图 3-22 中选择"链接图片"。

⑤单击"属性"窗口中"链接"文本框右侧的文件夹图标，出现如图 3-25 所示的对话框，选择 images.jpg 图像文件，单击"确定"按钮。

⑥在"属性"窗口"目标"下拉列表框中选择 mainFrame 选项，表明该超链接在 mainFrame 框架中显示 images.gif 文档。

⑦在图 3-22 中选择"友情链接"超链接,单击鼠标右键,在弹出的快捷菜单中执行"创建链接"命令,出现与图 3-25 相似的对话框,在 URL 文本框中输入作者的网站地址 http://hein. blogone. net,在"属性"窗口中的"目标"下拉列表框中选择 blank。

⑧超链接设置完毕后,保存文件。在浏览器中运行 frameset. html 文件,结果如图 3-26 所示。

图 3-25   通过"属性"窗口设置超链接

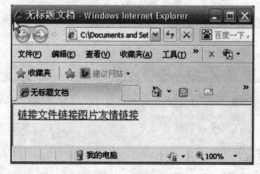

图 3-26   文件浏览结果

单击"链接图片"超链接,在新的浏览器窗口打开 images. gif 图像文件,运行效果如图 3-27 所示。

2.超链接的管理

可以从链接路径、自动更新链接、检查链接三方面对超链接进行管理,具体如图 3-28 所示。

图 3-27　链接 images.gif 图像文件的效果

超链接的管理
- 链接路径
  - 绝对路径：如果在链接中使用完整的 URL(统一资源定位符)地址，这种链接路径就称作绝对路径；一般用于链接外部网站或外部文件资源时
  - 相对于文档路径：表述源端点与链接目标端点之间的相互位置。一般默认使用这种方式链接站点的不同文件
  - 相对于站点根目录路径：所有链接的路径都是从站点的根目录开始的；"/"表示根目录
- 自动更新链接：当文件的位置被改动时，自动更新该网页中的链接路径，同时也自动更新其他网页链接到这个网页的路径
- 检查链接

图 3-28　超链接的管理

3.2.5　多媒体元素的添加

1. 添加 Flash 动画的方法

①单击 frameset.html 文件中的 topFrame 框架。

②执行"插入"→"媒体"→Flash 命令，出现"选择文件"对话框。

③选择 images 目录中的 start.swf 文件。

④在安装了 Macromedia Flash Player 插件的计算机中运行 frameset.html 文件，在 top-Frame 框架中看到 Flash 动画内容。

2. 插入背景图像的方法

①新建一个空白网页文件。

②右击网页中的任何位置,在弹出的快捷菜单中选择"页面属性"命令,或者直接单击属性窗口中的"页面属性"按钮。

③单击"背景图像"文本框右侧的"浏览"按钮,从出现的对话框中选择 images 文件夹下的 landscape. JPG 文件。

④按下 F12 键,预览网页,可以看到该网页以一幅风景图像作为背景。

3.2.6 创建和应用 CSS 样式

1. CSS 基本语法

层叠样式表(CSS)由一组设置格式的样式规则组成,而每一个 CSS 样式规则的基本语法结构又由选择符、属性和值三部分构成。其基本格式如下。

Selector{property:value}

(选择器{属性:值})

选择器是被设置格式元素的术语(如 p,h1,类名称或 ID 等),也称选择符或样式名;属性就是要具体定义的样式属性,如字体、背景、边界等;值即属性设置值,如"楷体""red"等。可以为一个选择器定义多个属性,每个属性用分号隔开即可。如:

p{font-size:12 pt;color:blue;background-color:yellow;}

为便于阅读,常书写为如下结构化形式:

p{font size:12pt;

color:blue;

background-color:yellow;

}

在这里,选择器 p,p 是一个表示段落的 HTML 标签,在此被重新定义,设置了段落的文字大小为 12pt,文字颜色为蓝色,背景色为黄色。

CSS 的选择器可以分为以下几种类型。

类选择器:这种样式可多次应用于页面上的任何元素(如:由类. st 定义的样式可以应用于所有 class="st"的标签)。

ID 选择器:应用于页面上指定 ID 的任何元素(如由♯myStyle 定义的样式可以应用于所有包含 id="myStyle"的标签)。但一般地,同一个页面上,一个 ID 样式只用一次。

HTML 标签选择器:重新定义特定标签(如 h1)的格式。创建或更改 h1 标签的 CSS 样式时,页面中所有用 h1 标签设置了格式的文本都会立即更新。

复合选择器:重新定义特定元素组合的格式,如选择器 td h2 规定的样式,仅对于表格单元格内出现的 h2 标题标签有效。

2. 网页引用 CSS 的方法

CSS 在 HTML 中引用(或者说 CSS 样式规则可以放置的位置)有三种方法。

第一种直接在 HTML 标签代码行内定义(称为内联样式)。例如:

<body>

<h1 style＝"font family:宋体;font size:12pt;color:blue">h1 标签的内联样式</h1>

</body>

第二种放在网页文档内部(称为内部或嵌入式样式表)。将 CSS 样式规则包括在 HTML 文档头部(<head>…</head>)的 style 标签中,例如:

<head>

<style type＝"text/css">

h1{font-family:宋体;font-size:12pt;color:blue}

</style>

</head>

<body>

<h1>在这里使用了 h1 标签</h1>

</body>

第三种调用外部样式表文件。将若干组 CSS 样式规则放在外部样式表中,外部 CSS 样式表是一个独立的外部 CSS(扩展名为.CSS)文件而非 HTML 文件,此文件通过在文档头部的 Link 或@import 链接或导入到网站中的一个或多个页面。例如:

<head>

<LINK REL＝"stylesheet" href＝"sample. css">

</head>

3. 在 Dreamweaver 中创建和应用 CSS 样式表

通过 Dreamweaver 的"CSS 样式"面板、"新建 CSS 规则"对话框和"CSS 规则定义"对话框,可以方便地创建、编辑和链接 CSS 样式。

(1)"CSS 样式"面板

勾选菜单选项"窗口"→"CSS 样式",可显示"CSS 样式"面板。单击面板顶部的"全部"或"当前"按钮可以切换两种面板模式。当处于"当前"模式时,可以跟踪编辑影响当前所选页面元素的 CSS 规则及其属性,当处在"全部"模式时,可以跟踪编辑文档中所用的所有 CSS 规则及其属性,包括附加的外部样式和内部样式。

"CSS 样式"面板上下分为"规则"和"属性"两个主要窗格,在"属性"窗格中以不同的视图方式显示当前所选规则的各项属性,直接添加、修改、删除这些属性来达到编辑所选 CSS 样式规则的目的,而且其效果立即生效,可以在操作的同时预览页面效果。

(2)创建、编辑和链接 CSS 样式

创建、编辑和链接 CSS 样式的典型操作方法,还是从"CSS 样式"面板右下角几个操作按钮开始,简述如下。

单击"附加样式表"按钮,可以在弹出的"链接外部样式表"对话框中,链接或导入指定的外部样式表到当前网页文档中。

单击"新建 CSS 规则"按钮,可打开"新建 CSS 规则"对话框,新建一个 CSS 样式规则时,需要在该对话框中确定其选择器的类型、名称,以及存放位置,是在文档内部还是外部样式表中,完成后单击"确定"按钮,自动打开"CSS 规则定义"对话框,来具体设置该新建规则的各项属性。

单击"编辑样式"按钮,可以直接打开"CSS 规则定义"对话框,可在其中编辑当前 CSS 规则的各项属性。

单击"禁用/启用 CSS 属性"按钮,可禁用或启用指定的 CSS 属性。

"删除 CSS 规则"按钮用于删除所选规则或属性等。

(3)创建内联样式

有两种操作方法可以创建内联样式。

其一,利用代码提示功能直接在代码行中设置内联样式。在"代码"视图窗格中找到环绕对象的 HTML 标签代码行,单击起始标签空白处定位插入点,再按空格键,出现代码提示,选择"style"属性,接着进一步选择相应样式属性并设置其值。

其二,通过"<内联样式>的 CSS 规则定义"对话框进行设置。在"CSS"属性面板上设置"目标规则"为"<新内联样式>",再单击"编辑规则"按钮,弹出"<内联样式>的 CSS 规则定义"对话框,在该对话框中具体设置各项样式属性。

(4)套用 CSS 样式

内联样式和标签样式在创建好了以后,相应对象标签的样式会立即自动生效的。ID 类型的 CSS 样式也会直接影响同 ID 号的对象,一般地,在同一个网页上,一个 ID 样式对应着一个同 ID 号的对象标签。下面主要介绍类样式的套用。

设置类样式的套用,首先要选择需要套用样式的网页元素,关于选择网页元素的操作方法,为了精确选定对象避免误操作,不要使用鼠标拖动的老办法,而是利用"标签选择器"来选择对象,"标签选择器"位于文档窗口左下角即状态栏左端。操作如下:直接单击对象或在其中任意位置单击鼠标定位光标插入点,此时,在"标签选择器"中就显示了环绕当前对象的标签的层次结构。单击该层次结构中的任何标签以选择该标签及其全部内容。如果单击的是<body>标签,则可以选择文档的整个正文。

选定对象以后,可以执行下列操作之一来套用"类"样式。

①鼠标右击"标签选择器"中相应的标签,从弹出的快捷菜单中选择"设置类",再选择要应用的样式。

②在"全部"模式"CSS 样式"面板中,右击要套用的样式的名称(即选择器名称),然后从弹出的快捷菜单中选择"套用"命令。

③在 HTML 属性检查器中,从"类"框的下拉列表中选择要应用的类样式。

④在"文档"窗口中,右击所选网页元素,从弹出的快捷菜单中选择"CSS 样式",再选择要应用的样式。

⑤选择菜单"格式"→"CSS 样式"命令,然后在子菜单中选择要应用的样式。

⑥在"代码"视图窗格中,直接为需要套用样式的标签添加 class 属性,设置属性值为被套

用的样式名(即选择器名称)。

若要删除套用在选定内容上的类样式,则只需在上述快捷菜单或列表中,选择"无"即可。也可以在"代码"窗格中找到对象标签代码行,直接相应的 class 属性。

4. 转换和移动 CSS 样式规则

(1)将内联 CSS 转换为规则

在"代码"视图窗格中,找到包含内联样式代码行,右击"style"属性,从弹出的快捷菜单中选择菜单命令"CSS 样式"→"将内联 CSS 转换为规则"或选择主菜单命令"格式"→"CSS 样式"→"将内联 CSS 转换为规则",都会打开"转换内联 CSS"对话框,在其中设置要转换为新类型样式的选择器名称和存储位置即可。

(2)移动 CSS 规则

在"全部"模式"CSS 样式"面板的"所有规则"列表中或文档头部"<style>和</style>"之间,选择全部规则并右击,弹出快捷菜单,选择"移动 CSS 规则"命令在弹出的"移至外部样式表"对话框中,选择现有或新样式表来放置 CSS 规则,然后单击"确定"按钮,设置保存位置和文件名。在文档头部原 CSS 样式规则存在的位置将会出现类似以下一行代码<link href=" "rel="stylesheet"type="text/CSS"/>,表示 CSS 样式规则已经转移到外部样式表文件中,并通过链接来影响本文档。

3.2.7　利用 DIV+CSS 布局页面

1. 网页标准化设计

符合 Web 标准的网页设计,是指在网页设计与制作过程中,使用 Web 标准对网页内容进行结构化、样式设置、添加行为,最终实现所需的页面效果,而且内容、结构、表现、行为是可以相分离的。这就是网页标准化设计的核心思想。

网页标准化设计的优点主要体现在高效率与易维护,信息跨平台的可用性,降低服务器成本,加快页面解析速度及与未来兼容。

2. DIV+CSS 页面布局

DIV+CSS 页面布局,就是使用 DIV 标签结构化页面的各部分内容板块,再采用与之对应的一系列 CSS 样式来定义其外观显示效果。实际上,页面中的各种网页元素也是以 CSS 为基础来定义其外观表现的。这种布局方式与传统的以表格为基础的布局相比,内容和表现分离,结构清晰,布局控制精确、灵活,符合 Web 标准,满足工业化生产需求。

Dreamweaver CS5 全面支持 DIV+CSS 布局,并且符合 Web 标准的网页设计。Dreamweaver CS5 提供了 16 种精选的布局设计模版,分为 1 列布局、2 列布局和 3 列布局,每种布局里又分为固定列布局和液态列布局。固定布局是指页面宽度尺寸固定,不随浏览器窗口大小的变化而变化,液态布局时页面宽度尺寸采用百分比,页面会随浏览器窗口大小的变化而成比例变化。根据布局模版新建网页的操作方法:选择菜单"文件"→"新建"命令,弹出"新建文档"

对话框,在该对话框中选择一种布局方式,创建 HTML 网页文档,可根据需要修改、删减该布局模版的 CSS 布局样式。

也可根据自己的需要和习惯,先新建一个空白网页,再手动插入每个布局板块的 DIV 标签,并应用 CSS 样式定义和控制这些标签,这种页面布局方式称为自定义布局。

3. 方框模型(Box Model)

CSS 盒子(或称方框)模型(Box Model)定义网页元素是一个盒子(方框),规定元素框由元素内容、内边距、边框和外边距构成。边框就是边框线,当粗细设置为 0 时即没有边框,内边距(也称填充 Padding)是直接包围在内容边缘至边框之间的间距,而外边距(也称边距 Margin)就是边框以外至另一个相邻元素边距的距离,元素内容的宽度为 Width,高度为 Height。因此,设计网页各内容板块以及网页元素的页面布局时,每一个板块或页面元素实际占据页面总的宽度应该由内容宽度(width)、内边距(填充 padding)、边框(border)和外边距(边距 margin)相加得出的总宽度,而不仅仅是所设置 width 的值,这就是所谓的方框模型数学。为了避免"方框模型数学",可设置内容宽度 width 的值为 auto,即自适应。

4. 触屏移动智能终端页面设计

触屏版页面设计的核心设计方法是自适应网页设计,即可以自动识别屏幕宽度,并作出相应调整的网页设计。具体可采用以下措施。

①允许网页宽度自动调整,在网页代码的头部,加入一行 viewport 元标签＜meta name＝"viewport"content＝"width＝device width,initial-scale＝1"/＞。

②不使用绝对宽度,既不使用绝对宽度的布局,也不使用具有绝对宽度的元素,如设置 CSS 样式时不要指定像素宽度:width:xxx px,应指定百分比宽度:width:xx％或者自动:width:auto。

③设置相对大小的字体,不使用绝对大小 px,应使用相对大小 em 或％。

④自动探测屏幕宽度,加载相应的 CSS 文件。

⑤设置图片自适应,实现图片的自动缩放,如使用类似的 CSS 代码:img,object{max-width:100％;}。

第4章 多媒体数据压缩技术

4.1 数据压缩概述

4.1.1 多媒体信息的数字化

1. 数字信号

很多媒体原始信号都有一个特点——它们不仅在时间上是连续的,而且在幅度上也是连续的。通常,把在时间和幅度上都连续的信号称为模拟信号,如声音信号、运动图像信号等。

声音是通过空气传播的一种声波,是随时间连续变化的物理量。声音是一种连续变化的模拟信号,可用一条连续的曲线来表示,称为声波。声音信号的描述如图4-1所示。

图4-1 声音信号的描述

图像是物体的投射光或反射光通过人的视觉系统在人脑中形成的印象或认识,如图4-2所示。图像的传输和显示通过电信号实现,如电视、电影。

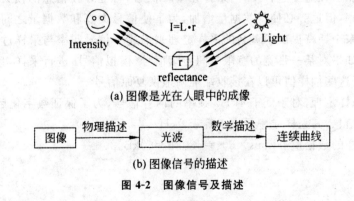

(a) 图像是光在人眼中的成像

(b) 图像信号的描述

图4-2 图像信号及描述

2. 采样

数字化的第一步是要将来自于模拟量的信号转换为数字量,即模数转换,也就是在某些特定的时刻对这种模拟信号进行幅度测量(Sampling,采样),由这些特定时刻采样得到的信号称为离散时间信号。

若采样时间间隔相等,则称为等间隔采样;若采样时间间隔不等,则称为非均匀采样。采样是在时间轴上对模拟信号进行离散化,图 4-3 所示为对模拟信号的采样过程。通过采样把时间上连续的模拟信号[图 4-3(a)]变成离散的有限个样值的信号[图 4-3(b)]。

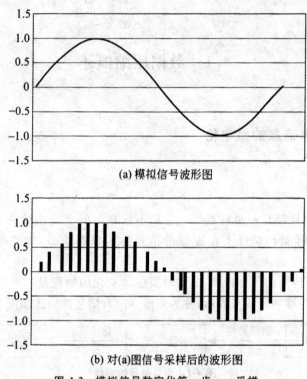

(a) 模拟信号波形图

(b) 对(a)图信号采样后的波形图

图 4-3　模拟信号数字化第一步——采样

通过采样处理,模拟信号变成了离散的数字信号,信号的取值在时间上不再是连续的,而且丢掉了一些数据。在这个过程中,当采样频率较低时,可能存在信息的损失。要减少失真,就要提高采样频率,但这势必使得数据量增加,为了使信号失真和数据量之间达到平衡,1927年美国物理学家奈奎斯特提出了著名的采样定理来描述了信号频率与采样过程之间的关系。奈奎斯特确定了如果对某一带宽的有限时间连续信号(模拟信号)进行采样,且在采样率达到一定数值时,根据这些抽样值可以在接收端准确地恢复原信号。

例如,根据采样定理,对于低于 4kHz 频率的话音信号,为了保证数字化后的信号可以恢复原始信号中的信息,其采样频率要大于等于 8kHz。

则每分钟采样的数据量:8kbps×60s=480kb=60kB。

3.编码

采样量化之后得到的有关声音波形信号的数据可以直接存储、传输或做其他应用。但为了某种应用目的,如数据压缩、存储、传输等,需要将这些数据变换成紧缩的表示方式,这个过程称为编码。编码就是把代表特定量化等级的信号输出状态进行组合,变换成一个用 n 位表示的二进制数码,即每一组二进制码代表一个取样值的量化等级。由于每个样值的量化等级

都由一组 n 位的二进制数码表示,因此,取样频率 f 与 n 位数的乘积就是每秒需处理和发送的位数,通常称为比特率或数码率,如图 4-4 所示。

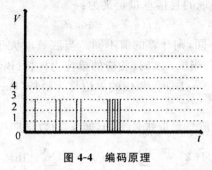

图 4-4　编码原理

例 4-1　CD 音响的采样频率选用 44.1kHz,16 位二进制数量化等级,2 声道立体声,计算数字化后所占的存储容量。如果一首歌曲长度为 4min,一张 CD 容量为 600MB,那么一张 CD 能够存放几首这样的歌曲。

解:每秒钟的量化数量:$44.1 \times 16 \times 2 \div 8 = 176.4$(KB)

4min 的容量:$176.4 \times 60 \times 4 = 42336\text{KB} = 42.336$(KB)

一张 CD 存放的歌曲:$600 \div 42.336 \cong 14$

4.1.2　多媒体数据压缩理论基础

多媒体数据压缩编码必须在保持信息源内容不变或损失不大的前提下才有意义,这就必然涉及信息的度量问题。下面首先讨论信源模型及其熵,然后介绍无失真编码理论和有失真编码理论。

1. 信源模型及其熵

在信息论中,信息往往用随机出现的符号来表示,由一系列的随机变量所代表。输出这些符号集的源为信源。由信源输出的随机符号,如果其取值于某一连续区间,则称此源为连续信源;如果其取值于某一离散集合,则称此源为离散信源;若有一部分取值于连续区间,另一部分取值于离散集合,则称此源为混合信源。

很多实际信源输出的信息往往是由按一定概率选取的符号序列所组成的,所以可以看成时间上或空间上离散的一系列随机变量;即随机矢量。这样信源的输出可以用 M 维随机矢量 $\boldsymbol{X} = (X_1, X_2, \cdots, X_M)$ 来描述,其中 M 为有限正整数。若随机矢量 $\boldsymbol{X}$ 的每个随机变量 $X_i(i = 1, 2, \cdots, M)$ 都是取值离散的离散型随机变量,且在任意两个不同时刻 X_i 的概率分布都相同,则这样的信源称为离散平稳信源。在离散平稳信源情况下,若信源发出的一个个符号彼此是独立的,即前一个符号的出现不会影响以后任何一个符号出现的概率,则该信源为离散无记忆信源;若信源在不同时刻发出的符号之间是相互依赖的,即在信源输出的平稳随机序列 $\boldsymbol{X}$ 中,各随机变量 X_i 之间是有依赖的,则该信源为离散有记忆信源。下面只讨论离散无记忆信源的情况。

设离散无记忆信源 $\boldsymbol{X}$ 可发出的信息集合为 $A = \{a_i \mid i = 1, 2, \cdots, m\}$,并且记字符 a_i 出现

的概率为 $P(a_i)$，简记为 P_i，那么按概率的公理化定义必有：

$$0 \leqslant P_i \leqslant 1 (i = 1, 2, \cdots, m) \tag{4-1}$$

香农信息论把字符 a_i 出现的自信息量定义为：

$$I(a_i) = -\log P_i \tag{4-2}$$

上述公式中，对数的底不同，则计算的值不同。当底数取大于 1 的整数 r 时，则自信息量的单位称做 r 进制信息单位。当 $r = 2$ 时，相应的单位为比特（Bit）；当 $r = e$（自然对数）时，相应的单位称为奈特（Nat）；当 $r = 10$ 时，相应的单位称为哈特（Hart）。在后面的公式中，取 $r = 2$，$\log_2$ 用 lb 表示。

对信源 $\boldsymbol{X}$ 的各符号的自信息量取统计平均，即 a_i 的数学期望，可得平均信息量：

$$H(\boldsymbol{X}) = \sum_{i=1}^{m} P_i I(a_i) = -\sum_{i=1}^{m} P_i \mathrm{lb} P_i \tag{4-3}$$

称 $H(\boldsymbol{X})$ 为信息源 $\boldsymbol{X}$ 的熵，单位为 bit/字符，通常也称为 $\boldsymbol{X}$ 的一阶熵，它可以理解为信源 $\boldsymbol{X}$ 发出任意一个符号的平均信息量。

假设离散无记忆信源发出两个符号 $\boldsymbol{X}$ 和 $\boldsymbol{Y}$，$\boldsymbol{X}$ 可发出的信息集合为 $A = \{a_i \mid i = 1, 2, \cdots, m\}$，$a_i$ 出现的概率为 $P(a_i)$，而 $\boldsymbol{Y}$ 可发出的信息集合为 $B = \{b_j \mid j = 1, 2, \cdots, m\}$，$b_j$ 出现的概率为 $P(b_j)$，则接收到该符号后所得到的平均信息量称为联合熵，定义为：

$$H(\boldsymbol{X} \cdot \boldsymbol{Y}) = -\sum_{i=1}^{m} \sum_{j=1}^{m} P(a_i b_j) \mathrm{lb} P(a_i b_j) \tag{4-4}$$

其中，$P(a_i b_j)$ 为符号 a_i 和 b_j 同时发生的联合概率。由于 $\boldsymbol{X}$ 和 $\boldsymbol{Y}$ 相互独立，因此：

$$P(a_i b_j) = P(a_i) \cdot P(b_j) \tag{4-5}$$

则

$$H(\boldsymbol{X} \cdot \boldsymbol{Y}) = H(\boldsymbol{X}) + H(\boldsymbol{Y}) \tag{4-6}$$

可以将上面的结果推广到多个符号的情况，得到如下结论：离散无记忆信源所产生的符号序列的熵等于各符号熵之和。

下面给出一些定义和描述信源的性能指标。

(1)联合概率 $P(x_i, y_i)$

联合信源 $(\boldsymbol{X}, \boldsymbol{Y})$ 取值为 (x_i, y_j) 的概率。

(2)边缘概率

$$P(x_i) = \sum_{j=1}^{n} P(x_i, y_j) \tag{4-7}$$

$$P(y_j) = \sum_{i=1}^{n} P(x_i, y_j) \tag{4-8}$$

(3)条件概率

$$P(x_i \mid y_j) = \frac{P(x_i, y_j)}{P(y_j)} \tag{4-9}$$

$$P(y_j \mid x_i) = \frac{P(x_i, y_j)}{P(x_i)} \tag{4-10}$$

2. 无失真编码理论

无失真编码方法（或称无损压缩算法）是指编码后的图像可经译码完全恢复为原图像的压

缩编码方法。在编码系统中,无失真编码也称为熵编码。

无失真编码定理:对于离散信源 X,对其编码时每个符号能达到的平均码长满足以下不等式:

$$H(X) \leqslant \overline{L} \leqslant H(X) + \varepsilon \tag{4-11}$$

式中,$\overline{L}$ 为编码的平均码长,单位为每符号比特数(b/符号);ε 为任意小的正数;$H(X)$ 为信源 X 的信息熵。

3.有失真编码理论

失真不超过某给定条件下的编码可称为限失真编码,能使限失真条件下比特数最少的编码则为最佳编码。在实际应用中,尽管信息提供的内容很丰富,但人们由于各种因素的限制,并不能完全感觉到信息的内容,因此一定程度的失真是允许的。那么在给定的失真条件下,至少需要多大的码率,才能保证不超过允许的失真呢?为了解答这个问题,首先引入条件信息量和互信息量。

在此只考虑离散信源,设信源发出符号为 x_i,编码输出为 y_j,用 $P(x_i, y_j)$ 表示联合概率;用 $P(x_i \mid y_j)$ 表示已知编码输出为 y_j,估计信源发出 x_i 的条件概率;用 $Q(y_j \mid x_i)$ 表示发出 x_i 而编码输出为 y_j 的概率。

定义条件信息量为:

$$I(x_i \mid y_j) = -\log P(x_i \mid y_j) \tag{4-12}$$

$$I(y_j \mid x_i) = -\log Q(y_j \mid x_i) \tag{4-13}$$

它们的物理意义可类似于自信息量的解释。

定义互信息量为:

$$I(x_i, y_j) = I(x_i) - I(x_i \mid y_j) \tag{4-14}$$

式中,$I(x_i)$ 是 x_i 所含的信息量,$I(x_i \mid y_j)$ 表示已知 y_j 后 x_i 还保留的信息量。它们的差,即互信息量就代表了信源符号 y_j 为 x_i 所提供的信息量。

对于无损编码,由于编码前的符号 x_i 与编码后的符号 y_j 之间存在一一对应的关系,因此,$P(x_i, y_j) = 1, Q(y_j \mid x_i) = 1$,从而 $I(x_i \mid y_j) = 0, I(y_j \mid x_i) = 0, I(x_i \mid y_j) = I(x_i)$,这表明 y_j 为接收者提供了与 x_i 相同的信息量。当编码允许失真后,两个符号集失去了一一对应的关系。这时 $P(x_i, y_j)$ 不等于 1,$I(x_i \mid y_j)$ 也不等于 0。

平均互信息量定义为:

$$I(X, Y) = \sum_{i,j} P(x_i, y_j) I(x_i, y_j) \tag{4-15}$$

可以证明:

$$I(X, Y) = H(X) - H(X|Y) \tag{4-16}$$

上式表示每个编码符号为信源 X 提供的信息量。$H(X)$ 为信源的一阶熵,$H(X|Y)$ 为条件熵,表示由编码引入的对信源的不确定性,它是由于编码造成的信息丢失。

由式(4-13)、式(4-14)、式(4-15)得:

$$I(x_i, y_j) = I(x_i) - I(x_i \mid y_j)$$
$$= -\log P(x_i) + \log P(x_i \mid y_j)$$

$$= -\log P(x_i) + \log \frac{P(x_i, y_j)}{\sum_i P(x_i, y_j)}$$

$$= \log \frac{P(x_i \mid y_j)}{P(x_i) \sum_i P(x_i, y_j)} \tag{4-17}$$

将式(4-17)代入式(4-16),并由式(4-9)和式(4-11)可得:

$$I(\boldsymbol{X}, \boldsymbol{Y}) = \sum_{i,j} P(x_i, y_j) I(x_i, y_j)$$

$$= \sum_{i,j} P(x_i, y_j) \log \frac{P(x_i, y_j)}{P(x_i) P(x_i, y_j)}$$

$$= \sum_{i,j} P(x_i) Q(y_j \mid x_i) \log \frac{P(x_i) Q(y_j \mid x_i)}{P(x_i) \sum_i P(x_i, y_j)}$$

$$= \sum_{i,j} P(x_i) Q(y_j \mid x_i) \log \frac{Q(y_j \mid x_i)}{Q(y_j)} \tag{4-18}$$

从式(4-18)可见,平均互信息量由信源符号概率 $P(x_i)$、编码输出符号概率 $Q(y_j)$ 及已知信源符号出现的条件概率 $Q(y_j \mid x_i)$ 所确定。在信源一定的条件下, $P(x_i)$ 是确定的。编码方法的选择实际上是改变 $Q(y_j \mid x_i)$,同时也决定了引入失真的大小。我们希望找出在一定允许失真 D 条件下的最低平均互信息量,称之为率失真函数,记为 $R(D)$,即:

$$R(D) = \min_{\substack{Q(y_j \mid x_i) \\ D' \subset D}} I(\boldsymbol{X}, \boldsymbol{Y}) \tag{4-19}$$

$R(D)$ 是在平均失真小于允许失真 D 时能够编码的码率下界。式中, D' 代表平均失真,可将其写为:

$$D' = \sum_{i,j} P(x_i, y_j) d(x_i, y_j) \tag{4-20}$$

式中, $d(x_i, y_j)$ 表示信源发出 x_i 被编码成 y_j 时的信息量。可见,平均失真量 D' 是条件概率控制的量,故可记为 $D(Q)$。

把率失真函数写成更为紧凑的式子:

$$R(D) = \min_{Q \subset Q_D} I(\boldsymbol{X}, \boldsymbol{Y}) \tag{4-21}$$

这里 $Q_D = Q(D(Q) < D)$,表示在所有允许失真范围 D 内的条件概率的集合,亦即各种编码方法。

从上式我们可以看出,对于任意给定的失真度 D,可能找到一个编码方案,其编码比特率任意接近 $R(D)$,而平均失真度任意接近 D;反之,不可能找到一种编码,使失真度不大于 D 时,其编码比特率低于 $R(D)$。这个结论已经作为定理形式描述,称为香农的信源编码的逆定理。

研究率失真函数是为了解决在已知信源和允许失真度 D 的条件下,使信源传送给接收端的信息量最小。也可以说在一定失真度 D 的条件下,尽可能用最少的码符号来传送信源消息,提高通信的效率。

4.1.3 数据压缩的描述

数据压缩就是以最少的数码符号表示信源所发出的信号,减少容纳给定信息或数据采样集合的信号空间。

例 4-2　分析成语"围魏救赵"的构成。

成语"围魏救赵"的形成与数据压缩的关系如图 4-5 所示。这个成语用四个汉字描述了一个 130 个汉字的故事,省略了很多汉字,仅选择了故事中出现次数多、含义丰富的四个汉字(这相当于前面讲的采样和量化)。这个成语也运用了一些默认的规则,魏代表魏国,赵代表赵国(编码),同时也使用了汉语语法(动宾结构)。最终实现了信息发布者和接收者都理解的成语表示方法。

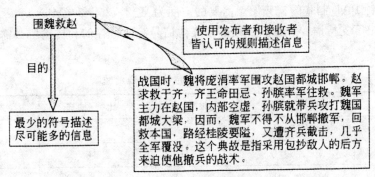

图 4-5　数据压缩含义的通俗解释

由上述分析可知,在日常生活中经常使用压缩原理来形成特定意义的描述词汇。

1. 数据压缩的必要性

数字化的视频、音频等媒体信息的数据量非常大,下面分别以文本、位图、声音和视频等类型的信息为例,计算它们的数据量。

(1)文本

设屏幕的分辨率为 768×512,字符大小为 8×8 点阵,每个字符用两个字节表示,则满屏字符的数量为:

$$(768 \times 512) \div (8 \times 8) = 6144 (个字符)$$

存储空间为:

$$6144 \times (2 \times 8) = 96(kb) = 12(KB)$$

(2)位图

$$数据量 = (分辨率 \times 颜色深度) \div 8 (字节)$$

以一个中等分辨率的真彩色位图图像为例,图像分辨率为 640×480,图像颜色数为 16777216,颜色深度为 24b,则其数据量为:

$$(640 \times 480 \times 24) \div 8 = 900(KB)$$

再比如,一幅千万像素的照相机拍摄的照片图像,图像分辨率为 3882×2592,图像颜色深度为 24b,不做任何压缩处理时的图像的数据量为:

$$(3882 \times 2592 \times 24) \div 8 \cong 28.8(MB)$$

(3)声音

$$数据量 = (采样频率 \times 量化位数 \times 声道数 \times 声音持续时间) \div 8 (字节)$$

电话的采样频率为 8kHz,量化位数为 8b,声道数为 1,电话话音每小时的数据量为:

$$(8k \times 8 \times 1 \times 3600) \div 8 = 28125(KB) \cong 27.47(MB)$$

(4)视频

$$数据量 = (分辨率 \times 颜色深度) \times 帧频 \times 播放时间 \div 8(字节)$$

PAL 制式是欧洲和我国使用的彩色视频图像标准,其视频带宽为 5MHz,帧速率为 25f/s,样本宽是 24b,采样频率至少为 10MHz,因而存储一帧数字化的 PAL 制式视频图像需要的空间为:

$$10 \div 25 \times 24 = 9.6(Mb) = 1.2(MB)$$

存储一秒钟 PAL 制式的视频图像需要的空间为:$1.2 \times 25 = 30(Mb)$。

表 4-1 列出了支持语音、图像、视频等多媒体信号高质量存储和传输所必需的未压缩速率以及信号特性。

表 4-1 各种信号的特性和未压缩速率

语音/音频	频率范围	抽样比	比特/抽样	未压缩速率
窄带电话	200～3200Hz	8kHz	16	128kb/s
宽带电话	50～700Hz	16kHz	16	256kb/s
CD 音频	20～20000Hz	44.1kHz	16×2 信道	1.41Mb/s
图像	像素/帧		比特/像素	未压缩信号大小
传真	1700×2200		1	13.74Mb
VGA	640×480		8	2.46Mb
XVGA	1024×768		24	18.8Mb

视频	像素/帧	画面比	帧/秒	比特/像素	未压缩速率
NTSC	480×483	4：3	29.97	16	111.2Mb/s
PAL	576×576	4：3	25	16	132.7Mb/s
CIF	352×288	4：3	14.98	12	18.2Mb/s
QCIF	176×144	4：3	9.99	12	3.0Mb/s
HDTV	1280×720	16：9	59.94	12	622.9Mb/s
HDTV	1920×1080	16：9	29.97	V	745.7Mb/s

2. 数据压缩的可行性

多媒体数据之所以能够压缩是因为视频、图像、声音这些媒体信号具有很多可压缩空间。其中,多媒体数据的可压缩性主要表现在数据冗余度和人类不敏感因素两个方面。

大多数信息中或多或少地存在着各种性质的冗余,在数字化后会表现为各种形式的数据冗余。数据冗余的类别可分为以下几种。

(1)空间冗余

空间冗余是静态图像数据中最主要的一种冗余。在同一幅图像中,规则物体和规则背景的表面物理特征具有相关性,其颜色表现为空间连贯性,但是在数字化过程中是基于离散像素点采样来表示颜色的,没有利用颜色的这种连贯性和物理结构的相关性,导致了数据冗余。

(2)时间冗余

时间冗余是运动图像(电视图像、动画)和语音数据中经常包含的冗余。在实际编码中,人们总是利用这些冗余进行压缩。例如,图 4-6 中 F_1 帧中有一辆汽车和一个路标 P,经过时间 T 后,图像 F_2 仍包含以上两个物体,只是小车向前行驶了一段路程。此时,F_1 和 F_2 是时间相关的,在参照图像 F_1 只需很少数据量即可表示出后一幅图像 F_2,从而减少了存储空间,实现了数据压缩。

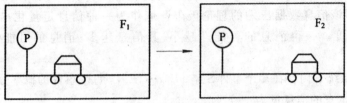

图 4-6　时间冗余

(3)结构冗余

有些图像从大的区域上看存在着非常强的纹理结构,如布纹图像和草席图像,它们在结构上存在冗余。例如,图 4-7 中的三张照片,明显存在着重复出现的颜色和相近结构,其中,图 4-7(a)建筑中含有很多相同结构的窗户,图 4-7(b)则含有很多颜色相同的花朵,图 4-7(c)包含了很多服装相同的歌唱者,这些情况即为结构冗余。

(a)楼房　　　　　　　　(b)郁金香

(c)大合唱

图 4-7　结构冗余图像示例

3.信息的定量描述

数据是用来记录和传送信息的,或者说数据是信息的载体。真正有用的不是数据本

身,而是数据所携带的信息。在信息论中,编码数据量与表示的信息量以及冗余信息之间的关系为:

$$数据量=信息量+冗余量$$

在数学上,所传输的消息是其出现概率的单调下降函数表示的。信息量是指从 N 个相等概率事件中选出一个事件所需要的信息度量或含量。

熵(Entropy)是热力学中的一个重要概念。1948 年,香农(Claude Shannon)在信息论中首次使用了"熵"这一名词。信息论中的"熵"又称为信息熵,用来表示一条信息中真正需要编码的信息量,即该信息数据压缩的理论极限。熵作为一种信息定量化描述的量,描述的是系统有序的程度。一个消息的可能性越小,其信息越多;消息的可能性越大,则信息越少。

如果有一个系统 S 内存在多个事件 $S=\{E_1,\cdots,E_n\}$,每个事件的概率分布 $P=\{p_1,\cdots,p_n\}$,则每个事件本身的信息量为:

$$I_e=-\log_2 p_i \quad [对数以 2 为底,单位是位元(b)]$$

整个系统的平均信息量(熵)为:

$$H_s = \sum_{i=1}^{n} p_i I_e$$
$$= -\sum_{i=1}^{n} p_i \log_2 p_i$$

例 4-3 英语有 26 个字母,假如每个字母在文章中出现次数平均的话,每个字母的信息量(熵)是多少?

解:26 个字母,每个字母出现的概率为 1/26,则每个字母的信息量为:

$$I_e=-\log_2 \frac{1}{26}=4.7(b)$$

例 4-4 汉字常用的有 2500 个,假如每个汉字在文章中出现次数平均的话,每个汉字的信息量是多少?

解:2500 个汉字,每个汉字出现的概率为 1/2500,则每个汉字的信息量为:

$$I_e=-\log_2 \frac{1}{2500}=11.3(b)$$

4.1.4 压缩算法的分类及性能评价

1.数据压缩分类

多媒体数据压缩方法有不同的分类,各分类方法如图 4-8 所示。

2.数据压缩技术的性能指标

由于计算机中存储的多媒体信息都要经历采样、量化、编码等压缩过程,而使用时又要经过解压缩过程,因此数据压缩技术的主要性能指标包括下面三个。

· 压缩比。

· 压缩质量。

· 压缩与解压缩速度。

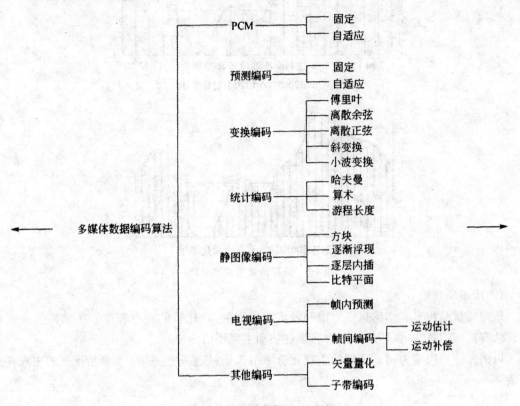

图 4-8　多媒体数据编码分类

例如,图 4-9 中的曲线为声音波形曲线,图 4-9(a)和图 4-9(b)中的直方图是对波形曲线采用不同采样频率和量化等级的数字化取值。直观地看,图 4-9(b)直方图要比图 4-9(a)的直方图更好地拟合了原音频波形曲线,也就是说图 4-9(a)数字化后的声音失真大于图 4-9(b)。由此可知,把波形划分成更细小的区间,量化的等级就更高,可以减少失真。

那么如何描述不同压缩算法的性能呢？常用的压缩技术指标包括压缩比、压缩质量和压缩与解压缩速度。

(1)压缩比

压缩比即原始数据和压缩后数据之比。它反映了施加某压缩算法之后,数据量减少的比例,通常认为压缩比越高越好。

例 4-5　一幅 512×480 像素的图像,每个像素由 24 位二进制数表示[24b/pixel(bpp)],对这幅图像使用压缩算法后的输出为 15KB,计算该算法的压缩比。

解:该幅图像未经压缩的大小:

$$512 \times 480 \times 24 = 5898240(b) = 737280(B) = 737.25(KB)$$

则压缩比为 737.28/15=49。

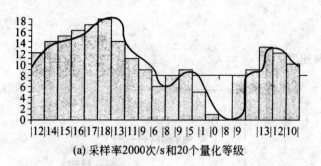

(a) 采样率2000次/s和20个量化等级

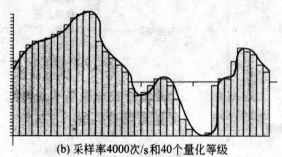

(b) 采样率4000次/s和40个量化等级

图 4-9　采样量化造成的失真

(2)压缩质量

压缩质量是指多媒体信息压缩前和经压缩还原后,相比较的一致程度。压缩质量主要用于评估有损压缩算法,评估的方法有客观评估和主观评估。

以图像信息压缩为例。图像的主观评价采用 5 分制,其分值在 1~5 分情况下的主观评价如表 4-2 所示。

表 4-2　图像主观评价性能表

主观评价分	质量尺度	妨碍观看尺度
5	非常好	丝毫看不出图像质量变坏
4	好	能看出图像质量变化,但不妨碍观看
3	一般	能清楚地看出图像质量变坏,对观看稍有妨碍
2	差	对观看有妨碍
1	非常差	非常严重地妨碍观看

而客观尺度通常有以下几种。

均方误差:

$$E_n = \frac{1}{n}\sum_{i=1}^{n}(x(i)-\hat{x}(i))^2 \qquad (4-22)$$

信噪比:

$$SNR(dB) = 10\lg\frac{\sigma_x^2}{\sigma_r^2} \qquad (4-23)$$

峰值信噪比：

$$\mathrm{PSNR(dB)} = 10\lg \frac{x_{\max}^2}{\sigma_r^2} \tag{4-24}$$

其中，$x(i)$ 为原始图像信号；$\hat{x}(i)$ 为重建图像信号；$x_{\max}$ 为 $x(i)$ 的峰值；σ_x^2 为信号的方差；σ_r^2 为噪声方差，$\sigma_x^2 = E[x^2(i)]$，$\sigma_r^2 = E\{[\hat{x}(i) - x(i)]^2\}$。

（3）压缩与解压缩速度

压缩与解压缩速度与压缩方法和压缩编码的算法有关，主要是指实现算法的复杂度，一般压缩比解压缩计算量大，因而压缩比解压缩慢。

在许多应用中，压缩和解压缩在不同时间、不同地点、不同的系统中进行。在静态图像中，压缩速度没有严格的解压速度；在动态图像中，压缩、解压速度都有要求，因为要保证帧间动作变化的连贯要求，必须有较高的帧速。

（4）冗余度编码效率与压缩比的熵定义

设原信源的平均码长为 L，熵为 $H(X)$，压缩后的平均码长为 L_c，则：

冗余度：

$$R = \frac{L}{H(X)} - 1 \tag{4-25}$$

编码效率：

$$\eta = \frac{H(X)}{L}$$
$$= \frac{1}{1+R} \tag{4-26}$$

压缩比：

$$C = \frac{L}{L_c} \tag{4-27}$$

4.2　数据冗余

冗余是数据传播的概念，是指在一个数据集合中重复的数据。对于多媒体数据来说，数据的冗余是指在多媒体信息表示过程中那些难以被发觉或者不影响媒体表达质量的数据，这些数据往往占据了较大的存储空间，因而在多媒体压缩时主要是对这些冗余的数据进行缩减甚至去除，以到达减小数据量的目的。在多媒体数据中，尤以图形图像的数据冗余最突出，下面以多媒体图形图像为例介绍数据冗余的基本类型。

4.2.1　结构冗余

在有些图像的纹理区，图像的像素值存在着明显的分布模式。如图 4-10 所示，方格状的地板图案等可称此为结构冗余。如果已知分布模式，就可以通过某一过程生成图像。

图 4-10　数据的结构冗余

4.2.2　视觉冗余

事实表明,人的视觉系统对图像的敏感性是非均匀性和非线性的。在记录原始的图像数据时,对人眼看不见或不能分辨的部分进行记录显然是不必要的。因此,可利用人视觉的非均匀性和非线性,降低视觉冗余。灰度色块的视觉冗余如图 4-11 所示。

图 4-11　灰度色块的视觉冗余

4.3 数据压缩方法

4.3.1 数据的量化

由于计算机传输的是以 0 和 1 组成的二进制数据,因而多媒体数据量化是数据压缩和解压缩的前提步骤。通常情况下,量化是指模拟信号到数字信号的映射,是模拟量转化为数字量必不可少的步骤。

比特率是采样率和量化过程中使用的比特数的产物。例如,在电话通信中,语音信号的带宽约 3kHz,根据奈奎斯特定理,意味着采样频率应不低于 6kHz。为了留下一定余量可选择标准采样频率为 8kHz,使用一个 8 位的量化器,那么该电话通信所要求的比特率为 $8k \times 8 = 64kb/s$。

比特率是数据通信的一个重要参数。公用数据网的信道传输能力常常是以每秒传送多少 kb 或多少 Gb 信息量来衡量的。表 4-3 列出了电话通信、远程会议通信(高音质)、数字音频光盘(CD)和数字音频带(DAT)等应用中比特率的相关比较。

表 4-3 数字音频格式比较

应用类型	采样频率(kHz)	带宽(kHz)	频带(Hz)	比特率(kb/s)
电话	8.0	3.0	200~3200	61
远程会议	16.0	7.0	50~7000	256
数字音频光盘	44.1	20.0	20~20000	1410
数字音频带	48.0	20.0	20~20000	1536

为使数据比特率下降,可进行量化处理这项措施,其中,脉冲编码调制(PCM)的量化处理在采样之后进行。量化处理一般是一个不可逆的过程,总是把一批输入量化到一个输出级上,所以量化处理是一个多对一的处理过程。但是,量化处理会出现信息丢失现象,即会引起量化误差或量化噪声,如图 4-12 所示。

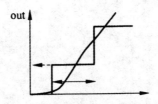

图 4-12 数据模拟和量化的动态范围

量化方法有标量量化和矢量量化之分,标量量化又可分为均匀量化、非均匀量化和自适应量化。

图 4-13 所示为一个标量量化过程的示意图。

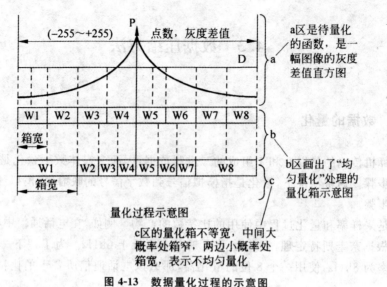

图 4-13 数据量化过程的示意图

量化器的量化特性曲线多种多样,图 4-14 所示是一个 8 级均匀量化特性曲线;图 4-15 给出一个非均匀量化特性曲线。

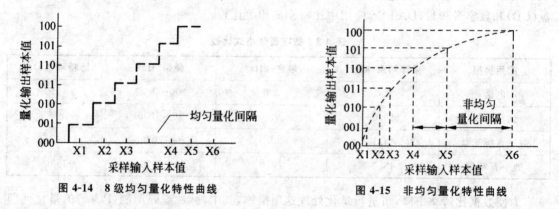

图 4-14 8 级均匀量化特性曲线

图 4-15 非均匀量化特性曲线

矢量量化编码一般是有损编码方法。对于 PCM 数据,逐个进行量化叫标量量化。若对这些数据分组,每组 K 个数构成一个 K 维矢量,然后以矢量为单元,逐个矢量进行量化,称矢量量化。

4.3.2 信息熵编码

1. 行程编码

行程编码(Run Length Coding,RLE 或 RLC)是检测重复的比特或字符序列的主要技术。该方法有两大模式:一是消零(消空白),二是行(游)程(Run Length)编码。

(1)消零(或消空白)法

将数字中连续的"0"或文本中连续的空白用一个标识符后跟数字 N 来代替。

例 4-6　已知一组数字和字符序列如下。

数字序列：742300000000000000000000555

字符序列：aba　　　bbbdd（字符中间有 7 个连续的空格）

使用消零法对上述数字和字符序列进行编码。

解：在本题数字序列中，含有 18 个连续的"0"，根据消零法原理使用"0"的标识符"Z"表示为"Z18"；同理使用空格的标识符"c"表示字符序列中的空白个数为"c7"，最后得到编码结果如下。

数字序列：7423<u>000000000000000000</u>555

编码为：7423<u>Z18</u>555

字符序列：aba　　　bbbdd

编码为：aba <u>c7</u> bbbdd

经过消零法编码后，原来含有 25 个数字的数字序列压缩成为仅 10 个符号的序列，而原来含有 15 个符号的字符序列经压缩后仅含有 10 个字符。可见消零法具有一定的压缩效果。

但是，分析上述压缩结果可知，数字序列压缩后还含有连续的数字 5、字符序列压缩后还含有连续的字符 b 和 d。因此将消零法推广，也可以用一个表示符和该符号出现的个数表示，这将使数字和符号序列得到进一步压缩，以获得更好的压缩效果。这种消零法的推广算法又称为行程编码。

（2）行程编码法

行程编码方法的原理是一组 n 个连续的字符 c 将被 c 和一个特殊的字符取代。例如，任何重复 4 次或 4 次以上的字符由"该字符＋记号（M）＋重复次数"代替，该算法适合于任何重复的字符。

例如字符序列：Name：…CR

编码为：Name：. M10 CR

行程编码的压缩效果不太好，但由于简单，编码/解码的速度非常快，因此仍然得到了广泛的应用。许多图形和视频文件（如.BMP、.TIF 及.AVI 等）都使用了这种压缩。

2. 霍夫曼编码

霍夫曼编码是常用的压缩算法之一。当出现频率高的值其对应的编码长度短，而出现频率越低的值其对应的编码长度越长。具体编码步骤如下。

①统计并得到 n 个不同概率值的信源符号。

②按 n 个信源信息符号的概率值递减排序。

③将最小的两个小概率值相加，这时概率值个数减为 $n-1$ 个。

④将 $n-1$ 个概率值按递减顺序重新排序。

⑤重复步骤③和④，直到概率和达到 1 为止。

⑥以二进制码元（0，1）为合并的信源分配标记，如概率值小的标记为"1"，概率值大的标记为"0"。

⑦寻找从每一信源符号到概率为 1 的路径，记录下路径上的"1"和"0"。

⑧输出每一信源符号的"1"和"0"序列，编码结束。

例 **4-7** 已知 7 个信源符号 $\{a1,a2,a3,a4,a5,a6,a7\}$ 的概率顺序为 $\{0.35,0.20,0.15,0.12,$ $0.10,0.05,0.03\}$，试进行霍夫曼编码，并计算平均码长、信息量、编码效率、压缩比、冗余度。

解： 编码步骤如下。

霍夫曼编码的第一阶段是对信源的概率值进行排序、求和，再排序、求和直至概率值为 1 的循环过程，其详细步骤如图 4-16 所示。

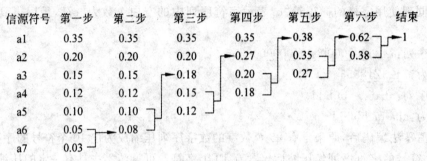

图 4-16 例 4-7 霍夫曼编码步骤

霍夫曼编码的第二阶段是为每个概率值分配标记"0"和"1"，其构成步骤如图 4-17 所示。

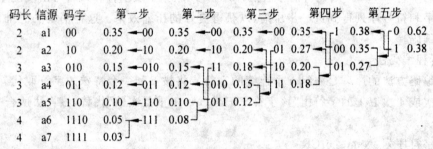

图 4-17 例 4-7 霍夫曼码字形成步骤

霍夫曼编码整个过程如图 4-18 所示。

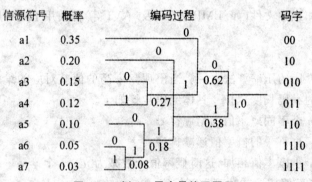

图 4-18 例 4-7 霍夫曼编码图示

码字的平均码长为 L_c；P_j 为信源符号 a_j 出现的概率；L_j 为编码长度，则：

$$L_c = \sum_{j=1}^{n} P_j L_j = \sum_{j=1}^{7} P_j L_j$$
$$= (0.35 + 0.20) \times 2 + (0.15 + 0.12 + 0.10) \times 3 + (0.05 + 0.03) \times 4$$
$$= 2.53(\mathrm{b})$$

信息量(熵):

$$H = -\sum_{j=1}^{n} P(a_j) \cdot \log_2 P(a_j)$$

$$= -\sum_{j=1}^{7} P(a_j) \cdot \log_2 P(a_j)$$

$$= -[0.35 \cdot \log_2 0.35 + 0.20 \cdot \log_2 0.20 + 0.15 \cdot \log_2 0.15$$

$$+ 0.12 \cdot \log_2 0.12 + 0.10 \cdot \log_2 0.10 + 0.05 \cdot \log_2 0.05$$

$$+ 0.03 \cdot \log_2 0.03]$$

$$= 2.13 (b)$$

原信源有 7 个符号,分配编码的最小比特数为 3,压缩后的平均码长为 2.13,计算压缩比、冗余度和编码效率如下。

压缩比:

$$C = \frac{L}{L_c} = \frac{3}{2.53} = 1.19$$

冗余度:

$$R = \frac{L}{H} - 1 = \frac{3}{2.13} - 1 = 0.41$$

编码效率:

$$\eta = \frac{H}{L} = \frac{2.13}{3} = 0.71$$

3.算术编码

算术编码是一种熵编码,当信源为二元平稳马尔可夫源时,可以将被编码的信息表示成实数轴 0~1 之间的一个间隔。这样如果一个信息的符号越长,编码表示它的间隔就越小,同时表示这一间隔所需的二进制位数也就越多。

(1)码区间的分割

设在传输任何信息之前信息的完整范围是[0,1],算术编码在初始化阶段预置一个大概率 p 和一个小概率 q。如果信源发出的符号序列的概率模型为 m 阶马尔可夫链,那么表明某个符号的出现只与前 m 个符号有关,因此其所对应的区间为 $[C(S), C(S) + L(S)]$,其中 $L(S)$ 代表子区间的宽度,$C(S)$ 是该半开子区间中的最小数,而算术编码的过程实际上就是根据符号出现的概率进行区间分割的过程,如图 4-19 所示。

图中假设"0"码出现的概率为 $\frac{2}{3}$,"1"码出现的概率为 $\frac{1}{3}$,因而 $L(0) = \frac{2}{3}$,$L(1) = \frac{1}{3}$。如果在"0"码后面出现的仍然是"0"码。这样"00"出现的概率为 $\frac{2}{3} \times \frac{2}{3} = \frac{4}{9}$,即 $L(00) = \frac{4}{9}$。同理,如果第三位码仍然为"0"码,则"000"出现的概率为 $\frac{2}{3} \times \frac{2}{3} \times \frac{2}{3} = \frac{8}{27}$,该区间的范围为 $\left[0, \frac{8}{27}\right)$。

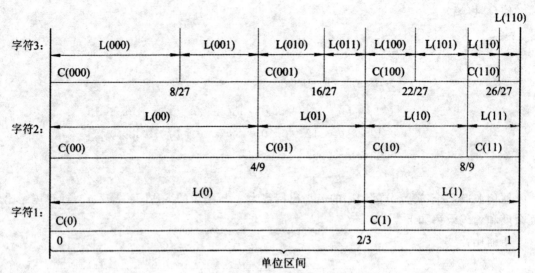

图 4-19　码区间的分割

(2)算术编码规则

在进行编码过程中,随着信息的不断出现,子区间按下列规律减小。

新子区间的左端＝前子区间的左端＋当前子区间的左端×前子区间长度

新子区间长度＝前子区间长度×当前子区间长度

下面以两个具体的例子来说明算术编码的编码过程。

例 4-8　已知信源分布为 $\begin{bmatrix} 0 & 1 \\ \frac{1}{4} & \frac{3}{4} \end{bmatrix}$,如果要传输的数据序列为 1011,写出算术编码过程。

解:①已知小概率事件 $q = \frac{1}{4}$,大概率事件 $p = 1 - q = \frac{3}{4}$。

②设 C 为子区间左端起点,L 为子区间的长度。

根据题意,符号"0"的子区间为 $\left[0, \frac{1}{4}\right)$,因此 $C = 0, L = \frac{1}{4}$;符号"1"的子区间为 $\left[\frac{1}{4}, 1\right)$,

因此 $C = \frac{1}{4}, L = \frac{3}{4}$。

③编码计算过程。

步骤	符号	C	L
①	1	$\frac{1}{4}$	$\frac{3}{4}$
②	0	$\frac{1}{4} + 0 \times \frac{1}{4} = \frac{1}{4}$	$\frac{3}{4} \times \frac{1}{4} = \frac{3}{16}$
③	1	$\frac{1}{4} + \frac{1}{4} \times \frac{3}{16} = \frac{19}{64}$	$\frac{3}{16} \times \frac{3}{4} = \frac{9}{64}$
④	1	$\frac{19}{64} + \frac{1}{4} \times \frac{9}{64} = \frac{85}{256}$	$\frac{9}{64} \times \frac{3}{4} = \frac{27}{256}$

$$子区间左端起点\ C = \left(\frac{85}{256}\right)_d = (0.01010101)_b$$

$$子区间长度\ L = \left(\frac{27}{256}\right)_d = (0.00011011)_b$$

$$子区间右端\ M = \left(\frac{85}{256} + \frac{27}{256}\right)_d = \left(\frac{7}{16}\right)_d = (0.0111)_b$$

$$子区间:[0.01010101, 0.0111]$$

编码的结果应位于子区间的头尾之间,取值为 0.011,则

算术编码　　　　011　　　　占三位

原码　　　　　　1011　　　　占四位

例 4-9 传输一则消息 stati-tree 含有的符号和相应的概率,如表 4-4 所示,按照已知的符号概率在[0,1)之间为每个符号设定一个间隔范围,用算术编码方法给出该符号序列的编码。

表 4-4　带编码字符串

符号	—	a	e	i	r	s	t
概率	0.1	0.1	0.2	0.1	0.1	0.1	0.3
初始编码间隔	[0,0.1)	[0.1,0.2)	[0.2,0.4)	[0.4,0.5)	[0.5,0.6)	[0.6,0.7)	[0.7,1.0)

算术编码过程如图 4-20 所示,计算如下。

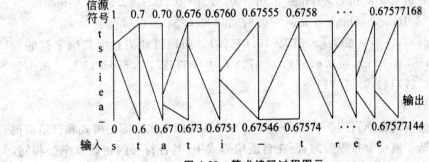

图 4-20　算术编码过程图示

①初始化分割的范围为[0,1),下一个范围的高低分别由下式计算。

$$low_i = low_{i-1} + Range_{i-1} \times range\_low_{i-1}$$

$$high_i = low_{i-1} + Range_{i-1} \times range\_high_i$$

②消息的第一个字符 s 编码。s 的初始编码间隔为 $range\_low_1 = 0.6$,$range\_high_1 = 0.7$,因此下一个空间的 low_1 和 $high_1$ 为:

$$low_1 = low_0 + Range_0 \times range\_low_1 = 0 + 1 \times 0.6 = 0.6$$

$$high_1 = low_0 + Range_0 \times range\_high_1 = 0 + 1 \times 0.7 = 0.7$$

s 将区间[0,1)变为[0.6,0.7)。

③消息的第二个字符 t 编码。此时使用新的范围为[0.6,0.7),因为 t 的 $range\_low_2 = 0.7$,$range\_high_2 = 0.1$,因此下一个空间的 low_2 和 $high_2$ 为:

$$low_2 = low_1 + Range_1 \times range\_low_2 = 0.6 + 0.1 \times 0.7 = 0.67$$

$$high_2 = low_1 + Range_1 \times range\_high_2 = 0.6 + 0.1 \times 1.0 = 0.70$$

$$Range_2 = high_2 - low_2 = 0.7 - 0.67 = 0.03$$

t 将区间 $[0.6, 0.7)$ 变为 $[0.67, 0.70)$。

④消息的第三个字符 a 编码。此时使用新的范围为 $[0.67, 0.70)$，因为 a 的 $range\_low_3 = 0.1$，$range\_high_3 = 0.2$，因此下一个空间的 low_3 和 $high_3$ 为：

$$low_3 = low_2 + Range_2 \times range\_low_3 = 0.67 + 0.03 \times 0.1 = 0.673$$

$$high_3 = low_2 + Range_2 \times range\_high_3 = 0.67 + 0.03 \times 0.2 = 0.676$$

$$Range_3 = high_3 - low_3 = 0.676 - 0.673 = 0.03$$

a 将区间 $[0.67, 0.70)$ 变为 $[0.673, 0.676)$。

⑤消息的第四个字符 t 编码。此时使用新的范围 $[0.673, 0.676)$，因为 t 的 $range\_low_4 = 0.7$，$range\_high_4 = 1.0$，因此下一个空间的 low_4 和 $high_4$ 为：

$$low_4 = low_3 + Range_3 \times range\_low_4 = 0.673 + 0.03 \times 0.7 = 0.6751$$

$$high_4 = low_3 + Range_3 \times range\_high_4 = 0.673 + 0.03 \times 1.0 = 0.676$$

$$Range_4 = high_4 - low_4 = 0.676 - 0.6751 = 0.0009$$

t 将区间 $[0.673, 0.676)$ 变为 $[0.6751, 0.676)$。

⑥消息的第五个字符 i 编码。此时使用新的范围为 $[0.6751, 0.676)$，因为 i 的 $range\_low_5 = 0.4$，$range\_high_5 = 0.5$，因此下一个空间的 low_5 和 $high_5$ 为：

$$low_5 = low_4 + Range_4 \times range\_low_5 = 0.6751 + 0.0009 \times 0.4 = 0.67546$$

$$high_5 = low_4 + Range_4 \times range\_high_5 = 0.6751 + 0.0009 \times 0.5 = 0.67555$$

$$Range_5 = high_5 - low_5 = 0.67555 - 0.67546 = 0.00009$$

i 将区间 $[0.6751, 0.676)$ 变为 $[0.67546, 0.67555)$。同理得到消息中其他字符的编码分别为：$[0.67546, 0.67555)$，$[0.67574, 0.6758)$，$[0.67577, 0.6765776)$，$[0.6757712, 0.6757724)$，$[0.67577144, 0.67577168)$。

(3)算术编码效率

①算术编码的模式选择直接影响编码效率。算术编码的模式有固定模式和自适应模式两种。固定模式是基于概率分布模型的，而在自适应模式中，其各符号的初始概率都相同，但随着符号出现的顺序发生改变。在无法进行信源概率模型统计的条件下，非常适于使用自适应模式的算术编码。

②在信道符号概率分布比较均匀的情况下，算术编码的编码效率高于哈夫曼编码。从前面关于积累概率 $p(S)$ 的计算中可以看出，随着信息码长度的增加，表示间隔变小，而且每个小区间的长度等于序列中各符号概率 $p(S)$。算术编码是用小区间内的任意点来代表这些序列的，设取 L 位编码，则：

$$L = \left\lfloor lb \frac{1}{p(S)} \right\rfloor \tag{4-28}$$

其中，$\lfloor X \rfloor$ 代表取小于或等于 X 的最大整数。例如，在例 4-8 中：

$$L = \left\lfloor lb \frac{1}{\left(\frac{3}{4}\right)^3 \left(\frac{1}{4}\right)} \right\rfloor = \lfloor 3.25 \rfloor = 3 \tag{4-29}$$

由上面的分析可见,对于长序列,$p(S)$ 必然很小,因此概率倒数的对数与 L 值几乎相等,即取整数后所造成的差别很小,平均码长接近序列的熵值,因此可以认为概率达到匹配,其编码效率很高。

③硬件实现时的复杂程度高。算术编码的实际编码过程也与上述计算过程有关,需设置两个存储器,起始时一个为"0",另一个为"1",分别代表空集和整个样本空间的积累概率。随后每输入一个信源符号就更新一次,同时获得相应的码区间。然后按前述的方法求出最后的码区间,并在此码区间上选定 L 值。解码过程也是逐位进行的。可见算术编码的计算过程要比哈夫曼编码的计算过程复杂,因而硬件实现电路也要复杂一些。

4.3.3　预测编码

预测编码就是根据已经出现的数据样本对将要出现的下一个数据的大小做出估计。预测的误差一般都很小,一个基本的预测编码系统如图 4-21 所示。

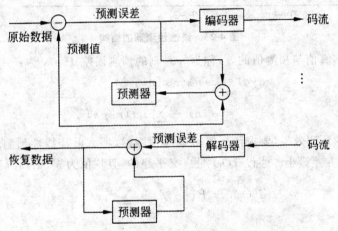

图 4-21　基本的预测编码系统

例如,有一组数 200,201,203,202,204,204,假设用前一个数据来预测后一个数据,预测编码的工作过程如图 4-22 所示。预测误差,即原始数据真值与预测值之差分别为 1,2,−1,2,0,…。

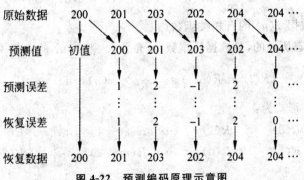

图 4-22　预测编码原理示意图

预测器的设计是决定预测编码系统性能好坏的关键,目前常用的预测器是具有如图 4-23 所示结构的线性预测器。这种预测器通过计算 n 时刻以前若干时刻的线性加权和来预测 n 时刻的 $\hat{x}(n)$,其公式为:

$$\hat{x}(n) = \sum_{k=1}^{m} a_k x(n-k) \tag{4-30}$$

其中,a_k 为样本 $x(n-k)$ 的预测系数,m 为预测阶数,即用 $x(n)$ 前 m 个样本进行预测。

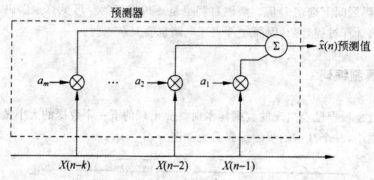

图 4-23 线性预测器的结构

n 时刻的样本真值与预测值的差,称为 n 时刻的预测误差 $d(n)$,为:

$$d(n) = x(n) - \hat{x}(n)$$

$$= x(n) - \sum_{k=1}^{m} a_k x(n-k) \tag{4-31}$$

为了获得好的预测效果,要求预测器是最佳预测器,那么最佳线性预测就是选取 a_k 使预测误差 $d(n)$ 的均方差最小。假设 $x(n)$ 是广义平稳的,且均值为零,则预测误差的方差为:

$$\sigma_d^2 = E\{d^2(n)\} = E\left\{\left[x(n) - \sum_{k=1}^{m} a_k x(n-k)\right]^2\right\} \tag{4-32}$$

令

$$\frac{\sigma_d^2}{2a_i} = -2E\left\{x(n-i)\left[x(n) - \sum_{k=1}^{m} a_k x(n-k)\right]^2\right\} = 0 \quad (i=1,2,\cdots,m)$$

可得

$$R(i) - \sum_{k=1}^{m} a_k R(k-i) = 0 \quad (i=1,2,\cdots,m) \tag{4-33}$$

其中,$R(i)$ 为样本数据 $x(n)$ 的自相关函数。

假设 $x(n)$ 是各态历经的,且数据样本数 N 充分大,则 $x(n)$ 的自相关函数可用下式计算:

$$R(i) = R(-i) \approx -\frac{1}{N} \sum_{n=1}^{N} x(n)x(n-i) \tag{4-34}$$

将方程写成矩阵形式为:

$$\begin{bmatrix} R(0) & R(1) & \cdots & R(m-1) \\ R(1) & R(0) & \cdots & R(m-2) \\ \vdots & \vdots & \vdots & \vdots \\ R(m-1) & R(m-2) & \cdots & R(0) \end{bmatrix} \begin{bmatrix} a_1 \\ a_2 \\ \vdots \\ a_m \end{bmatrix} = \begin{bmatrix} R(1) \\ R(2) \\ \vdots \\ R(m) \end{bmatrix} \tag{4-35}$$

解上面方程,便可求出最佳线性预测器的系数 a_k。

对于二维图像数据 $f(m,n)$,其线性预测值为:

$$\hat{f}(m,n) = \sum_{(k,l) \in z} \sum a_{k,l} f(m-k,n-l) \tag{4-36}$$

预测差值为:

$$
\begin{aligned}
d(m,n) &= f(m,n) - \hat{f}(m,n) \\
&= f(m,n) - \sum_{(k,l) \in z} \sum a_{k,l} f(m-k,n-l)
\end{aligned} \tag{4-37}
$$

其中, z 为对像素 $f(m,n)$ 进行预测的邻近区域。如图 4-24 所示,对 f_0 点预测时,可供考虑的邻域次序为 $f_1 f_2 f_3 \cdots f_{11}$。

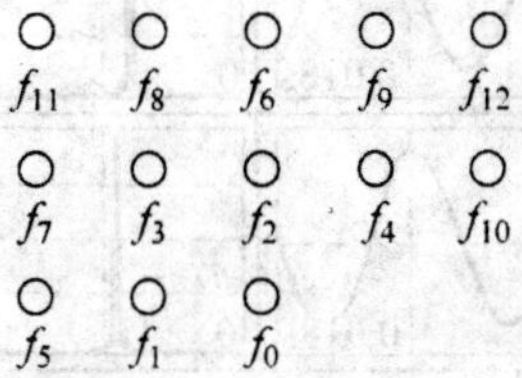

图 4-24　预测区域示意图

假设 $f(m,n)$ 是二维平稳随机过程,均值为零, $d(m,n)$ 的方差为:

$$\sigma_d^2 = E\{d^2(m,n)\} \tag{4-38}$$

令 $\dfrac{\partial \sigma_d^2}{\partial a_{i,j}} = 0$ 可得

$$R(i,j) - \sum_{(k,l) \in z} \sum a_{k,l} R(k-i,l-j) = 0 \quad (i,j) \in z \tag{4-39}$$

由上述方程组联立,便可求出二维线性最佳预测器的各个系数 $a_{k,l}$。

上述最佳线性预测是假定原始图像为平稳随机过程,实际图像虽然在总体上可看作是平稳的,但在局部上一般是不平稳的。另外,非线性预测器可能比线性预测器更接近实际情况,因此,采用非线性自适应预测可获得最佳预测效果。

4.3.4　变换编码

变换编码是指先对信号进行某种函数变换,从一种信号变换到另一种,然后再对信号进行编码。图 4-25 为时域频域函数对应关系图,由图可见,频域中的信号波形的物理含义更加清晰。

变换编码是一种间接编码方法。它将原始信号经过数学上的正交变换后,得到一系列的变换系数,再对这些系数进行量化、编码、传输。变换编码系统的原理如图 4-26 所示。

根据变换编码采用的不同变换函数,可将变换编码分为余弦变换编码和小波变换编码。

1. 余弦变换编码

(1)一维离散余弦变换编码

在傅里叶变换中,若被变换的函数是任意连续的偶函数,那么傅里叶变换后只存在余弦项。这一性质启示,即使被变换函数不是偶函数,只要把该函数变换成偶对称函数,然后再对变换后的偶函数进行傅里叶变换,那么傅里叶变换后的函数也只含余弦项。根据上述思想,首先分析一维离散情况。

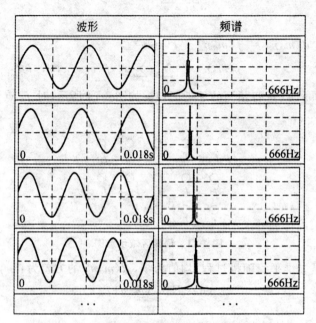

图 4-25　时域频域函数对应关系图

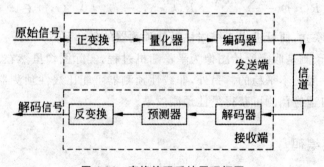

图 4-26　变换编码系统原理框图

设 $f(x)$, $x = 0, 1, 2, \cdots, M-1$ 为一离散序列,可把它变换成偶对称序列 $f_e(x)$,在正半轴坐标时, $f_e(x) = f(x)$, $x = 0, 1, 2, \cdots, M-1$。

在负半轴坐标时, $f_e(x) = f(-x-1)$, $x = -1, -2, \cdots, -M$。

这样构成的偶对称序列 $f_e(x)$,其对称中心位于 $x = -1/2$ 处。因此, $f_e(x)$ 的傅里叶变换为:

$$F_e(u) = \frac{1}{\sqrt{2M}} \Big\{ \sum_{x=-M}^{-1} f_e(x) \mathrm{e}^{-\mathrm{j}\frac{2\pi}{2M}u\left(x+\frac{1}{2}\right)} + \sum_{x=0}^{M-1} f_e(x) \mathrm{e}^{-\mathrm{j}\frac{2\pi}{2M}u\left(x+\frac{1}{2}\right)} \Big\}$$

$$= \frac{1}{\sqrt{2M}} \Big\{ \sum_{x=-1}^{-M} f_e(x) \mathrm{e}^{-\mathrm{j}\frac{2\pi}{2M}u\left(x+\frac{1}{2}\right)} + \sum_{x=0}^{M-1} f_e(x) \mathrm{e}^{-\mathrm{j}\frac{2\pi}{2M}u\left(x+\frac{1}{2}\right)} \Big\}$$

令 $x' = -x - 1$，对上式第一项进行代换，可得

$$F_e = \frac{1}{\sqrt{2M}} \left\{ \sum_{x'=0}^{-1} f_e(-x'-1) e^{j\frac{2\pi}{2M}u\left(x'+\frac{1}{2}\right)} + \sum_{x=0}^{M-1} f_e(x) e^{-j\frac{2\pi}{2M}u\left(x+\frac{1}{2}\right)} \right\}$$

$$= \frac{1}{\sqrt{2M}} \left\{ \sum_{x=0}^{M-1} f_e(x) e^{j\frac{2\pi}{2M}u\left(x+\frac{1}{2}\right)} + \sum_{x=0}^{M-1} f_e(x) e^{-j\frac{2\pi}{2M}u\left(x+\frac{1}{2}\right)} \right\}$$

利用公式

$$e^{j\alpha} + e^{-j\alpha} = 2\cos\alpha$$

上式可改写为：

$$F_e(u) = \sqrt{\frac{2}{M}} \sum_{x=0}^{M-1} f(x) \cos\left[\frac{\pi u}{2M}(2x+1)\right]$$

这就是一维离散余弦变换的公式。

因此，归一化的一维离散余弦变换公式如下：

$$F(u) = \sqrt{\frac{2}{M}} K(u) \sum_{x=0}^{M-1} f(x) \cos\left[\frac{\pi u}{2M}(2x+1)\right]$$

$$f(x) = \sqrt{\frac{2}{M}} \sum_{u=0}^{M-1} K(u) f(u) \cos\left[\frac{\pi u}{2M}(2x+1)\right]$$

其中

$$x = 0, 1, \cdots, M-1$$

$$u = 0, 1, \cdots, M-1$$

$$K(u) = \begin{cases} 1/\sqrt{2}, & u = 0 \\ 1, & u = 1, 2, \cdots, M-1 \end{cases}$$

(2)二维离散余弦

变换二维离散余弦变换是一维情况的推广，公式为：

$$F(u,v) = \frac{2}{\sqrt{MN}} K(u) K(v) \sum_{x=0}^{M-1} \sum_{y=0}^{N-1} f(x,y) \cos\left[\frac{\pi u}{2M}(2x+1)\right] \cdot \cos\left[\frac{\pi u}{2N}(2y+1)\right]$$

$$u = 0, 1, 2, \cdots, M-1$$

$$v = 0, 1, 2, \cdots, N-1$$

$$f(x,y) = \frac{2}{\sqrt{MN}} \sum_{u=0}^{M-1} \sum_{v=0}^{N-1} K(u) f(u,v) \cos\left[\frac{\pi u}{2M}(2x+1)\right] \cdot \cos\left[\frac{\pi u}{2N}(2y+1)\right]$$

$$x = 0, 1, 2, \cdots, M-1$$

$$y = 0, 1, 2, \cdots, N-1$$

其中

$$K(u) = \begin{cases} 1/\sqrt{2}, & u = 0 \\ 1, & u = 1, 2, \cdots, M-1 \end{cases}$$

$$K(v) = \begin{cases} 1/\sqrt{2}, & v = 0 \\ 1, & v = 1, 2, \cdots, M-1 \end{cases}$$

如同二维傅里叶变换一样，二维离散余弦变换也是行列可分的，因此可以把二维离散余弦变换变成首先在行的方向对原始图像进行一维离散余弦变换，然后再在列的方向进行一维离

散余弦变换。

　　另外,从离散余弦变换的正变换和逆变换的公式上可以看出,正变换和逆变换的变换核函数是一样的,这一特点给计算机编程和研究快速算法带来很大方便。

　　(3)基于离散余弦变换的编码

　　图 4-27 所示为基于离散余弦变换 DCT 的编码过程框图。

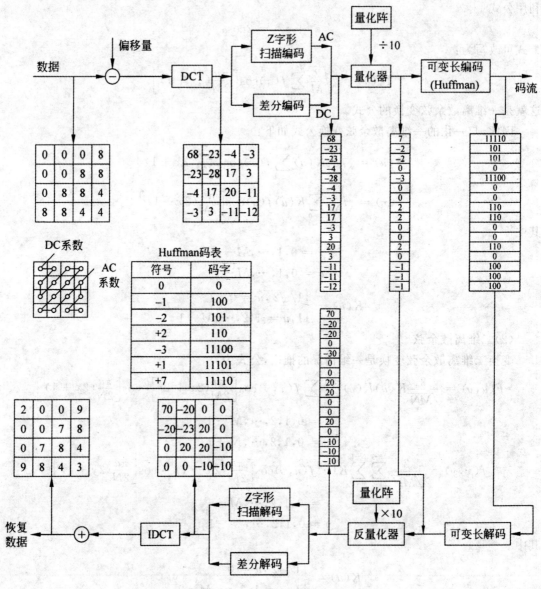

图 4-27　基于离散余弦变换 DCT 的编码过程框图

　　对于变换编码压缩方法,首先需要把原始图像分块,对于 DCT 变换编码压缩方法,通常把原始图像分成 8×8 大小的子块,每一子块顺序地进行 DCT 正变换,对 DCT 变换系数,进行量化,然后进行编码。

2.小波变换编码

(1)小波变换

近年来,小波变换作为一种数学工具广泛应用于图像纹理分析、图像编码、计算机视觉、量子物理以及众多非线性科学领域。小波分析优于傅里叶分析的地方是它在时域和频域同时具有良好的局部化性质,因而可以聚焦到分析对象的任意细节。

假设一个函数 $\psi(x)$ 为基本小波或母小波,$\hat{\psi}(\omega)$ 为 $\psi(\omega)$ 的傅里叶变换,如果满足条件 $C_\psi = \int_{-\infty}^{\infty} \frac{|\hat{\psi}(\omega)|^2}{|\omega|} \mathrm{d}\omega < \infty$,则对函数 $f(x) \in L^2(R)$ 的连续小波变换的定义为:

$$(W_\psi f)(b,a) = \int_R f(x) \bar{\psi}_{b,a} \mathrm{d}x$$

$$= |a|^{\frac{1}{2}} \int_R f(x) \overline{\psi\left(\frac{x-b}{a}\right)} \mathrm{d}x$$

小波逆变换为:

$$f(x) = \frac{1}{C_\psi} \int_{-\infty}^{\infty} \int_{-\infty}^{\infty} (W_\psi f)(b,a) \psi_{b,a}(x) \frac{\mathrm{d}a}{a^2} \mathrm{d}b \tag{4-40}$$

上面两式中:$a,b \in R, a \neq 0, \psi_{b,a}(x)$ 是由基本小波通过伸缩和平移而形成的函数簇,$\psi_{b,a}(x) = |a|^{-\frac{1}{2}} \overline{\psi\left(\frac{x-b}{a}\right)}$,$\bar{\psi}_{b,a}$ 为 $\psi_{b,a}(x)$ 的共轭复数。

常见的基本小波有:

1)高斯小波

$$\psi(x) = \mathrm{e}^{\mathrm{j}\omega x} \mathrm{e}^{-\frac{x^2}{2}} \tag{4-41}$$

2)Hnarr 小波

$$\psi(x) = \begin{cases} 1, 0 \leqslant x < \frac{1}{2} \\ -1, \frac{1}{2} \leqslant x < 1 \\ 0, x \notin \left[0, \frac{1}{2}\right) \cup \left(\frac{1}{2}, 1\right) \end{cases} \tag{4-42}$$

3)墨西哥帽状小波

$$\psi(x) = \frac{1}{\sqrt{2\pi}} \mathrm{e}^{-\frac{x^2}{2}} \tag{4-43}$$

如果 $f(x)$ 是离散的,记为 $f(k)$,则离散小波变换为:

$$DW_{m,n} = \sum_k f(k) \bar{\psi}_{m,n}(k) \tag{4-44}$$

相应地,小波逆变换的离散形式为:

$$f(k) = \sum_{m,n} DW_{m,n} \psi_{m,n}(k) \tag{4-45}$$

式中,$\psi_{m,n}(k)$ 是 $\psi_{a,b}(x)$ 对 a 和 b 按 $a = a_0^m, b = nb_0 a_0^m$ 取样而得到的。即:

$$\psi_{m,n}(x) = a_0^{-\frac{m}{2}} \psi(a_0^{-m}x - nb_0) \tag{4-46}$$

其中，$a_0 > 1$；$b_0 \in R$；$m, n \in Z$。

（2）小波变换图像编码

小波变换的编/解码具有如图 4-28 所示的统一框架结构，小波变换图像编码的主要工作是选取一个固定的小波基，对图像作小波分解，在小波域内研究合理的量化方案、扫描方式和熵编码方式。

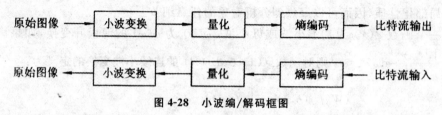

图 4-28　小波编/解码框图

熵编码主要有游程编码、哈夫曼编码和算术编码，而量化是小波编码的核心，其目的是更好地进行小波图像系数的组织。

小波变换采用二维小波变换快速算法，采用可分离滤波器的形式很容易将一维小波推广到二维，以用于图像的分解和重建。二维小波变换用于图像编码，实质上相当于分别对图像数据的行和列进行一维小波变换。图 4-29 给出了四级小波分解示意图。图中 HH_j 相当于图像分解后的 $D^3_{2-j}f$ 分量，LH_j 相当于 $D^2_{2-j}f$ 分量，HL_j 相当于 $D^1_{2-j}f$ 分量。这里 H 表示高通滤波器，L 表示低通滤波器。

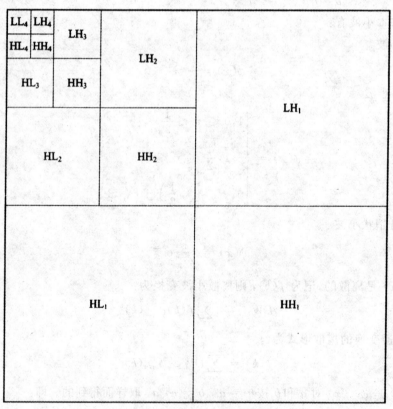

图 4-29　四级小波分解示意图

4.3.5　压缩标准

Internet 技术的迅猛发展与普及,推动了世界范围的信息传输和信息交流。在色彩缤纷、变幻无穷的多媒体世界中,用户如何选择产品构成自己满意的系统,这就需要一个全球性的统一的国际技术标准。

1. JPEG 编码标准

国际通用的标准 JPEG 采用的算法称为 JPEG 算法,它是一个适用范围很广的静态图像数据压缩标准,既可以用于灰度图像,也可以用于彩色图像。其目的是为了给出一个适用于连续色调图像的压缩方法。JPEG 压缩是有损压缩,利用人的视觉系统的特性,去掉了视觉冗余信息和数据本身的冗余信息。在压缩比为 25∶1 的情况下,压缩后的图像与原始图像相比较,非图像专家难辨"真伪"。JPEG 压缩算法如图 4-30 所示。

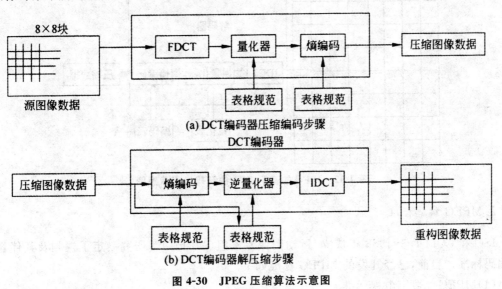

图 4-30　JPEG 压缩算法示意图

JPEG 压缩编码全过程可分成 7 个步骤(以基于离散余弦变换 DCT 的有失真编解码为例)。

图 4-31 所示是 JPEG 的基于 DCT 的编码步骤框图,图 4-32 所示是基于 DCT 的解码步骤框图,解码是编码的逆过程。这里由图可知其编码主要步骤:

①源图像数据分割成 8×8 像块。

②DCT 变换。

③量化。

④Z 字形编码成数据串。

⑤使用 DPCM 对直流 DC 进行编码。

⑥使用行程长度编码(Run Length Encoding,RLE)对交直流 AC 系数编码。

⑦熵编码(Entropy Encoding)。

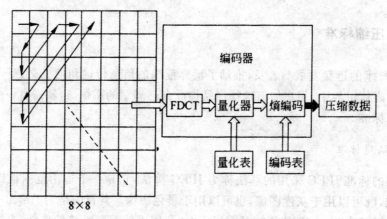

图 4-31　JPEG 的基于 DCT 的编码器示意图

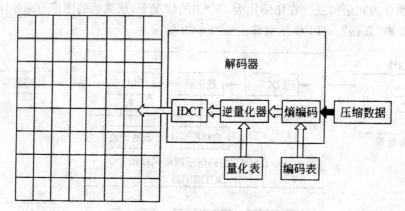

图 4-32　JPEG 的基于 DCT 的解码过程示意图

2.MPEG 编码标准

ISO 和 CCITT 于 1988 年成立"运动图像专家组（MPEG）"，研究制定了视频及其伴音国际编码标准。目前，已经开发的 MPEG 标准如下。

（1）MPEG-2 数字电视标准

MPEG-2 的标准号为 ISO/IEC 13818，标准名称为"信息技术-电视图像和伴音信息通用编码"。它是声音和图像信号数字化的基础标准，广泛用于数字电视（包括 HDTV）、数字声音广播、数字图像与声音信号的传输等多媒体等领域。

MPEG-2 标准是一个直接与数字电视广播有关的高质量图像和声音编码标准，MPEG-2 视频利用网络提供的更高的宽带来支持具有更高分辨率图像的压缩和更高的图像质量。

MPEG-2 分为系统、视频、音频、一致性测试、软件模拟、数字存储媒体命令和控制扩展协议、先进声音编码、系统解码器实时接口扩展标准 9 个部分。

MPEG-2 系统是规定电视图像数据、声音数据及其他相关数据的同步性。

MPEG-2 系统结构如图 4-33 所示。

MPEG-2 视频定义了不同的功能档次，每个档次又分为几个等级，来适应不同应用的要求，并保证数据的可交换性。目前共有 5 个档次，依功能增强逐次为简单型、基本型、信噪比可调型、空间可调型、增强型。4 个等级为：

①低级(352×288×29.79,面向 VCR 并与 MPEG-1 兼容)。

②基本级(720×460×29.79 或 720×576×25,面向 NTSC 制式的视频广播信号)。

③高 1440 级(1400×1080×30 或 1400×1152×25,面向 HDTV)。

④高级(1920×1080×30 或 1920×1152×25,面向 HDTV)。

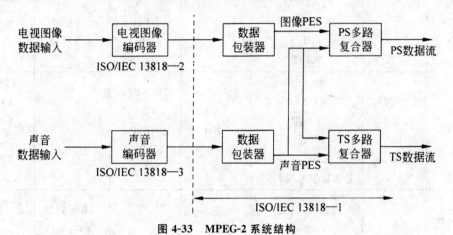

图 4-33　MPEG-2 系统结构

MPEG-2 音频:MPEG-2 音频的基本特性之一是与 MPEG-1 音频向后兼容,并且支持 5.1 或 7.1 通道的环绕立体声。

MPEG-2 视频是以通信、广播与媒体等为对象的通用活动图像编码标准,是最适合高画质数字图像存储媒体 DVD 的活动图像压缩的国际标准,MPEG-2 标准原有 11 个部分,现其中有一个部分取消,变为 10 个部分。

①ISO/IEC 13828-1:视频音频数据流组合。

②ISO/IEC 13828-2:按图像清晰度将其分为 4 个等级,按处理工具方法不同分为 5 种类型。

③ISO/IEC 13828-3:音频部分与 MPEG-1 反向兼容。

④ISO/IEC 13828-4:测试例。

⑤ISO/IEC 13828-5:软件模拟(技术报告)。

⑥ISO/IEC 13828-6:规定数字存储媒体指令和控制(DSM-CC)协议。

⑦ISO/IEC 13828-7:规定不与 MPEG-1 反向兼容多通道音频编码。

⑧ISO/IEC 13828-8:用于 10 位视频抽样编码(因厂家不感兴趣被取消)。

⑨ISO/IEC 13828-9:规定了传送码流的实时接口(Real-time Interface)。

⑩ISO/IEC 13828-10:是 DSM-CC 符合测试标准。

MPEG-2 完全继承了 MPEG-1 视频的编码方法,图像分组分割的方法等,只是其分辨率得以提高到 720×480×60 场/s(D1 格式),视频位率也提高到 4Mb/s(MPGE11.15Bb/s)。同时还采用了场预测、分级分类等新的措施。

MPEG-2 视频引入了"类(型、档)profile 和级 level"的概念。级(level 是指图像输入格,亦即图像输入的质量级别),共分为 HL、H14L、ML 和 LL 四级,如表 4-5 所示,每个级又有 5 个类(Profile),类是指输入信号在 MPEG-2 中的压缩和处理使用方法的集合。在 20 种级和类的 MPEG-2 中仅有表中的 11 种被应用。

表 4-5　MPEG-2 压缩应用级别分类表

	Simple SP	Main MP	4：2：2 HP	SNR SNRP	Spatial SSP	High HP
Low LL S-VCD VCD		352×288 4：2：0 I,B,P 4Mb/s 30F/S		352×288 4：2：0 I,B,P 4Mb/s 30F/S		
Main DVD ML	720×576 4：2：0 I,P 15Mb/s	720×576 4：2：0 I,B,P 15Mb/s 30F/S 普通数字电视 DVB	720×576 4：2：2 I,B,P 50Mb/s 30F/S	720×576 4：2：0 I,B,P 15Mb/s 30F/S		720×576 4：2：0 4：2：2 I,B,P 20Mb/s 30F/S
High-1440 H14L HDTV		1440×1152 4：2：0 I,B,P 50Mb/s 60F/S			1440×1152 4：2：0 I,B,P 60Mb/s 60F/S	1440×1152 4：2：0 4：2：2 I,B,P 80Mb/s 60F/S
High HL HDTV		1920×1152 4：2：0 I,B,P 80Mb/s 60F/S				1920×1152 4：2：0 4：2：2 I,B,P 100Mb/s 60F/S

（2）MPEG-4 多媒体应用标准

MPEG-4 是为视听数据的编码和交互播放而开发的算法和工具,在异构网络环境下能够高度可靠地工作,并且具有很强的交互功能。图 4-34 所示为 MPEG-4 系统示意图。

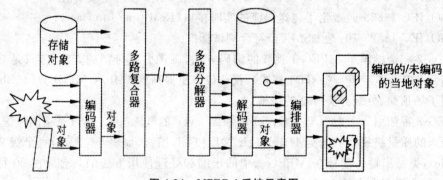

图 4-34　MPEG-4 系统示意图

（3）MPEG-7 多媒体内容描述接口

MPEG-7 是满足特定需求而制定的视听信息标准，但它也还是以 MPEG-1、MPEG-2、MPEG-4 等标准为基础的。图 4-35 所示为 MPEG-7 的处理链（Processing Chain），这是高度抽象的框图。

图 4-35　MPEG-7 的处理链

第 5 章　多媒体硬件环境

5.1　多媒体光存储设备

多媒体存储技术主要是指光存储技术和闪存技术。光存储技术发展很快,特别是近 10 年来,光存储以其存储容量大、工作稳定、寿命长、便于携带、价格低廉等优点,已成为多媒体系统普遍使用的设备。

光存储系统工作时,光学读/写头与介质的距离比起硬盘磁头与盘片的距离要远得多。光学头与介质无接触,所以读/写头很少因撞击而损坏。虽然长时间使用后透镜会变脏,但灰尘不容易直接损坏机件,而且可以清洗。与磁盘或磁带相比,光学存储介质更安全耐用,不会因受环境影响而退磁。硬盘驱动器使用 5 年以后失效是常见的事情,而磁光型介质估计至少可使用 30 年、读/写 1000 万次,只读光盘的寿命更长,预计为 100 年。

5.1.1　CD-ROM 光存储系统

1. CD-ROM 盘片的物理层次

CD-ROM 有标准的物理规格,它由直径为 120mm、厚度为 1.2mm 的聚碳酸酯盘组成,中心有一个 15mm 的主轴孔。聚碳酸酯衬底含有凸区和凹坑区。图 5-1 所示为 CD-ROM 的物理层次。

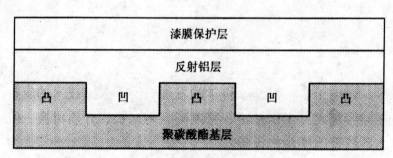

图 5-1　CD-ROM 的物理层次

2. CD-ROM 驱动器的构造

CD-ROM 驱动器的内部主要部件和结构如图 5-2 所示,它主要包括如下六个部分。

①光头。光头(Optical Pickup)是 CD-ROM 驱动器的关键部件。它的功能是把存储在 CD-ROM 盘上的信息转换成电信号。

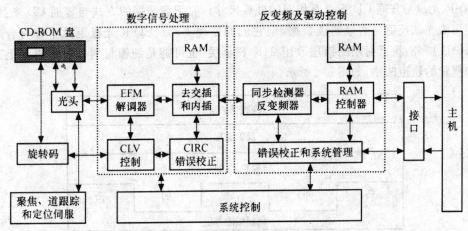

图 5-2　CD-ROM 驱动器的系统方框图

②聚焦伺服。为使激光束的聚点落在光盘的信息面上,CD-ROM 驱动器采用自动聚焦伺服系统来实现。

③道跟踪伺服。为确保聚焦光束能沿着道间距为 16pm、凹坑宽为 0.5pm 左右的螺旋形光道正确读出信息。

④CLV 伺服。在 CD-ROM 标准中,为了保持线速度为 1.2m/s,光头须从导入区移到导出区,光盘驱动马达的速度从 500r/min 降到 200r/min。

⑤EFM 解调。从聚焦伺服系统输出的数据信号是经过 EFM 调制后的信号,EFM 解调过程是 EFM 调制过程的逆过程。

⑥错误检测和校正处理。CD-ROM 采用二级错误校正:一级是 CIRC(Cross Interleaved Reed-Solomon Code),另一级是 ECC(Error Correction Code)。对那些由 CIRC 检测出来但不能纠正的错误,将由内插和噪声抑制功能部件处理,这对于以 CD-ROM 扇区方式记录的像声音、图像一类的数据做内插处理就可以了。但对于像程序一类的数字数据就还要做 ECC 校正。

5.1.2　CD-R 光存储系统

1991 年 11 月 Philips 公司制定了 CD-R(Compact Disc Recordable)标准,CD-R 又名"光盘刻录机",所使用的光盘具有"有限次写,多次读"的特点。图 5-3 所示为 CD-R 激光刻录机实物图。

图 5-3　CD-R 激光刻录机实物图

CD-R 光盘与普通 CD 光盘有相同的外观尺寸。它记载数据的方式与普通 CD 光盘一样,也是利用激光的反射与否来解读数据,但它们的原理不同。CD-R 光盘上除了含有合成塑胶层与保护漆层外,将反射用的铝层改用 24K 黄金层(也可能是纯银材料),另外再加上有机染料层和预置的轨道凹槽,如图 5-4 所示。

图 5-4　CD-R 的物理层次

5.1.3　新一代光存储技术

随着对存储容量需求的日益增强,容量为 4.7GB 的 DVD 光盘仍然不能满足需求,因此很多更高容量的各种存储技术得到研究和发展,如蓝光光盘(Blu-Ray Disc,BD)、HD DVD、EVD、FVD 和 NVD 等。

蓝光技术采用直径为 12cm 的光盘,激光波长介于 400～430nm 之间,盘片种类包括 RAM、ROM、RAM/ROM 等。蓝光光盘存储原理为传统的沟槽记录方式,然而通过先进的抖颤寻址实现对更大容量的数据存储与管理。蓝光光盘可以存储约两小时的高清晰度数字音频信息,以及超过 13h 的标准电视视频信息。

蓝光光盘的技术特征如下。

①大存储容量:单面容量 25～50GB。

②高清晰度:支持高位率、高清晰度的音视频信息,分辨率达到 1920×1080。

③视频记录格式:MPEG-2。

④音频记录格式:AC3、MPEG-1、Layer-2。

⑤盘片大小:直径 12cm、厚度 1.2mm,与 CD 和 DVD 相同。

⑥传输率:36Mbps。

由于蓝光光盘采用标准 MPEG-2 压缩技术,因此适用于数字广播系统,以及各种视频记录与播放,具有良好的兼容性。

HD DVD 是东芝公司和 NEC 联合开发的 AOD(Advanced Optical Disk)高级光盘,后经过 DVD-Forum 的支持而改名为 HD DVD、EVD、FVD 和 NVD,为我国企业以及研究单位联合研制的新一代存储技术。其中 EVD(Enhanced Versatile Disk)是在我国信息产业部的领导下,由国内公司(如新科、万利达、步步高、上广电和康佳等)共同参与开发的新一代高密度数字激光视盘系统。EVD 系统在原有 DVD 技术上使码流提速近 1 倍,图像分辨率达到 DVD 的 5 倍,支持 800 线以上的所有电视,实现了更震撼的声音、更漂亮的字幕和更灵活的选择。

5.2　音频接口

多媒体技术的特点是计算机交互式综合处理声文图信息。声音是携带信息的重要媒体。娓娓动听的音乐和解说,使静态图像变得更加丰富多彩。音频和视频的同步,使视频图像更具真实性。

5.2.1　音频卡的工作原理

处理音频信号的 PC 插卡是音频卡(Audio Card),又称声音卡。也有许多产品将其集成进了主板。音频卡处理的音频媒体有数字化声音(Wave)、合成音乐(MIDI)和 CD 音频。

1.音频卡的功能

在实际应用中,通过音频卡将话筒产生的声音信号转换为计算机系统内部的二进制数据,这些数据在计算机内被加工、处理、存储等。通过声卡,计算机系统内的二进制数据被转换为声音的模拟信号,经放大后送入耳机或扬声器中。音频卡的主要功能是音频的录制与播放、编辑与合成、MIDI 接口、CD-ROM 接口及游戏接口等。图 5-5 为声卡的基本功能和组成。

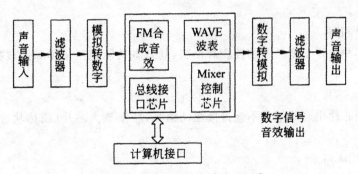

图 5-5　音频卡的基本功能和组成

2.音频卡的基本原理

音频卡可以由 MIDI 输入/输出电路,MIDI 合成器芯片,用来把 CD 音频输入与线输入相混合电路等组成,用来压缩和解压音频文件的压缩芯片,用来合成语音输出的语音合成器,用来识别语音输入的语音识别电路,以及输出立体声的音频输出或线输出的输出电路等。

音频卡用数字信号处理器 DSP 芯片管理所有声音输入输出和 MIDI 操作,整个数字化声音获取与处理流程原理图如图 5-6 所示。DSP 芯片带有自己的 RAM 和 EPROM 存放声音处理(I/O)、ADPCM 编码/译码程序和中间运算结果。音频卡的数字化声音接口有直接传送方式和 DMA 传送方式两种传送方式。

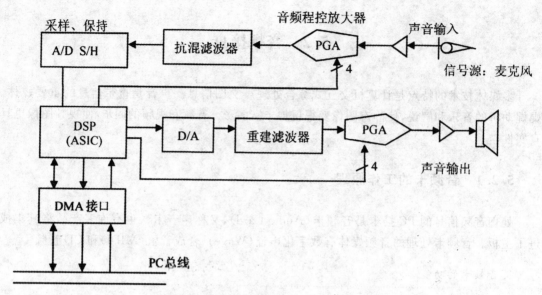

图 5-6　数字化声音获取与处理流程原理图

3.音频卡的结构

音频卡由声音处理芯片、功率放大器、总线连接端口、输入输出端口、MIDI 及游戏杆接口（共用一个）、CD 音频连接器等构成。不同的音频卡布置虽然不同，但是最简单的音频卡也具有如下结构组件。

（1）声音处理芯片

声音处理芯片决定了音频卡的性能和档次，其基本功能包括采样和回放控制、处理 MIDI 指令等。

（2）功率放大芯片

从声音处理芯片出来的信号不能直接驱动喇叭，功率放大芯片（简称功放）将信号放大以实现这一功能。

（3）总线连接端口

音频卡插入到计算机主板上的那一端称为总线连接端口，它是音频卡与计算机交换信息的桥梁。根据总线可把音频卡分为 PCI 音频卡和 ISA 音频卡。目前市场多为 PCI 音频卡。

（4）输入输出端口

在音频卡与主机箱连接的一侧有 3、4 个插孔，音频卡与外部设备的连接如图 5-7 所示，通常是 Speaker Out、Line In、Line Out、Mic In 等。

①Speaker Out 端口连接外部音箱。

②Line In 端口连接外部音响设备的 Line Out 端。

③Line Out 端口连接外部音响设备的 Line In 端。

④Mic In 端口用于连接话筒，可录制解说或者通过其他软件（如汉王、天音话王等）实现语音录入和识别。

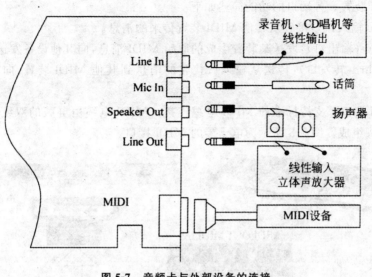

图 5-7　音频卡与外部设备的连接

5.2.2　音乐合成和 MIDI 接口规范

1. 音乐合成与 MIDI

MIDI(Musical Instrument Digital Interface)是指乐器数字接口,是数字音乐的国际标准。任何电子乐器,只要有 MIDI 消息的微处理器,并有合适的硬件接口,都可以成为一个 MIDI 设备。很显然,MIDI 给出了另外一种得到音乐声音的方法,在相应的设备能够产生和解释这些作为媒体能记录的音乐符号。

MIDI 的音乐符号化过程实际上就是产生 MIDI 协议信息的过程。协议信息将由状态信息和数据信息组成。定义和产生音乐的 MIDI 消息和数据存放在 MIDI 文件中,每个 MIDI 文件最多可存放 16 个音乐通道的信息。音序器捕捉 MIDI 消息并将其存入文件中,而合成器依据要求将声音按所要求的音色、音调等合成出来。

音乐合成器是计算机音乐系统中最重要的设备之一。大家知道,电子乐器是靠电子电路产生出波动的电流,送到扬声器发声。声音的发源地就是合成器。MIDI 音乐的发声就完全依赖于合成器。目前声卡的音乐合成主要有两种方法:一种是常用的调频(FM)合成法,另一种就是波表(Wave Table)合成法。

2. MIDI 接口

MIDI 规范允许 MIDI 装置以预先说明的方式通信。为了提供单电缆连接和通信端口标准,关键之一是物理连接的标准化。

MIDI 标准中规定ⅧC 包括一个内部合成器和标准 MIDI 端口。

MIDI 装置应有一个或多个下列端口:MIDI In、MIDI Out 和 MIDI Thru。每种端口有特定的用处,如发送、接收或在 MIDI 装置间转发 MIDI 消息。这种设计允许用户同时控制所连接的多个 MIDI 装置。各端口的功能简述如下。

①MIDI In(输入口):接收从其他 MIDI 装置传来的消息。

②MIDI Out(输出口):发送某装置生成的原始 MIDI 消息,向其他设备发送 MIDI 消息。

③MIDI Thru(转发口):传送从输入口接收的消息到其他 MIDI 装置,向其他设备发送 MIDI 消息。

上述 MIDI 端口都支持标准的 MIDI 电缆连接。MIDI 电缆由屏蔽的双绞线及连接电缆两端的 5 针插头组成。图 5-8 所示为电子琴的 MIDI 接口。

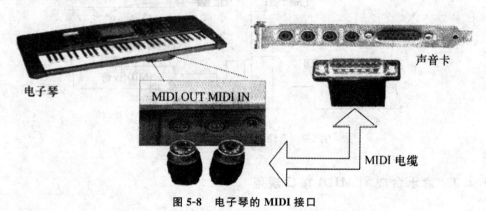

图 5-8　电子琴的 MIDI 接口

5.3　视频接口

影像视频简称视频(Video)。与动画一样,视频也是由连续的画面组成的,只是画面图像是自然景物的图像。这些画面以一定的速率[帧率(帧/秒,f/s)]连续地投射在屏幕上,使观察者具有图像连续运动的感觉。在多媒体应用系统中,视频是通过视频卡、播放软件和显示设备来实现的,本节主要介绍有关视频采集、播放与显示设备的功能与原理。

5.3.1　视频图像显示

显示系统是多媒体系统的重要部件之一。视觉技术对显示系统提出了全新的要求,它远远超出引入图形用户界面(GUI)时的范围。

1.显卡

显卡是显示系统的核心。其工作原理为:在显卡开始工作前,通常是把所需要的材质和纹理数据传送到显存里面;开始工作时,这些数据通过显卡总线进行传输,显示芯片将通过显卡总线提取存储在显存里面的数据,进行建模渲染。

2.CRT 显示系统

在多媒体系统中,显示系统产生了文本、图形和视频的视觉输出。CRT 是最普通的显示系统,虽然它在逐步走出历史舞台,但其一些技术参数对其他显示系统还有很大的影响。

(1)屏幕尺寸

CRT 显示系统有 3 种常用的尺寸概念:显像管尺寸(Tube Size)、可视尺寸(Viewable Size)和光栅尺寸(Raster Size)。显像管尺寸是指 CRT 表面的物理尺寸,即对角线的长度。可视尺寸是指显示器显示信号的区域大小,它通常比显像管尺寸小。光栅尺寸用高和宽两个参数来定义屏幕上实际可以显示的最大尺寸,常用可看到的最大屏幕背景的大小来表示。

(2)点间距

CRT 监视器的屏幕由扫描线组成,扫描线由像素阵列组成,屏幕分辨率是由每条扫描线的像素数乘以扫描线数定义的。例如,1024×768 像素的分辨率意味着每条扫描线有 1024 个像素并有 768 条扫描线。分辨率越高,图像越清晰,因为每条扫描线更多的像素或每帧更多的扫描线都能提供更高的分辨率。点间距是用毫米测量的一个组中心到下一个组中心的距离。点间距越小,像素的尺寸就越精细,在较高分辨率下像素重叠的机会就越少。

(3)荧光粉类型

荧光粉是一种涂在显像管内表面的化学物质。红、绿、蓝荧光粉组成三元组的形式。当电子流击中荧光粉,它就发光,并产生可见的彩色。荧光粉具有余辉特性——当电子流击中它时,磷光现象消失还需要一段时间。荧光粉分为长余辉荧光粉和短余辉荧光粉。最常使用的是长余辉荧光粉。长余辉荧光粉通常用于隔行式监视器。在隔行式监视器中,用两次扫描来刷新一帧中交替的扫描线,而在进行第 2 次扫描时,长余辉荧光粉保留了第 1 次扫描的图像。较长的磷光现象减少了屏幕变黑的时间。虽然这能够使隔行模式中的闪烁最小化,但长磷光现象监视器的缺点是很明显的,即在全运动视频显示中降低了清晰度,在还未完全退去的旧场景上画上了新的场景。

(4)刷新(或扫描)频率与闪烁

水平刷新频率或水平扫描频率是对扫描线显像速度的衡量,用 kHz(千赫兹)来衡量。垂直刷新频率或垂直扫描频率与水平刷新率密切相关;所有的扫描线进行显像都是先从扫描线的起始点(左端)开始,直到扫描线的右端结束,然后扫描又回到屏幕的起始,开始下一次水平扫描线的扫描(如下一条扫描线)。当显像完成最后一条扫描线,扫描就回到屏幕顶部。全屏幕的显像速率(即每秒内对所有扫描线显像并回到屏幕顶部的次数)称为垂直刷新频率。垂直刷新频率用 Hz 衡量,典型的垂直刷新频率为 30Hz。

人眼对较低的垂直刷新频率很敏感,如果刷新不及时,当亮度消褪后再刷新,人眼就会感觉到"闪烁"。闪烁会使人眼睛疲劳。感觉到的闪烁程度取决于各人的视觉残留。视觉残留是视网膜图像从人脑和眼褪去所需要的时间。视觉残留使人能将独立的视频帧看成连续的,大脑感觉不到顺序图像的间隔。如果垂直刷新率低,出现的顺序图像不能快得足以使大脑保留图像的连续感——这就像灯快速而重复地暂时关闭一样。消除闪烁有三种办法:提高刷新频率,延长荧光粉的余辉时间,减少亮度,延长余辉时间会引起"拖曳"现象。提高刷新频率,技术成本较高。减少亮度使显示表现层次不丰富。因此,这三种方法要权衡考虑。

(5)隔行和非隔行扫描

隔行(Interlaced)扫描和非隔行(Noninterlaced)扫描(又称逐行扫描)是指荧光粉被刷新的方式在隔行方式下,显示器在每遍扫描时隔一行更新一行数据,更新整个屏幕的数据需要两遍扫描(奇数行、偶数行扫描)。对于非隔行方式·扫描时逐行进行数据更新,一遍扫描完成全部数据更新。隔行方式实现较便宜,但由于采取两遍扫描更新一屏,屏幕显示不够稳定(闪烁)。目前,大多数显示适配器都采用逐行方式。逐行方式的显示缓冲器组织与位图结构相同,便于程序开发。

(6)显示缓冲区与颜色定义

对于计算机显示系统来说,它有两种显示模式:字母数字模式(Alpha Number Mode)和图形模式(Graphics Mode)。在显示适配器上有一块存储器,用于存放显示器显示时对应的格式数据,称为视频存储器(VRAM)或显示缓冲器。在字母数字模式(A/N)下,显示缓冲器存放显示字符的代码(英文 ASCII,汉字双字节内码)和属性。在图形模式(All Points Addressable Mode,APA)下,显示缓冲器存放的是显示器屏幕上的每个像素点的颜色或灰度值矩阵。在图形模式下,屏幕上一个像素点所能够显示出的彩色数由显示缓冲器中相应的比特数决定。例如,能显示 16 种颜色的模式一个像素需要 4bit 表示,640×480 像素的分辨率共需 640×480×4/8=153600Byte 的显示缓冲器。同屏要显示 256 种颜色,则一个像素需要用一个字节(Byte)表示。512KB 的 VRAM,在这种模式下,可以达到的最高分辨率为 800×600 像素。因此,显示缓冲器较大的显示板,其支持的彩色数和分辨率较高。

(7)模拟信号接口和数字信号接口

显示器与显示板之间的连接线的信号形式有两种:数字信号和模拟信号。目前大部分显示系统采用 15 针的模拟信号接口。在模拟信号接口中只需有 3 条 RGB 信号线传递颜色信号,每个信号的电压变化值为 0~5V,不同的电压强度代表一种颜色深度值。由于电压是模拟量,因此 RGB 信号的组合可获得无限的颜色值。模拟接口满足了显示系统未来发展的需要。

(8)视频 BIOS

视频基本输入输出系统(BIOS)可以放在 ROM 中,用户程序调用它来完成某些与显示有关的控制和操作,如光标显示、字符显示、基本图形点线的显示、获取视频信息、设置颜色等。早期计算机的 BIOS 中包含视频 BIOS,但随着各种兼容显示卡的推出和广泛使用,厂家提供自己的视频 BIOS,它固化在显示卡上,系统启动时,通过修改入口的方法,使视频 BIOS 指向新的程序。对于一般的应用,可以通过 INT10H 中断调用实现图形和字符的显示,但是对于较高级的应用,必须直接对显示板的寄存器和显示缓冲区进行操作,才能达到高速高效率的显示。

5.3.2　视频卡/盒

视频卡是基于 PC 的一种多媒体视频信号处理平台,它可以汇集视频源、声频源和 DVD机、VCD 机、录像机(VCR)、摄像机等的信息,经过编辑或特技处理而产生非常漂亮的画面。这些画面还可以被捕捉、数字化、冻结、存储、输出及进行其他的操作。视频卡有视频采集卡、视频显示卡(VGA 卡)、视频转换卡(如 TVCoder)以及动态视频压缩和视频解压缩卡等,如图5-9 所示。主要功能包括图形图像的采集、压缩、显示、叠加、淡入/淡出、转换和输出等。其中,视频转换卡的功能是把 VGA 信号转为 PAL/NTSC/SECAM 制式的视频信号,供电视播放或录像制作使用,它是动态视觉传达系统的输出工具,多用于广告电视片的后期处理。视频采集卡能够捕捉和编辑静态视频图像,完成视频图像数字化、编辑以及处理等操作。视频压缩卡则根据 JPEG/MPEG 标准做视频压缩与还原的操作。

图 5-9　视频卡

视频采集卡主要由硬件与软件组成,两者缺一不可。硬件一般包括连接视频信号源的接口,如 VGA 接口、DVI 接口、S 端子、AV 接口、音频接口等。连接计算机主板的接口,如 PCI 总线接口或 PCI-E 接口,也有外置的 USB 接口和 1394 接口。视频采集卡的板卡一般需要主板芯片、缓存芯片、音频芯片等,这些芯片对视频具有采集、压缩、传输、转换等作用,软件可以对视频进行回放、读取、编码等操作。视频采集卡的结构如图 5-10 所示。根据其自身用途的不同大体可以分为视频采集卡、DV 卡、电视卡/盒(图 5-11)、非线性编辑卡、视频监控卡、视频信号转换器、视频压缩卡/盒、字幕卡等。

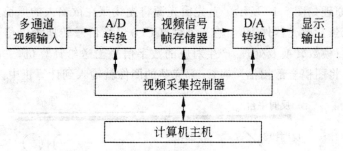

图 5-10　视频采集卡的结构

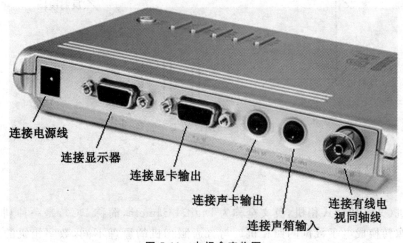

图 5-11　电视盒实物图

5.4 多媒体扩展设备

5.4.1 扫描仪

扫描仪(Scanner)是一种计算机外部仪器设备,通过捕获图像并将之转换成计算机可以显示、编辑、存储和输出的数字化输入设备,如图 5-12 所示。

图 5-12 扫描仪实物图

扫描仪工作原理如图 5-13 所示。首先由光源将光线照在欲输入的原稿上,光学系统采集这些光线,将其聚焦在感光器件上,由感光器件(CCD)将光信号转换为电信号,然后由电路部分对这些信号进行模数转换及处理,产生对应的数字信号输送给计算机。机械传动机构在控制电路的控制下,将图稿全部扫描一遍,一幅完整的图像就输入到计算机中去了。

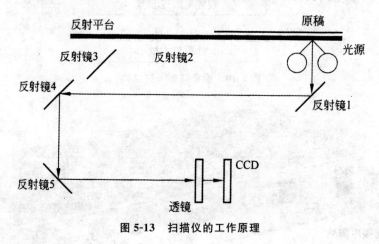

图 5-13 扫描仪的工作原理

5.4.2 数码相机

数码相机(又名数字式相机,英文全称为 Digital Camera,简称 DC),是一种利用电子传感器把光学影像转换成电子数据的照相机。与普通照相机的原理不同,数字相机的传感器是一种光感应式的电荷耦合(CCD)或互补金属氧化物半导体(CMOS)。在图像传输到计算机以前,通常会先储存在数码存储设备中,如图 5-14 所示。

图 5-14　数码相机

数码相机是集光学、机械、电子一体化的产品,具有数字化存取模式、与计算机交互处理和实时拍摄等特点。光线通过镜头或者镜头组进入相机,通过成像元件转化为数字信号,数字信号通过影像运算芯片储存在存储设备中。数码相机的成像元件是 CCD 或者 CMOS,该成像元件的特点是光线通过时,能根据光线的不同转化为电子信号。

5.4.3　投影仪

投影仪又称投影机,是一种可以将图像或视频投射到幕布上的设备,可以通过不同的接口同计算机、VCD、DVD、BD、游戏机等相连接播放相应的视频信号。投影仪广泛应用于家庭、办公室、学校和娱乐场所,根据工作方式的不同,有 CRT、LCD、DLP 等不同类型,如图 5-15 所示。

图 5-15　投影仪

按照应用环境,投影仪可以分为以下几类。

1. 家庭影院型

主要针对视频方面进行优化处理,其特点是亮度都在 1000lm 左右(随着投影的发展这个数字在不断的增大,对比度较高),投影的画面宽高比多为 16∶9,各种视频端口齐全,适合播放电影和高清晰电视,适于家庭用户使用。

2. 便携商务型投影仪

一般把重量低于 2kg 的投影仪定义为商务便携型投影仪,这个重量跟轻薄型笔记本计算机不相上下,如图 5-16 所示。商务便携型投影仪的优点是体积小、重量轻、移动性强,是传统的幻灯机和大中型投影仪的替代品,轻薄型笔记本计算机跟商务便携型投影仪的搭配,是移动商务用户在进行移动商业演示时的首选搭配。

图 5-16　便携式投影仪

3.教育会议型投影仪

一般定位于学校和企业应用,采用主流的分辨率,亮度在 2000～3000lm,重量适中,散热和防尘做得比较好,适合安装和短距离移动,功能接口比较丰富,容易维护,性能价格比也相对较高,适合大批量采购普及使用。

5.4.4　打印机

打印机(Printer)是计算机的输出设备之一,用于将计算机处理结果打印在相关介质上。衡量打印机好坏的指标有三项:打印分辨率、打印速度和噪声。打印机的种类很多,现主要介绍以下几种。

1.针式打印机

针式打印机在打印机历史的很长一段时间上曾经占有重要的地位,从 9～24 针,可以说针式打印机的历史贯穿着这几十年的始终,这与它极低的打印成本和很好的易用性以及单据打印的特殊用途是分不开的。当然,它很低的打印质量、很大的工作噪声也是它无法适应高质量、高速度的商用打印需要的原因,所以现在只有在银行、超市等用于票单打印等地方还可以看见它的踪迹,如图 5-17 所示。

图 5-17　针式打印机

2. 彩色喷墨打印机

彩色喷墨打印机因其有良好的打印效果与较低价位的优点而占领了广大中低端市场。此外喷墨打印机还具有更为灵活的纸张处理能力,在打印介质的选择上,喷墨打印机也具有一定的优势,如图 5-18 所示。

图 5-18　彩色喷墨打印机

3. 激光打印机

激光打印机则是高科技发展的一种新产物,也是有望代替喷墨打印机的一种机型,分为黑白和彩色两种,它提供了更高质量、更快速、更低成本的打印方式,如图 5-19 所示。它的打印原理是利用光栅图像处理器产生要打印页面的位图,然后将其转换为电信号等一系列的脉冲送往激光发射器,在这一系列脉冲的控制下,激光被有规律地放出。

图 5-19　激光打印机

5.4.5　触摸屏

触摸屏(Touch Screen)又称为"触控屏""触控面板",是一种可接收触头等输入信号的感应式液晶显示装置。当接触屏幕上的图形按钮时,屏幕上的触觉反馈系统可根据预先编程的程式驱动各种连接装置,可用于取代机械式的按钮面板,并借助液晶显示画面制造出生动的影音效果,如图 5-20 所示。

图 5-20　各种触摸屏设备

综合来说,上述技术中比较有特色的是表面声波技术、第二代五线电阻技术、抗光干扰红外线技术。表面声波技术的纯粹玻璃屏不怕刮擦和用力,寿命长,精度高,清晰透亮,还有压力轴响应。第二代五线电阻技术提高了电阻技术的寿命,虽然清晰度、透光率不如声波技术高,但精度最高,可用尖细的触摸物,不怕任何干扰和污染,最适合工控领域。抗光干扰红外线技术的最大优势是价格非常低廉,安装方便,屏幕前不加任何东西,因而不存在透光和清晰的问题,也不怕刮擦和用力;缺点是精度低,只能用手指来点,不够美观豪华。

各类触摸屏的技术指标与性能比较如表 5-1 所示。

表 5-1　各类触摸屏的技术指标与性能

性能/指标	红外	电容	四线电阻	五线电阻	表面声波
清晰度	很好	有些模糊	有些模糊	较好	很好
反光性	很少	较大	较少	有	很少
透光率	100%	85%	55%	75%	92%(极限)
最大分辨率	79×63 像素	1024×1024 像素	1024×1024 像素	4096×4096 像素	4096×4096 像素
压力轴响应	无	无	无	无	有
漂移	无	有	无	无	无
反应速度	50~300ms	15~24ms	10~20ms	10ms	10ms
光干扰	不能超范围	没有此问题	没有此问题	没有此问题	没有此问题
电磁场干扰	没有此问题	有	没有此问题	没有此问题	没有此问题
防刮擦	好	怕硬物敲击	怕锐器	怕锐器	较好
色彩失真	无	有	有	无	无
寿命	不定,传感器多	2000 万次	100 万次	3000 多万次	5000 万次

5.4.6　数码摄像机

数码摄像机(Digital Video,DV)是由索尼、松下、胜利、夏普、东芝和佳能等多家著名家电巨擘联合制定的一种数码视频格式。

1．按用途分类

按使用用途可分为广播级机型、专业级机型、消费级机型。

（1）广播级机型

这类机型主要应用于广播电视领域，图像质量高，性能全面，但价格较高，体积也比较大，它们的清晰度最高，信噪比最大。当然几十万元的价格也不是一般人能接受得了的，如图 5-21 所示。

图 5-21 广播级摄像机

（2）专业级机型

这类机型一般应用在广播电视以外的专业电视领域，如电化教育等，图像质量低于广播级摄像机，价格一般在数万元至十几万元之间，如图 5-22 所示。

（3）消费级机型

这类机型主要是适合家庭使用的摄像机，应用在图像质量要求不高的非业务场合，如家庭娱乐等，这类摄像机体积小、重量轻，便于携带，操作简单，价格便宜，如图 5-23 所示。

图 5-22 专业级摄像机

图 5-23 家用消费级摄像机

2．按存储介质分类

按存储介质可分为磁带式、光盘式和硬盘式。

（1）磁带式摄像机

磁带式摄像机指以 Mini DV 为记录介质的数码摄像机，它最早在 1994 年由十多个厂家联合开发而成。通过 1/4 英寸的金属蒸镀带来记录高质量的数字视频信号，如图 5-24 所示。

（2）光盘式摄像机

光盘式摄像机指的是 DVD 数码摄像机，存储介质是采用 DVD－R、DVR＋R，或是

DVD—RW、DVD+RW 来存储动态视频图像,操作简单、携带方便,拍摄中不用担心重叠拍摄,更不用浪费时间去倒带或回放,如图 5-25 所示。

图 5-24　磁带式摄像机

图 5-25　光盘式摄像机

(3)硬盘式摄像机

它指的是采用硬盘作为存储介质的数码摄像机。2005 年由 JVC 率先推出的,用微硬盘作存储介质,如图 5-26 所示。硬盘摄像机具备很多优势,大容量硬盘摄像机能够确保长时间拍摄,让人外出拍摄不会有任何后顾之忧。

图 5-26　硬盘式摄像机

第6章　多媒体应用软件开发技术

6.1　多媒体应用软件开发方法

多媒体应用软件是由具体应用领域的专家和开发人员基于一定的应用需求,利用支持多媒体功能的编程语言或多媒体著作工具编制的最终多媒体产品,直接面向用户使用。该类软件具有比较明确的应用目标和比较确定的用户群体,开发手段与一般计算机应用软件的开发相类似,但由于融入了多媒体技术,需要展现丰富的媒体素材与令人耳目一新的创意,使其开发过程又有别于普通软件。

6.1.1　软件开发方法

多媒体应用软件的开发与设计,常见的软件开发方法有以下三种。

1. 结构化方法

结构化方法(Structured Method)是一种传统的软件开发方法,其基本思想是:把一个复杂问题的求解过程划分为不同阶段,每个阶段处理的问题都控制在人们容易理解和处理的范围内。

结构化方法是 20 世纪 60 年代末在结构化程序设计的基础上发展起来的,遵循系统工程的思想,充分考虑用户的需求,突出功能特征,按照软件生命周期严格划分工作阶段,强调软件各部分之间结构及关系的一类开发软件的全局方法。结构化方法由结构化分析(SA)、结构化设计(SD)和结构化编程(SP)三部分构成。

结构化分析是其中的第一个环节,主要是运用结构化分析方法和工具,研究现行系统的业务管理过程和新系统的需求,通过综合考虑系统目标、用户要求、系统的背景和环境、资金能力和技术等因素,客观、认真、全面地分析,确定出合理可行的系统需求,并提出新系统的逻辑方案(也称为系统逻辑模型),编写系统说明书。系统说明书经过审查之后,提供给设计阶段,作为结构化设计的依据。

结构化设计认为软件系统是由多个具有相互联系的模块组成,模块是系统的基本构件。结构化设计的基本工作就是确定构成系统的模块、各模块之间的联系以及每一个模块的功能、算法和流程。所以,结构化设计也被称为模块化设计。结构化设计包括总体设计和详细设计两个层次的工作。总体设计需要确定构成系统的所有模块以及各模块之间的关系,并用系统结构图来描述系统的总体结构。详细设计则需要深入到各个模块内部,设计模块的数据结构和处理逻辑,详细设计也被称为模块设计,一般用伪码、判定树、判定表等工具描述其内部逻辑。

结构化编程是利用结构化程序设计方法,把设计的各个模块利用程序设计语言编写出来,并对编写的程序进行模块调试和集成调试,最后形成用户所需要的软件系统。

2. 面向对象方法

面向对象方法(Object-Oriented Method)是一种把面向对象的思想应用于软件开发过程中,指导开发活动的系统方法,简称 OO(Object-Oriented)方法。面向对象方法的基本原则:

(1)抽象

抽象是处理现实世界复杂性的最基本方式。它强调一个对象和其他对象相区别的本质特性,对于一个给定的域,确定合理的抽象集,是面向对象建模的关键问题之一。

(2)封装

封装是对抽象元素的划分过程。抽象由结构和行为组成,封装用来分离抽象的原始接口和它的执行。封装也称为信息隐藏(Information Hiding),将一个对象的外部特征和内部的执行细节分割开来,并将后者对其他对象隐藏起来。

(3)模块化

模块化是已经被分为一系列聚集的和耦合的模块的系统特性。对于一个给定的问题确定正确的模块集,通常将每个模块简单化,以便能够被完整地理解。

(4)层次

抽象集通常形成一个层次。层次是对抽象的归类和排序,在复杂的现实世界中,确定抽象的层次是基于对象的继承,它有助于在对象的继承中发现抽象间的关系,搞清问题所在,理解问题的本质。

3. 结构化方法与面向对象方法比较

结构化方法结构清晰、可读性好,的确是提高软件开发质量的一种有效手段。每个模块有可能保持较强的独立性,但它往往与数据库结构相独立。如果数据库复杂,模块独立性很难保证。结构化设计从系统的功能入手,按照工程标准和严格规范将系统分解为若干功能模块。然而,由于用户的需求和软、硬件技术的不断发展变化,作为系统基本成分的功能模块很容易受到影响,局部修改甚至会引起系统的根本性变化。开发过程前期入手快而后期频繁改动的现象比较常见。

在结构化方法中,系统是过程的集合,过程与数据实体交互,过程接受输入并产生输出。

面向对象方法抽象的系统结构往往并不比结构化方法产生的系统结构简单,但它能映射到数据库结构中,很容易实现程序与数据结构的封装。

6.1.2 软件开发模型

软件开发模型(Software Development Model)是指软件开发全部过程、活动和任务的结构框架。软件开发模型能清晰、直观地表达软件开发全过程,传统的软件开发模型有以下三种。

1. 瀑布模型

1970 年 Winston Royce 提出了著名的"瀑布模型",直到 20 世纪 80 年代早期,它一直是唯一被广泛采用的软件开发模型。

瀑布模型将软件生命周期划分为 6 个基本活动,并且规定了它们自上而下、相互衔接的固定次序,如同瀑布流水,逐级下落,如图 6-1 所示。

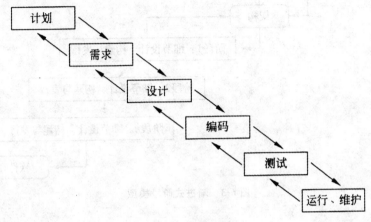

图 6-1　瀑布模型

瀑布模型适合的项目:在项目开始前,项目的需求很明确,解决方案也很明确。类似的项目有公司的财务系统、库存管理系统以及一些短期项目。

2. 增量模型

增量模型又称演化模型,如图 6-2 所示。与建造大厦相同,软件也是一步一步建造起来的。

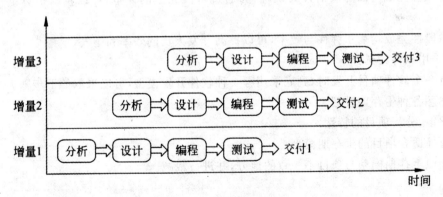

图 6-2　增量模型

增量模型在各个阶段并不交付一个可运行的完整产品,而是交付满足客户需求的一个子集的可运行产品。在使用增量模型时,第一个增量往往是实现基本需求的核心产品。核心产品交付用户使用后,经过评价形成下一个增量的开发计划。这个过程在每个增量发布后不断重复,直到产生最终的完善产品。

3.渐进式阶段模型

渐进式阶段模型是一个渐进式前进阶段式提交成果的开发模型,如图 6-3 所示。

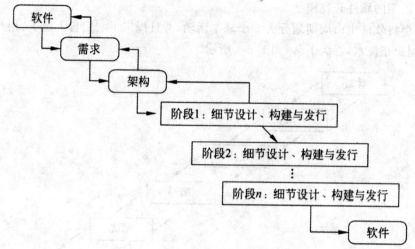

图 6-3　渐进式阶段模型

(1)特点

渐进式阶段模型的特点:

①阶段式提交一个可运行的产品,而且每个阶段提交的产品是独立的系统。

②关键的功能更早出现,可以提高开发人员和客户的信心。

③可以早期预警问题,避免软件缺陷不知不觉的增长。

④通过阶段式提交可以运行的产品,来有力地证明项目的实际进展,减少项目进展报告的负担。

⑤阶段性完成可以降低估计失误,因为通过阶段完成的评审,可以重新估算下一阶段的计划。

⑥阶段性完成均衡了弹性与效率,可以提高开发人员的效率和士气。

(2)采用软件的选择

进行一个软件项目开发时,到底采用哪一种软件开发模型,可以采取如下步骤。

①熟悉各种生存期模型。

②评审、分析项目的特性。

③选择适合项目的生存期模型。

④标识生存期模型与项目不一致的地方,并进行裁减。

6.2　多媒体应用软件开发步骤

多媒体应用软件的开发步骤包括需求分析、软件结构设计、脚本编写、素材采集与制作、产品定型与交付。

6.2.1　需求分析

1.需求分析

需求分析是多媒体产品开发的第一阶段,在这一阶段要确定系统的设计目标和设计要求。通过这一步要得到软件的需求规格说明。该文档包含软件的数据描述、功能描述、性质描述、质量保证和加工说明,整个文档的内容要清晰、准确、一致、无二义性。

对于多媒体产品而言,需求分析阶段主要是确定项目的目标和规格,也就是说,搞清楚产品要做什么、为怎样的群体而做、在什么平台上做。产品的最终结果要尽可能地符合客户的要求,这是软件开发的前提。

需求分析阶段要有信息提供方、信息需求方和多媒体项目制作方共同参加,通过反复讨论协商,对多媒体应用系统的表现主题、内容、规模、查询方式、设计风格等有深入细致的分析,并做出尽可能详尽的描述,进而完成需求分析报告。

2.需求分析步骤

(1)需求获取

首先要确定用户对目标系统的综合要求,即对软件的需求,并提出这些需求实现的条件,以及应达到的标准。这些需求包括功能、性能、硬件和软件环境、可靠性、作品题材、用户界面、资源利用、成本、开发进度、用户人群、用户应用水平。

还要注意其他功能性的需求,如开发模式、质量控制标准、验收标准以及可维护方面的需求。

(2)分析与综合

分析必须从信息流和信息结构出发,逐步细化多媒体软件的所有功能,找出系统各元素之间的联系、接口特性和对设计的限制,判断是否存在不合理的需求,尽量挖掘用户尚未提出的潜在要求。

(3)编制需求规格说明书

一般情况下,在编写软件项目需求规格说明书时,应该包含以下部分。

①引言:主要内容包括多媒体系统的整体描述;编写目的、背景、定义等。

②任务概述:主要内容包括目标、用户的特点、假定的约束。

③素材和数据描述:主要内容包括素材内容描述、信息的表达方式、数据的传递和操作控制流程。

④功能描述:主要内容包括软件功能的规定、软件性能的规定、输入输出要求、数据管理能力要求、故障处理要求、系统控制的描述说明。

⑤运行环境规定:主要内容包括设备、支持软件、接口。

⑥用户的行为描述:主要内容包括系统的状态、触发的事件和系统的响应。

⑦验收的标准:主要内容包括性能范围、测试种类、期望的软件对事件的响应、特殊的考虑。

⑧附录。

（4）需求分析评审

为了对需求阶段的成果进行审查，应该对软件功能的正确性、软件需求规格说明书的一致性、完备性、正确性和清晰性以及其他需求给予评价。

评审结果可包括一些修改意见，修改完后经评审通过才能进入下一阶段。

6.2.2　软件设计

软件设计的目标是构造多媒体应用系统结构，该环节是应用系统开发的关键阶段。软件设计分为概要设计和详细设计两部分。

设计软件结构首先应该确定项目类型，所谓确定类型就是确定软件的要求是图书出版、教育或培训、演示、查询类型等。不同的多媒体产品类型，对软件结构设计有很大的影响。例如，图书出版型是将多媒体技术与光盘存储技术相结合，充分利用文本、图像、音视频以及动画等多媒体形式来表现主题，并根据人们的思维及阅读习惯具备检索、导航等传统图书不具备的功能；教育培训型是在传统 CAI 的基础上扩展了多媒体的表现功能，首先要强调交互能力，力求图文并茂，富有知识性和趣味性。不同类型多媒体应用软件在表现形式和表现主题方面都各有侧重点，这就自然而然地影响到了其软件结构设计。

多媒体应用软件结构设计一般遵循以下步骤。

1.问题思考

对应用系统进行全面的分析，可组织一切与软件结构设计相关的因素，并将所有相关信息，以草图、详列构思等方式表示，再从各种不同角度来分析问题，以期获得各种不同的结论。

2.尽可能列出解决问题的各种策略

要实现一个应用系统设计，应从多方面来考虑，这样可采用策略找出解决方法。常用的策略如下。

①分层法：将大系统划分为若干子系统，每个子系统再细分为下级系统，层层划分，构成树结构的层次系统。

②系统划分：自顶向下逐步细化划分系统，自底向上逐个解决问题。

③分段法：将整个问题分成几段，分别处理，最后集成。

④核心扩展：确定系统最核心部分后，扩展到各有关部分，直到全部解决。

3.评估各种方案的可行性

评估的目的在于确认各种可能的方案是否真正使问题得到解决。因此必须将方案与用户需求互相对照并列出功能，并请最终用户判断这些方案的正确性。

4.找出最佳方案

在对各种方案进行评定时，必须请最终用户判断这些方案的正确性，并在方案中找出或整合有创意的可行方案。这里不但要强调创意新颖性,而且要强调可行性。因为有的设计方案可能很有创意,但可行性不高,难以实现。在众多的分析方案中找出一个可行性高且最有价值的方案后,再次征求用户意见来确定。

6.2.3　脚本编写

脚本是多媒体产品制作的蓝图,为多媒体应用系统制作提供直接的依据,它也是沟通用户与开发人员的有效工具。脚本类似于电影的剧本,详细规划了多媒体的表现形式,包括版面设计、图文比例、显示方式、交互方式、音乐的表现、视频的选择与控制等。

脚本不仅要描述所有可见的活动,规划各内部的显示顺序和步骤,而且还要陈述其间环环相扣的流程以及每一步骤的详细内容,如果多媒体作品中包含解说信息,脚本中要给出对应的台词。脚本设计既要考虑整个系统的完整性和连贯性,又要注意每一个片段的完整性和独立性,还要善于利用声、光、画、影的组合来达到更好的效果,使系统具有更高的集成性和交互件。

脚本的编写是一项创作活动,对最终多媒体产品的成功起着决定性作用。一个好的脚本可以最大限度地减少多媒体项目后续制作的工作量,起到事半功倍的效果。对脚本作者至少有两个方面的要求:首先,需要较高的创意才能,因为只有多媒体的艺术风格与其主题相适应,并且以动人心弦的创意效果来展现,才能够营造美观和谐并且经久难忘的作品;其次,要对多媒体有足够深刻的理解,清楚每一种不同类型的多媒体素材所能承载的信息表现能力,熟悉每一种多媒体设备的功能,在实践中能将需要传达的内容以最恰当的多媒体方式展现到用户面前。

脚本包括文字脚本和制作脚本,文字脚本是按照多媒体演示的内容及其呈现方式,规划多媒体软件中模块的组织结构和细化模块内容,使软件开发者对软件的总体框架有一个明确的认识,并将所要传播的内容清晰化。文字脚本除了要表达清楚演示内容之外,还需要对演示策略、交互活动、表现方式和软件的总体结构有明确的表述。

1.文字脚本的编写

一般情况下,文字脚本的编写由内容提供方和内容制作单位共同完成。文字脚本至少包括三部分内容,分别为使用对象与使用方式说明;演示内容与目标的描述;软件的总体结构和模块单元的内部结构。表 6-1 和表 6-2 所示为常见的文字脚本。

表 6-1　文字脚本(一)

多媒体系统的结构图	编号:
说明:描述模块间的联系、引用说明及其编号	

表 6-2　文字脚本(二)

模块编号：	功能描述：		制作者：	
模块展示内容	交互事件	媒体编号	关键字	展示方式
说明：交互事件指媒体是否存在或存在何种交互，媒体编号是媒体库的统一编号，关键字是检索媒体的关键字，展示方式是指媒体的展示				

　　文字脚本主要传递信息的内容、信息的结构及人机交互活动的描述，但不能作为多媒体软件制作的直接依据。为了让信息充分、有效地展示，必须考虑详细的信息呈现方案，还要考虑信息处理过程中的各种编程方法和技巧，这就需要编写制作脚本。

　　2.编写制作脚本

　　制作脚本的设计是根据文字脚本的信息规划，让所有的设计人员互相沟通，充分发挥各自的想象力和创造性思维能力，设计全部场景、画面、音乐效果以及动作或动画的细节。

　　多媒体软件的展示是将一页的内容呈现给用户并进行交互。每一页的设计与制作方式应该有相应的说明，这需要设计脚本卡片。制作脚本卡片可以用来描述每一页的内容和要求，作为软件制作的直接依据。制作脚本建议使用如表 6-3 和表 6-4 所示的格式。

表 6-3　制作脚本(一)

项目：　　　　　　　　　　　界面主题：　　　　　　　　　　　页号：

转入控制		转入条件	
页面介绍			
素材说明			
转出页号		转出条件	

脚本设计：　　　　　　　　　　　　　　　　　　　　　　　　　时间：

表 6-4　制作脚本(二)

系统名称：		模块名称：		模块编号：		制作者：
模块界面	设计者：		进入方式：			
			由＿＿＿＿＿通过＿＿＿＿＿(交互方式)			
			由＿＿＿＿＿通过＿＿＿＿＿(交互方式)			
			输出方式：			
			通过＿＿＿＿＿(交互方式)进入＿＿＿＿＿			
			通过＿＿＿＿＿(交互方式)进入＿＿＿＿＿			
展示方式说明：信息处理要求等			模块说明：约束条件、模块内部结构及数据流、交互事件等			
完成时间：						

6.2.4　采集制作素材

本阶段完成多媒体应用软件中所需要的全部原始素材的收集与加工制作任务。在多媒体项目中,制作者需要根据不同类型的数据文件的结构及各画面的设计,进行多媒体素材的全面收集、精细制作和规范管理。

1. 文本素材

文本数据是多媒体软件中使用最频繁的基本媒体,它们的获取方法比较简单,目前常用的方法如下。

①键盘输入文本信息。

②通过 OCR 软件识别扫描图片中的文字。

③使用手写设备获取文本。

④借助语音输入设备和软件采集语音文本。

2. 图形素材

图形是指由外部轮廓线条构成的矢量图。图形用一组指令集合来描述图形的内容,如描述构成该图的各种图元位置、维数、形状等。图形的产生主要通过以下途径得到。

①利用图形创作软件创作,如 CorelDraw、AutoCAD、3Dsmax 等。

②调用矢量图形光盘库中的图形资料或从互联网下载。目前,在互联网上,有大量素材网站和矢量图形库,用户可以根据需要,通过授权的方式获取这些素材并应用在自己的软件系统中。

③多媒体创作工具（如 Authorware、ToolBook、Director、Flash 等）中都提供了基本图形绘制功能，在多媒体应用项目制作过程中，开发者能够自行创作简单的矢量图形，这种方法非常适合快速地在多媒体项目中产生图形控制对象。

④利用程序设计语言自行绘制，任何一种程序设计语言，如 Visual Basic、Visual C++、Java 等都提供了绘制图元的语句，在程序中很容易通过指令绘制直线、圆等各种基本图形，并进行填充、颜色控制等操作。

3.图像素材

（1）图像素材的获取手段

数字图像是由扫描仪、摄像机等输入设备捕捉实际画面产生的、由像素点阵构成的位图。在素材采集环节，图像素材的获取有多种手段。

①利用图像制作工具。

②利用扫描仪扫描纸质图像。

③利用数码相机拍摄自然影像。

④从图像素材库中调用或从互联网下载合适的图像。

⑤通过软件截取屏幕图像或视频静帧。

（2）图像的处理

图像素材的基本处理，主要包括调整亮度、对比度、色彩平衡、色相、图像大小、分辨率、色彩模式等。有时需要对图像做进一步的修饰，如消除缺陷和修改细节，使图像看上去更完美。Photoshop、Photostyler 等软件提供了强大的图像编辑功能。

（3）图像浏览与管理

ACDSee 是一个专业的图像浏览软件，功能非常强大，几乎支持目前所有的图像文件格式。ACDSee 浏览图像方便，操作简单，效率高，是一款良好的图像管理软件。另外，它还能实现调整图像亮度、对比度、颜色、大小及图像文件格式转换等功能。

4.动画素材

动画适宜表现多媒体产品中比较抽象的内容，如一些必须通过复杂设备和场景才能再现的教学内容。动画素材的实现，可以通过以下途径。

（1）利用专门的动画创作工具

无论是平面动画还是三维动画，目前都有很多可供开发者选择的制作软件，如二维动画制作工具 Flash、三维动画制作工具 Maya 等。利用这类工具很容易就能制作生动逼真的动画效果，制作效率高，尤其是复杂的动画。但它也存在缺点，在多媒体产品集成过程中，对于这样的独立动画，主程序对其控制能力较弱。

（2）利用多媒体创作工具提供的动画制作功能

一般情况下，开发者选择的集成制作环境都具有一定的动画制作功能，如 Authorware 的移动图标能实现 5 种不同形式的动画效果；在高级语言环境中，通过时钟控件等也很容易实现基本的动态表现形式，它们提供的动画功能比较简单且容易实现。

5. 声音素材

多媒体作品中若仅仅有可视信息,则会显得单调乏味,此时适当地配合音频可以增强画面的表现效果。多媒体作品的声音包括语音、音乐等。音频的采集和制作可以通过以下几种途径来实现。

①通过计算机中的声卡,利用 Goldwave、CoolEditPro 或 Windows 自带的"录音机"程序,从麦克风中采集语音生成波形文件。当多媒体应用程序中需要解说词时,可以使用这个方法获取。

②使用软件抓取 CD 或 VCD 光盘中的音乐,生成可编辑的音频素材。如果声音素材是 CD、DVD 中的音乐或音乐片段,可以使用对应的音频截取软件进行截取。要截取 CD 音轨,可以使用 Advanced CD Ripper Pro;截取 DVD 音轨,可以使用 DVD Audio Ripper。利用声音编辑软件对声源素材进行剪辑、合成,最终生成所需的声音文件。

③利用一些资源库或软件光盘中提供的声音文件。在互联网上,存在大量可以共享使用的音频素材库,开发者可以通过免费或购买授权的方式获取并使用它们。

6. 视频素材

视频一般表现的是真实的场景,人物与画面是连续和活动的,图声并茂,因此具有很强的感染力。

在多媒体作品的视频准备中,视频采集是一个关键问题。早期,家用摄像机录制的视频一般存储于磁带中,信号输出为模拟形式,不能直接存储为计算机中的数字化文件;现在数码摄像机的使用比较普遍,数码摄像机拍摄的是数字信号,可以直接在计算机中存储和编辑,为视频素材的获取提供了简便快捷的手段。

(1)视频采集

视频采集就是将模拟摄像机、录像机、电视机输出的视频信号通过专用的模拟/数字转换设备,转换为二进制数字信息的过程。

视频采集需要使用专用的视频采集设备即视频采集卡。视频采集卡按照其采集的图像质量不同可以分为广播级视频采集卡、专业级视频采集卡、民用级视频采集卡。

模拟设备输出的视频信号需要通过视频采集卡采集;现在的数字摄像机 DV 拍摄的视频已经是数字信号,可以通过计算机的 USB 接口传送数据,或使用 1394 接口将数字视频传送给计算机。

(2)屏幕动态捕获

屏幕动态捕获指将计算机屏幕的动态活动画面记录下来并保存为视频文件。在制作电子教程和多媒体作品时,将计算机屏幕的活动状况捕捉下来并配上声音解说,就可以制作具有吸引力的电子教程和多媒体作品。屏幕动态捕获可以使用诸如"屏幕录像专家"这样的软件工具来实现。

(3)视频的编辑

目前比较流行的视频非线性编辑软件 Adobe Premiere,提供十分丰富的特技处理功能,如淡入淡出、翻转、变焦、镜像、模糊、波纹、球面、负片、水平和垂直移动等效果,并可配音或添加字幕等。

对于已编辑的各类素材必须进行系统的管理,特别是在大型多媒体项目开发中,这一点尤其重要。素材的规范命名、及时归档和统一管理使得系统开发时很容易检索和调用,能够有效地提高开发效率。

6.2.5　产品集成制作

在确定多媒体项目应有的内容、结构、特性、界面及用户使用方法之后,利用准备好的各种素材,开始产品的制作,即编写多媒体应用软件。

一个多媒体应用项目的集成制作,可以通过以下两种主要途径实现。

1.利用高级程序设计语言

如 Visual Basic.NET、Visual C++、Java 等。一般而言,高级程序设计语言适宜编制大型、复杂、涉及系统底层的多媒体项目,并由专业程序设计人员实现,开发周期长,人力成本投入偏大,要求开发人员具备比较扎实的程序设计基础。

2.利用多媒体著作工具

如 Authorware、Director 等,这种开发方式更适合非程序设计专业人员群体,开发过程比较简单,产品制作周期相对较短,对于制作团队人员的要求相对较低,不需要过多的程序设计语言基础。

多媒体应用软件制作是一项综合性的系统工程,不仅包括软件设计的各种技术和技巧,如图形、图像、原型设计及面向对象设计等。它还必须兼有影视艺术制作技术,如美术编辑、音乐编辑、场景及角色设计等,还涉及各应用领域的知识处理、人工智能等多方面的技术。

如何选择多媒体创作工具? 一般主要从性能指标、文档资料、易用性、技术支持、性价比等几个方面进行考虑。其中,性能指标主要是评测该创作系统具备的功能,即对各种媒体数据集成控制能力及编辑能力、多种媒体数据的输入输出能力、程序跳转能力和应用程序的动态链接能力、人机交互控制能力等。通常情况下,对于一个多媒体应用项目,会选择其中一个开发途径来集成实现,但对于十分复杂和庞大的多媒体产品,也可以考虑综合运用声级程序设计语言与多媒体著作工具,取两者之长,达到事半功倍的效果。

6.2.6　产品定型与交付

交付给用户的多媒体应用软件系统应当满足需求分析说明书中精确定义的功能、性能需求,以及没有显式提出的隐形需求,并且符合文档化的开发标准。

将完成的多媒体项目呈交给客户时,为了便于客户使用,除了交付多媒体软件的安装包之外,一般还要提供帮助文档和安装说明书。其中,安装包的创建可以使用 InstallShield、Create Install 等工具制作;帮助文档帮助客户尽快熟悉该多媒体应用软件的使用方法,也可作为速查手册,在用户需要时进行功能查询;安装说明书也很重要,用户通过安装说明书就会清楚安装软件时需执行的步骤,说明书必须包括目标平台的限制、需要的软硬件支持、联系方式等。

软件交付之后,在运行阶段可能会发现一些潜在的缺陷,或由于客户使用环境和功能要求的变化,需要对软件产品进行修改。这种修改称为软件维护,其工作流程如下。

①确认维护要求和维护类型。

②如果是软件错误或性能缺陷,则从评价错误的严重性开始工作。

③如果是环境变更或需要扩充功能、改善性能等要求,则先确定申请维护的优先次序。

④虽然维护的类型不同,但都要进行同样的技术工作:修改需求说明、修改软件结构、评审、脚本编写、源代码修改、单元测试、集成测试、确认测试、系统测试等。

⑤维护评价。

6.3　多媒体应用软件设计原则

6.3.1　界面设计原则

多媒体应用软件在使用过程中,程序界面是一个用户和应用系统交互的区域,一般是一个窗口,应用系统提供的所有功能都通过界面来体现和操作。程序的个性化、易用性、先进性和亲和力都可以在界面中体现出来,它是吸引用户的要素之一,所以界面设计的目的是体现程序特点、增加吸引力、突出重点、提高美感和方便使用。

多媒体界面的设计是技术和艺术的高度结合,也是实现多媒体系统的重点和难点之一。在界面设计的目标中,方便使用、提示明确等体现了界面交互的设计原则;增加吸引力、富有美感体现了界面艺术的设计原则。

6.3.2　色彩设计原则

1. 邻近色、类似色、补色

一般色相环以 5 种或 6 种甚至于 8 种色相为主要色相,若在各主要色相的中间色相,就可做成 10 色相、12 色相或 24 色相等色相环。图 6-4 所示为 24 色相环。

(1)邻近色

在色相环上相邻的两种颜色。邻近色相配,形成极弱的对比。画面统一、协调,但由于色相差太小,容易使画面显得单调、软弱。

(2)类似色

在色相环上 $30°\sim60°$ 的颜色。类似色相配形成弱对比关系。由于色相差较小容易产生统一协调之感,容易形成幽雅、抒情、柔和的视觉情趣,画面色调也极为鲜明。

(3)补色

在色相环上 $180°$ 位置的颜色。补色相配形成色差强烈的对比关系。变化感有余而统一感不足。因此以补色色相构成画面时需要进行调和处理,使之在强对比中协调起来。

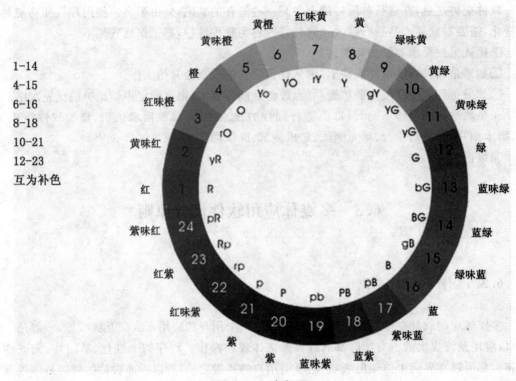

1-14
4-15
6-16
8-18
10-21
12-23
互为补色

图 6-4　24 色相环

2.常用颜色搭配

在多媒体作品中,一张屏幕上往往涉及前景色与背景色的合理运用,科学的颜色搭配能够使读者产生赏心悦目的感觉,更加乐意使用该多媒体产品。

一般情况下,为了突出要传达的主题信息,前景色与背景色的颜色反差要大,同时又不失协调。下面列出一些常见的清晰颜色搭配模式,如图 6-5 所示。

清晰的配色									
序号	1	2	3	4	5	6	7	8	9	10
背景色	黑	黄	黑	紫	紫	蓝	绿	白	黑	黄
主体色	黄	黑	白	黄	白	白	白	黑	绿	蓝
效果	颜	颜	颜	颜	颜	颜	颜	颜	颜	颜
模糊的配色									
序号	1	2	3	4	5	6	7	8	9	10
背景色	黄	白	红	红	黑	紫	灰	红	绿	黑
主体色	白	黄	绿	蓝	紫	黑	绿	紫	红	蓝
效果			颜	颜	颜	颜		颜	颜	

图 6-5　清晰匹配色

另外,有些多媒体场景中,使用了较深的背景颜色,或柔化之后的图片作为背景,大家会发现用来传递信息的文本无论选择什么颜色都不够理想,此时建议在文字周边使用相对明显的轮廓颜色表现,以强化主题文本的清晰显示。

6.3.3 多媒体表现效果常见误区

在多媒体作品制作时,开发者很容易步入一些误区,为作品表现效果带来负面影响。以下列出多媒体场景设计时容易出现的失误及解决办法。

1. 背景过于复杂

表现:一种是单页画面过乱,各种颜色、各种元素、各种风格,乱到了极致;另一种是背景设计十分复杂,变化过多,以致主题表现得毫不起眼。

解决办法:背景设计尽量简洁;色彩变化不能复杂,以突出关键字。

2. 字与背景颜色搭配不当

表现:明度反差小,无重点呈现;近似色相,则无对比。

解决办法:若要突出重点,则强调明度与色相的变化;近似色相的运用,则彰显平衡与和谐之意。

3. 字体与布局凌乱

表现:对于展示型作品,内容太多,文字太小,无层次,布局不合理。

解决办法:每一页只表达一个主题;每一页不超过 10 行;每行不超过 20 个字;一张演示页面上的字体不超过三种;标题要有层次,但层次不超过三个;行距要适当;分步骤(动画)显示关键内容。

4. 原始图片作为背景

表现:大幅面图像作为展示页面背景,图像本身未作任何处理,导致文字视觉效果不清晰。

解决办法:尽量避免使用大幅面图像衬托文字;通过图像处理软件柔化图像颜色表现,以使其适合作为背景;对图像做适当裁剪,并添加修饰,作为页面局部插图使用。

第 7 章　数字音频技术

7.1　声音的概念

7.1.1　声音信号

1.声音的产生

人们的周围充满着各种各样的声音,如人发出的声音、动物发出的声音、乐器发出的声音、机械发出的声音,以及自然界产生的各种声音,像风声、雷声和雨声。那么,声音是如何产生的呢？就人的听觉来说,声音是空气压力发生快速变化,对人的听觉系统产生影响的现象。若空气的大气压力保持着恒定不变的某种状态,就听不见声音了。大气压力变化传播到耳朵时,人们就听到了声音。当大气压力发生百万分之一的改变时人的耳朵就能感知到,听到声音。人的耳朵是否听到声音,还与空气的振荡快慢有关,振荡速度快于每秒 20 次,且慢于每秒 2 万次时,人耳可以感知其振动,听到声音。

简单地说,声音是由物体的振动产生的。由于振动产生的声波传入人耳,到达鼓膜,使鼓膜发生振动。鼓膜的振动通过耳小骨和淋巴液传递到"基底膜",最终引起有毛细胞的纤毛振动,激起神经细胞信号。这种神经细胞信号传递到大脑,人们便感知到了声音信号。大脑对声音信号进行解读,人就获得了听觉信息。人耳结构如图 7-1 所示。

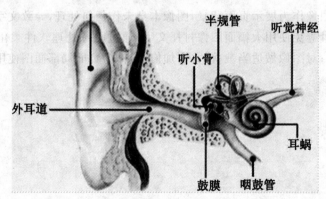

图 7-1　人耳结构

声音是一种机械波,具有普通波的物理特征。声波可以发生折射、反射、衍射、掩蔽等物理现象。声音的这些特性使得人们可以感知到不同的声音效果。例如,声音在空间的来回反射,造成声音的空间效果,使得人们在剧场中听到的声音和在公园中听到的声音效果是不一样的。

　　声音是通过介质传播的一种连续的波(图 7-2),这种连续性包括时间上的连续和幅度上的连续。发声的物体称为声源,声源产生声音,只含有一种频率的声音称为单音。在一般情况下,许多不同频率、不同幅度的声波同时存在,发生叠加,这样的声音称为复合音。图 7-3 说明了多个不同频率、不同振幅的振波单音信号可以叠加起来,产生复杂的声波信号。反之,复杂的声波信号也可以分解成为许多个不同频率、不同幅度的单音振波。傅里叶变换为声波的合成与分解提供了数学理论的支持。这种合成与分解的变换,为研究和处理声音信号提供了基本的和有效的方法。

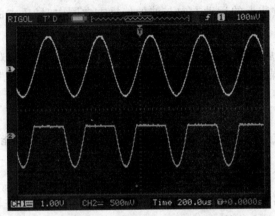

图 7-2　某声波的一段波形

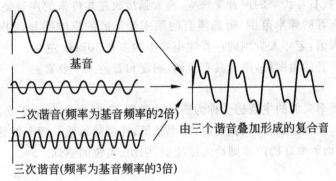

图 7-3　声波的合成

2. 声场与声波的能量

　　存在着声波的空间称为声场。声场中能够传递上述扰动的媒质称为声场媒质。声波的性质不仅决定于声源特性,还与声场媒质有很大关系。这里,我们以空气声场媒质为例研究其基本参量。

　　未被扰动的空气媒质是静态的。设媒质密度为 ρ_0,媒质压强为大气压强 P_0,媒质质点振动速度为 0。但是,空气媒质一旦受到扰动并以波的形式传播时,上述参量将随之变化。

　　(1)媒质密度 ρ

　　由于空气媒质具有弹性,当扰动在其中传播时,媒质中每一小区都处于"压缩-舒张-压缩-舒张"的变化状态中。当媒质某区被压缩时,其密度 ρ 将大于静态时的 ρ_0,或者说,此时密度增量 $\Delta\rho > 0$;反之,当媒质处于舒张状态时,其密度 ρ 将小于静态密度 ρ_0,即 $\Delta\rho < 0$。

(2)声压 p

根据气体状态方程,当媒质被压缩时,媒质压强 P 将大于静态时的大气压强 P_0,压强增量 $\Delta P > 0$;反之,当媒质处于舒张状态时,媒质压强 P 将小于 P_0,此时,$\Delta P > 0$。媒质的这一压强增量定义为声压,即 $p = \Delta P$ 单位为 Pa。

(3)质点振速 v

声波传播过程中,媒质质点均在各自的平衡位置附近振动。通常,质点位移是时间的正弦(或余弦)函数。当媒质质点的运动方向与波的传播方向同向时,质点的振速规定为正,反之则为负。

声波传播过程中,声场媒质均在各自平衡位置附近振动,因此,媒质质点既具有动能又具有弹性势能。相邻媒质间的扰动传递,实际上也就是"动能-势能"及"势能-动能"的能量传递。

(4)声能量 E

单位体积内由于质点的振动而产生的动能和势能的总和称为声能量,单位是 W。

3.人耳的听觉特性

人是通过耳朵来感知声音信息的。人耳的右耳连接至左脑,而左耳连接至右脑。一般来说,声音从右耳传递速度比较快,声音从左耳传至大脑的速度比较慢,即两耳传递速度不同。或者说,左大脑接收右耳传来的声音要快些,右大脑接收左耳传来的声音要慢些。20~20kHz 为正常人能听见声音的频率范围,听到声音的频率受年龄的影响明显,20kHz 为年轻人所能听见的频率的最大值,老年人听到的声音频率要小的多在 10kHz 左右。

从人类感知声音的角度讲,声音具有音调、响度和音色三个要素。

(1)音调

人耳对声音频率高低的主观感受称为声音的音调,有时也称为音高或音准。一种基音音调对应一种频率。频率越高,音调就越高;频率越低,音调就越低。频率低的声音给人以低沉、厚实粗犷的感觉,而频率高的声音则给人以亮丽、明快、尖锐的感觉。

(2)响度

只有一种频率的声音叫做纯音(如音叉发出的声音就是纯音),而一般的声音是由几种频率的波组成的复合音,很多频率成分的谐波组成了响度。人耳对不同频率的纯音有不同的听辨灵敏度。反映一个人主观感觉声音强弱的物理量为响度,单位为方(Phone)。其中人耳的听阈为零,1kHz 的纯音的声强级为 1 方。声压级和频率的函数共同构成人耳感知的声音响度,图 7-4 为等响度曲线与声强级的关系,这一曲线可用来比较不同振幅和频率的主观响度曲线,痛阈和听阈分别为图中最上方和最下方的响度曲线。由于外耳的共振引起感知灵敏度有提高,表现在该曲线上为在 3~4kHz 附近稍有下降。

(3)音色

人耳在主观感觉上区别相同响度和音高的两类不同声音的主观听觉特性称为音色。音色是由混入基音的泛音决定的,每个人讲话的声音,以及钢琴、提琴、笛子等各种乐器所发出的不同的声音,都是由于音色不同造成的。

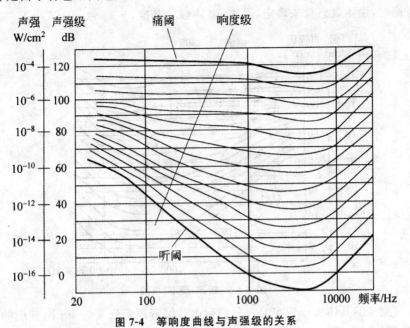

图 7-4　等响度曲线与声强级的关系

7.1.2　听觉感知特征

人的听觉系统非常复杂,迄今人们对听觉系统的生理结构、生理学原理等并不完全清楚,或对听觉感知实验结果不能做到完全合理解释。人耳听觉感知还受到心理因素的很大影响。人耳听觉特征的研究限于心理声学和语言声学。其中,直接应用于声音数据的压缩编码过程中的听觉感知特征包括音高的感知特征、人耳对响度和掩蔽效应。

1. 对响度的感知

声音的响度就是声音的强弱。在物理上,声音的响度使用达因/平方厘米(声压)或瓦特/平方厘米(声强)的单位进行客观度量。在心理上,用响度级 Phon 或 Sone 来度量主观感觉声音强弱。这两个概念完全不同,但又有一定的联系。

"听阈"为人耳刚刚可闻的声音强度。"听阈"将随着频率的改变而不断变化,这一点得到了实验验证。如图 7-5 给出了实验测出的"听阈-频率"曲线。"绝对听阈"曲线,也称"零方等响度级"曲线为图中最下面的曲线,它表示在安静的环境中,人耳能听到纯音的最小值。

人耳的听觉范围在"痛阈-频率"曲线"和听阈-频率"曲线之间的区域。可通过实验测出这个范围内的等响度级曲线。由图 7-5 可知,1kHz 的 10dB 的声音和 200Hz 的 30dB 的声音,在人耳听起来具有大致相同的响度。

2. 对音高的感知

与客观音高的关系是:

$$Mel = 1000\log_2(1+f)$$

测量音高时,由主观感觉来确定,以 40dB 声强为基准。

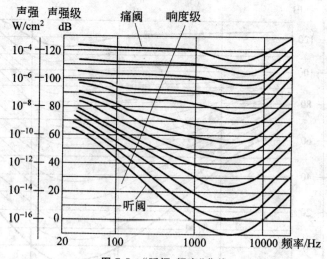

图 7-5 "听阈-频率"曲线

主观音高测量的具体操作为实验者分别听声音纯音声音强度为 40dB,其中的一个纯音频率被固定,对另外一个纯音频率进行调节操作,当被操作的纯音强度为固定纯音强度的 2 倍时,两个声音的音高差 2 倍。图 7-6 为"音高-频率"曲线,表明频率与音高之间的关系客观上用频率来表示声音的音高,其单位是 Hz。主观感觉的音高单位则是 Mel。

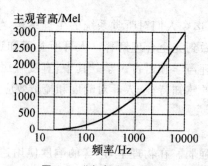

图 7-6 "音高-频率"曲线

3. 声音的掩蔽效应

在一定的环境条件下,常会发生由于一些声音的存在,使另一部分声音听不见了的现象,这种声学现象称为隐蔽效应。声音的隐蔽效应主要有频域掩蔽和时域掩蔽两种。

(1)频域掩蔽

对于频率相近的声音,响度高的阻碍另一个响度较低声音的听觉感知的现象,称为频域掩蔽效应。响度高者称为掩蔽声音,响度低者称为被掩蔽声音。例如,一群学生在教室里正在大声地相互讨论着一个问题,这时老师大声说"请大家暂停讨论,请安静!",可是学生们听不清或听不见老师的话。老师又提高嗓门喊了一遍,学生们杂乱的话音即刻停止了。在这个场景中,老师和学生们的话音频率相近,当师生的话音响度也相近时,老师的话音被淹没了;当老师提高嗓门喊了一声时,其话音响度高于学生们,老师的声音盖过了学生们的声音,学生们便听到老师的声音了。

一个强纯音会掩蔽在其附近同时发声的弱纯音中,如图 7-7 所示。例如,一个声强为 60dB、频率为 1kHz 的纯音,另外还有一个 1.1kHz 的纯音,前者比后者高 18dB,这时人耳只能听到 1kHz 的强音。如有一个 1kHz 的纯音和一个声强比它低 18dB 的 2kHz 的纯音,由于频率相差较大,此时人耳会同时听到这两个声音。要使 2kHz 的纯音也听不到,则需要把它降到比 1kHz 的纯音低 45dB。一般来说,弱纯音频率离强纯音频率越近就越容易被掩蔽。

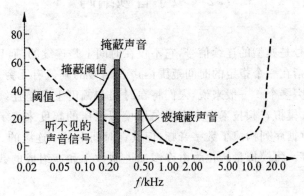

图 7-7 频域掩蔽

(2)时域掩蔽

从物理过程来看,当声波遇到物体势必会发生反射,产生回音。但有时能听到声音的回音,有时听不到。这取决于人听到声音的时刻与再听到回音的时刻的时间差。当时间差很小时,就听不见回音了。时间差是由声音传播的距离所决定的。所以在大山里能听见回音,而在房间里一般听不见回音。

当声音与其回声的时间差很小时,回声是听不到的。这说明,时域掩蔽是存在在相邻声音间的掩蔽现象。如图 7-8 所示,将时域掩蔽又可分为超前和滞后两种。一般超前掩蔽大约只有 5～20ms,而滞后掩蔽可持续 50～200ms。

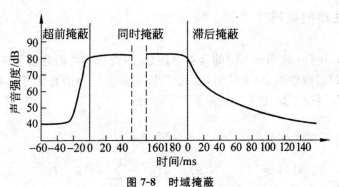

图 7-8 时域掩蔽

(3)声音感知特性与 MPEG 声音编码

MPEG 声音编码指 MPEG-1 Audio、MPEG-2 Audio 和 MPEG-2 AAC 声音编码。MPEG 声音编码进行数据压缩编码的主要依据是人耳的听觉特性,据此建立"心理声学模型",从而控制、实现音频数据压缩。

　　心理声学模型的听觉阈值电平是存在于听觉系统中的,若声音信号低于这个电平,人耳就听不见(即响度太小的声音听不见),因此就可以把这部分声音数据去掉。

　　心理声学模型的另一个基本依据是听觉掩饰特性,据此对听觉阈值电平进行自适应调节。声音压缩算法确立这种特性的模型,用以消除声音数据的冗余,实现数据压缩。

7.2　数字音频编码

　　自然界中声音信号是典型的连续信号,它不仅在时间上是连续的,而且在幅度上也是连续的。在时间上连续是指在一个指定的时间范围内声音信号的幅值有无穷多个,在幅度上连续是指幅度的数值有无穷多个。一般来说,人们将在时间和幅度上都是连续的信号称为模拟信号,也称为模拟音频。模拟音频技术中声音强弱用模拟电压的幅度来表示。时间上连续是模拟声音的特征,一个数据序列构成了数字音频,但其在时间上是不连续的。数字音频信号是对数字音频采样和量化后,将模拟量转化为由许多二进制数 1 和 0 组成的数字音频信号。如图7-9 所示。

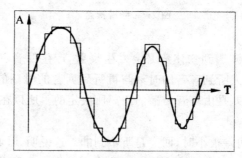

图 7-9　模拟音频和数字音频

7.2.1　线性预测编码

　　线性预测(Linear Prediction,LP)的基本原理是:假设当前的语音信号样值可以用它过去的 p 个样值的加权和(线性组合)来预测,如式(7-1)所示。因为语音信号具有周期性,所以误差是无法避免的,预测误差如式(7-2)所示。

$$\hat{s}(n) = \sum_{l=1}^{p} a_l s(n-l) \tag{7-1}$$

$$e(n) = s(n) - \hat{s}(n) = s(n) - \sum_{l=1}^{p} a_l s(n-l) \tag{7-2}$$

式中,$\hat{s}(n)$ 为线性预测值;a_l 为线性预测系数,共有 p 个;$s(n)$ 为实际样值;$e(n)$ 为线性预测误差值。

　　现在用预测分析方法来进行语音信号的分析。由语音学的知识可知,用在浊音语音期间或在清音语音期间激励一个语音模式用声道所产生的输出,如图 7-10 所示。

图 7-10　语音模型

图 7-10 中 $x(n)$ 是语音激励，$s(n)$ 是输出语音，模型的系统函数 $H(z)$ 可以写成有理分式的形式，如式 (7-3) 所示。式中系数 a_l、b_i 及增益 G 是模型的参数，p、q 是选定的模型的阶数，因而信号可以用有限数目构成的模型参数来表示。

$$H(z) = G \cdot \frac{1 + \sum_{i=1}^{q} b_i z^{-i}}{1 - \sum_{l=1}^{q} a_l z^{-l}} \qquad (7\text{-}3)$$

目前常用的信号模型有 3 类，是依据 $H(z)$ 的形式分类的。

①当式 (7-3) 中的分子多项式为常数，即 $b_i = 0$ 时，$H(z)$ 是只含递归结构的全极点模型，称为自回归信号模型 (Auto-regressive Model，AR)。AR 模型的输出是由过去的信号值所决定的，由它产生的序列称为 AR 过程序列。

②当式 (7-3) 中的分母多项式为 1，即 $a_l = 0$ 时，$H(z)$ 是只有非递归结构的全零点模型，称为滑动平均模型 (Moving Average Model，MA)。MA 模型的输出由模型的输入来决定，由它产生的序列称为 MA 过程序列。

③自回归滑动平均模型 (Auto-regressive Moving Average Model，ARMA) 当式 (7-3) 中 $H(z)$ 同时含有极点和零点时，它是一种混合模型，其序列为 RMA 过程序列。

理论上，无限高阶的 AR 模型可用来表达 ARMA 模型和 MA 模型。线性方程组的求解问题是对 AR 模型作参数估计时常常遇见的，处理起来比较容易，但实际全极点模型又占了多数，因此本节将主要讨论 AR 模型。

当采用 AR 模型时，将辐射、声道以及声门激励进行组合，用一个时变数字滤波器来表示，其传递函数如式 (7-4) 所示。

$$H(z) = \frac{G}{1 - \sum_{l=1}^{p} a_l z^{-l}} = \frac{G}{A(z)} \qquad (7\text{-}4)$$

式中，G 是声道滤波器增益，p 是预测器阶数。由此，式 (7-5) 的差分方程可用来表示激励信号 $x(n)$ 和语音抽样值 $s(n)$ 之间的关系。

$$s(n) = G \cdot x(n) + \sum_{l=1}^{p} a_l s(n-l) \qquad (7\text{-}5)$$

语音信号分析中，语音信号来估计模型参数的过程是模型的建立的实质。求解模型参数是一个逼近的过程，是因为信号是时变的，极点阶数 p 又无法事先确定，语音信号客观存在的误差。这个过程是将式 (7-2) 改写为式 (7-6)。

$$e(n) = s(n) - \sum_{l=1}^{p} a_l s(n-l) = G \cdot x(n) \qquad (7\text{-}6)$$

线性预测分析要解决的问题是：给定语音序列，某个准则下预测误差最小，求预测系数的最佳估计值 a_l。线性预测方程的推导和方程组的求解方法和求解过程，可参阅相关文献。

7.2.2　矢量量化

设有 N 个 k 维矢量 $X = \{X_1, X_2, \cdots, X_N\}$（$X$ 在 k 维欧几里德空间 R^k 中），其中第 i 个矢量可记为 $X_i = \{x_1, x_2, \cdots, x_k\}$，$i = 1, 2, \cdots, N$，它可以被看作是语音信号中某帧参数组成的矢量。把 k 维欧几里德空间 R^k 无遗漏地划分成 M 个互不相交的子空间 $R_1, R_2, \cdots, R_M$，即满足

$$\begin{cases} \bigcup\limits_{j=1}^{M} R_j = R^k \\ R_i \bigcap R_j = \varnothing, i \neq j \end{cases}$$

在每一个子空间 R_j 中找一个代表矢量 Y_j，则 M 个代表矢量可以组成矢量集 $Y = \{Y_1, Y_2, \cdots, Y_M\}$。这样就组成了一个矢量量化器，在矢量量化里 Y 叫做码本（Codebook）；Y_j 称为码字（Codeword）；Y 内矢量的个数 M，则叫做码本长度。不同的划分或不同的代表矢量选取方法就可以构成不同的矢量量化器。

当给矢量量化器输入一个任意矢量 $X_i \in R^k$ 进行矢量量化时，矢量量化器首先对它是属于哪个子空间 R_j 进行判断，然后输出该子空间 R_j 的代表矢量 Y_j。也就是说，矢量量化过程就是用 Y_j 代表 X_i 的过程，或者说把 X_i 量化成了 Y_j，即

$$Y_j = Q(X_i), 1 \leqslant j \leqslant M, 1 \leqslant i \leqslant N$$

式中，$Q(X_i)$ 为量化器函数。即矢量量化的过程完成一个从 k 维欧几里德空间 R^k 中的矢量 X_i 到 k 维空间 R^k 有限子集 Y 的映射。

矢量量化编/解码器的原理框图如图 7-11 所示。

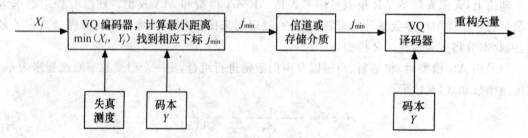

图 7-11　矢量量化编/解码器的原理框图

系统中有两个完全相同的码本，一个在编码器（发送端），另一个在解码器（接收端）。每个码本包含 M 个码字，每一个码字是一个 k 维矢量（维数与 X_i 相同）。VQ 编码器的运行原理是根据输入矢量 X_i 从编码器码本中选择一个与之失真误差最小的码矢量 Y_j，其输出的 $j_{\min}$ 即为该码矢量的下标，一般称为标号。输出的 $j_{\min}$ 是一个数字，因而可以通过任何数字信道传输或任何数字存储介质来存储。如果此过程不引入误差，那么从信道接收端或从存储介质中取出的信号仍是 $j_{\min}$。VQ 译码器的原理是按照 $j_{\min}$ 从译码器码本中选出一个具有相应下标的码字作为 X_i 的重构矢量或恢复矢量。

7.2.3　CELP 编码

CELP 编码基于合成分析（A-B-S）搜索、知觉加权、矢量量化（VQ）和线性预测（LP）等技

术。CELP 的编码器框图、解码器框图分别如图 7-12 和图 7-13 所示。

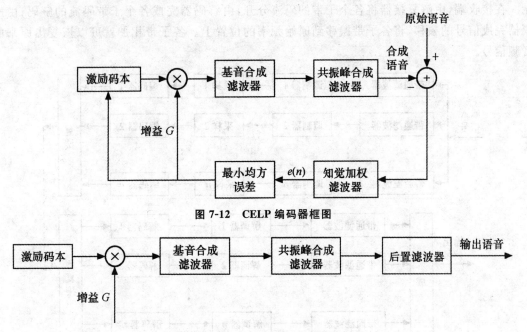

图 7-12　CELP 编码器框图

图 7-13　CELP 解码器框图

CELP 采用分帧技术进行编码,按帧作线性预测分析,每帧帧长一般为 20～30ms(这是由语音信号的短时平稳性特性决定的)。短时预测器(Short-term Predictor,STP),即常用的共振峰合成滤波器,用来表征语音信号谱的包络信息。共振峰合成滤波器传递函数为

$$\frac{1}{A(z)} = \frac{1}{1 - \sum_{l=1}^{p} a_l z^{-l}}$$

式中,$A(z)$ 为短时预测误差滤波器;p 为预测阶数,它的取值范围一般为 8～16,基于 CELP 的编码器中 p 通常取 10;$a_l (l=1,2,\cdots,10)$ 为线性预测(LP)系数,由线性预测分析得到。

长时预测器(Long-term Predictor,LTP),即基音合成滤波器,用于描述语音信号谱的精细结构。其传递函数为

$$\frac{1}{P(z)} = \frac{1}{1 - \beta z^{-L}}$$

式中,β 为基音预测增益,L 为基音延迟。β 和 L 通过自适应码本搜索得到。

7.2.4　子带编码

子带编码是利用频域分析,但是却对时间采样值进行编码,它是时域、频域技术的结合,基于时间采样的宽带输入信号通过带通滤波器组分成若干个子频带,然后通过分析每个子频带采样值的能量,依据心理声学模型来进行编码,其原理如图 7-14 所示。

图 7-14 中发送端的 n 个带通滤波器将输入信号分为 n 个子频带,对各个对应的子带带通信号进行调制,将 n 个带通信号经过频谱搬移变为低通信号;对低通信号进行采样、量化和编

码,对应各个子带的码流即可获得;再经复接器合成为完整的码流。经过信道传输到达接收端。在接收端,由解复接器将各个子带的码流分开,由解码器完成各个子带码流的解码;由解调器完成信号的频移,将各子带搬移到原始频率的位置上。各子带相加就可以恢复出原来的音频信号。

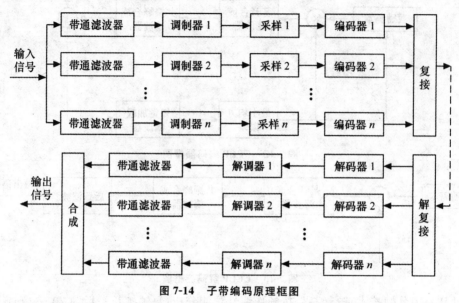

图 7-14 子带编码原理框图

在子带编码中,若各个子带的带宽是相同的,则称为等带宽子带编码;否则,称为变带宽子带编码。

对每个子带单独分别进行编码的好处分析如下。

①可根据每个子带信号在感知上的重要性,即利用人对声音信号的感知模型(心理声学模型),对各个子带内的采样值分配不同的比特数。例如,在低频子带中,为了保护基音和共振峰的结构,就要求用较小的量化间隔、较多的量化级数,即分配较多的比特数来表示采样值。而通常发生在高频子带中的摩擦音以及类似噪声的声音,可以分配较少的比特数。

②通过频带分割,各个子带的采样频率可以成倍下降。例如,若分成等带宽的 n 个子带,则每个子带的采样频率可以降为原始信号采样频率的 $1/n$,因而硬件实现的难度可有效减小,并便于并行处理。

③由于分割为子带后,减少了各子带内信号能量分布不均匀的程度,减少了动态范围,从而可以按照每个子带内信号能量来分配量化比特数,对每个子带信号分别进行自适应控制。对具有较高能量的子带用较大的量化间隔来量化,即进行粗量化;反之,则进行细量化。使得各个子带的量化噪声都束缚在本子带内,这样的话,能量较小的子带信号被其他频带中的量化噪声所掩盖就可有效避免。

子带压缩编码目前广泛应用于数字音频节目的存储与制作中。典型的代表有掩蔽型通用子带综合编码和复用(Masking pattern adapted Universal Subband Integrated Coding And Multiplexing,MUSICAM)编码方案,已被 MPEG 采纳作为宽带、高质量的音频压缩编码标准,并在数字音频广播(DAB)系统中得到应用。

7.3　数字音频获取技术

7.3.1　录音机获取音频

利用 Windows 的录音机应用程序可获取数字化音频。在录制声音前，首先进行准备工作，在 Windows 控制面板中找到"声音和音频设备属性"对话框（图 7-15），选择"将音量图标放入"任务栏"复选框，并去除"静音"复选框，如图 7-15 所示。然后，单击设备音量中"高级"按钮，在"音量控制"窗口中（见图 7-16）选择"选项"→"属性"→"麦克风"选项（否则不能进行话筒录音），并取消"静音"设置。

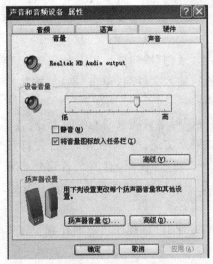

图 7- 15　"声音与音频设备属性"对话框

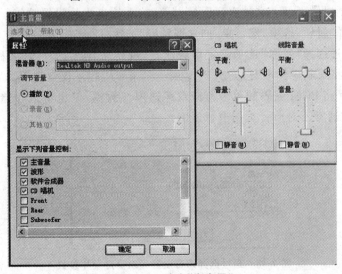

图 7- 16　选中"麦克风"

1.启动录音程序

单击 Windows 桌面的"开始"按钮,选择"程序"→"附件"→"娱乐"→"录音机"命令,启动该程序进入"声音-录音机"界面,如图 7-17 所示。

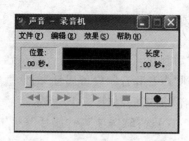

图 7-17 "声音-录音机"界面

2.录音操作

启动"录音机"程序后,单击"录制"按钮就可以开始录音,录音结束或单击"停止"按钮,打开另存文件窗口,选择文本路径,输入文件名,单击"确定"按钮结束录音操作。单击"播放"按钮就可以播放录制的声音文件。

使用这种录音方法,"录音机"程序只能录制 60s 的声音,若要录制超过一分钟的声音则需要使用录音机提供的"减速"效果来实现。具体操作时,首先打开"录音机"程序,录制一段 60s 的空白声音,然后选择"效果"→"减速"命令,这时录音窗口显示的长度变成 120s,重复此操作,直到录音长度满足要求为止。然后单击"移至首部按钮"开始正式录音操作,即可获得满意的录音长度。

使用的 Vista 操作系统中的"录音机"程序可录制任意长度的音频文件。

3.录音参数设置

"录音机"程序提供了录音文件声音质量、保存的文件格式的设置功能。在录音机主菜单"文件"选项中选择"属性"选项,然后单击"立即转换"按钮进行参数选择。在图 7-18 所示的声音选定窗口中,通过选择"名称"选项确定声音质量,确定采样参数。当"名称"选项为"无题"时,可选择声音的格式和采样参数,如图 7-19 所示。录音机程序仅支持 WAV 声音文件格式,该格式一般用于存储 PCM 编码的单声道或双声道声音数据,但也可以存储其他编码的声音数据。WAV 格式通常不对声音数据进行压缩。

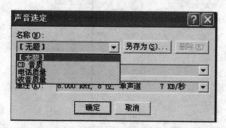

图 7-18 通过选择声音质量可以确定采样参数

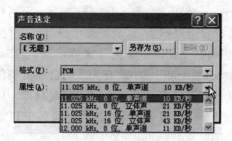

图 7-19　直接选择确定采样参数

4. 声音的合成

在使用"录音机"程序录制多个音频素材文件后,常常需要将素材文件进行混合和拼接。Windows"录音机"程序具有将两个或多个 WAV 文件混合和拼接的功能。

例如,要制作一个配乐诗朗诵,首先利用录音功能录制朗诵诗歌的音频文件,并搜索下载一个背景音乐(必须是 WAV 格式),然后播放朗诵诗歌的音频文件,当播放到需要穿插背景音乐的位置时,单击"停止"按钮,然后选择"编辑"→"与文件混音"命令,在弹出的窗口中选择相应的背景音乐文件,就可以将两个声音文件从当前位置混合在一起。

将两个 WAV 文件拼接成更长的声音文件的操作与混音操作类似,只需在播放一个音频文件的适当位置,单击"停止"按钮,然后选择"编辑"→"插入文件"命令,在弹出的窗口中选择拼接的音乐文件,单击"确定"按钮就可以将这个声音文件从当前位置插入到第一个声音文件中。重复此操作,可以将多个音频文件拼接到一起。

7.3.2　抓取 CD、VCD 和 DVD 音轨

一般的音频工具软件都具有直接抓取音乐 CD 的功能,而另一些软件则可以从更多媒体格式中抓取音轨,如 WaveLab 5.0 版既可直接抓取音乐 CD 又可以抓取音乐 DVD 中的音轨,国内的"豪杰超级解霸"软件提供了直接抓取音乐 CD、VCD 或 DVD 光盘等格式音轨的功能。最近上市的豪杰超级解霸 9.0 版支持更为全面的音轨抓取能力,可从 DVD、VCD、RM/RM-VB、AVI、MPG、MV 等音视频混合的媒体中提取音频信息,并保存为一种称为 DAC 高音质压缩格式或 WAV、MP3 格式的声音文件。

需要注意的是,在使用抓取音轨来采集数字音频的过程中,应该遵守有关法律规定,取得相应的使用权,避免以后出现知识产权纠纷。

7.3.3　从网络或素材库中获取

随着 Internet 的快速发展,网上的音频资源非常丰富。许多门户网站都提供了专门的音乐检索频道。但是在浩瀚的网络海洋中,要想快速地找到自己想要的音频素材不是一件容易的事情,很多网站都提供搜索引擎服务,可以方便快捷地让用户找到自己需要的音频素材。目前主流的搜索引擎,如百度、谷歌、搜狗等,基本上都提供专门的音乐搜索。

但是,搜索引擎也存在一定的局限性,很多音频资源不一定可以通过搜索引擎查询到,搜索引擎对找到的音频资源也没有很好归类,这就需要用户自己进行逐个筛选。为此,网上有专门提供音频素材的网站,这些网站比搜索引擎更有优势,受到了广大音乐用户的钟爱,如中国素材网(http://www.Sucal.com/Audio/)中就有大量的已经分类的音效素材。

还有不少用户建立并拥有专门的本地或者远程音频素材库,从中可以获取丰富的音乐资源。例如,公司内部建立的音乐网站,宿舍楼或小区内的音乐 FTP 站点等。

7.4 数字音频压缩与文件格式化

7.4.1 数字音频压缩标准

国际电信联盟(ITU)主要负责研究和制定与通信相关的标准,作为主要通信业务的电话通信业务中使用的"语音"编码标准均是由 ITU 负责完成的。其中用于固定网络电话业务使用的语音编码标准主要由 ITU-T 的第十五研究组完成,G 系列标准为其相应标准,如ITU-TC.711、G.721 等,这些标准广泛应用于全球的电话通信系统之中。在欧洲、北美、中国和日本的电话网络中通用的语音编码器是 8 位对数量化器(相应于 64kbit/s 的比特率)。该量化器所采用的技术在 1972 年由 CCITT(ITU.T 的前身)标准化为 G.711。在 1984 年,又公布了32kbit/s 的语音编码标准 G.721 标准(1986 年修订为 G.726),它采用的是自适应差分脉冲编码(ADPCM),其目标是在通用电话网络上的应用。针对宽带语音(50Hz~7kHz),又制定了64kbit/s 的语音编码标准 G.722 编码标准,在综合业务数据网(ISDN)的 B 通道上传输音频数据是其目标所在。之后公布的 G.723 编码标准中码率为 40kbit/s 和 24kbit/s,G.726 编码标准的码率为 16kbit/s。在 1990 年,公布了 16~40kbit/s 嵌入式 ADPCM 编码标准 G.727。在 1992 年和 1993 年,又分别公布了浮点和定点算法的 G.728 编码标准。在 1996 年 3 月,又公布了 G.729 编码标准,其码率为 8kbit/s。G.729 标准采用的算法是共轭结构代数码本激励线性预测编码(CS-ACELP),能达到 32kbit/s 的 ADPCM 语音质量。

1.G.711

G.711 标准公布于 1972 年,使用的是脉冲码调制(PCM)算法,主要用于公用交换电话网络(PSTN)和互联网中的语音通信,G.711 标准的语音采样率为 8kHz,每个样值采用 8 位二进制编码,推荐使用 A 律和 μ 律编码,产生 64kbit/s 的输出。在 G.711 中,μ 律编码用于北美和日本,而 A 律编码在世界其他地区使用的比较多。

2.C.721

G.721 标准公布于 1984 年,并在 1986 年作了进一步修订(称为 G.726 标准),使用的是自适应差分脉冲编码调制(ADPCM)算法。它用于 64kbit/s 的 A 律或 μ 律 PCM 到 32kbit/s的 ADPCM 之间的转换,实现了对 PCM 信道的扩容。编码器的输入信号是 64kbit/sA 律或 μ

律 PCM 编码,输出是利用 ADPCM 编码的 32kbit/s 的音频码流。

3. G. 722

G. 722 标准的目标是在综合业务数据网(ISDN)的 B 通道上传输音频数据,使用的是基于子带-自适应差分脉冲编码(SB-ADPCM)算法。G. 722 标准把信号分为高低两个子带,并且采用 ADPCM 技术对两个子带的样本进行编码,高低子带的划分以 4kHz 为界。

4. G. 728

在 1992 年,ITU-T 又制定了 16kbpssLD-CELP(低延时-码激励线性预测)语音编码标准,即 G. 728 标准,它是由美国 AT&T 公司和 BELL 实验室提出的,该算法比较复杂,运算量也较大。G. 728 编码器被广泛应用于 IP 电话,尤其是在要求延迟较小的电缆语音传输和 VoIP 中。

5. G. 729

在 1996 年,ITU-T 制定了 8kb/s 的语音编码标准 G. 729,它也是 H. 323 协议中有关音频编码的标准。在 IP 电话网关中,G. 729 协议被用来实现实时语音编码处理。G. 729 协议采用的是 CS-ACELP 算法,即共轭结构算术码激励线性预测的算法。编码过程是首先将速率为 64kbit/s 的 PCM 语音信号转化成均匀量化的 PCM 信号,通过高通滤波器后,把语音分成帧,每帧 10ms,即 80 个样点。对于每个语音帧,编码器利用合成-分析方法从中分析出 CELP 模型参数,然后把这些参数传送到解码端,解码器利用这些参数构成激励源和合成滤波器,使原始语音得以重现。

7.4.2　数字音频的文件格式化

在计算机中存在很多音频格式,不同格式所提供的音质相差较大,有些格式还具有丰富的附加功能。可以满足不同用户对音频质量的要求。要能够正确地选择出适合自己的音频格式文件,首先要了解不同音频格式文件的特点。下面介绍一些主流的音频文件的格式。

1. MP3

MP3 即 MPEG Audio Layer3(Moving Picture Experts Group,Audio Laver Ⅲ),是 Fraunhofer-IIS 研究所的研究成果。MP3 可将音频文件以 1∶10～1∶12 的压缩率进行压缩。这种技术主要是利用了知觉音频编码技术,削减了音乐中人耳所听不到的成分,尽可能保持原有的音质。

2. RM

RM 即 Real Media,它是网络流媒体文件格式。这种音频格式是由 Real Networks 公司推出的,其特点是可以在低达 28.8kb/s 的带宽下提供足够好的音质。流媒体最大的特点就是支持“边下载、边播放”的功能,而不必像大多数音频文件那样,必须先下载然后才能播放。在网络传输过程中,流媒体是被分割处理的。首先要将原来的音频分割成多个带有顺序标记的小数据包,经过网络的实时传递后,在接收处将重新按顺序组织这些数据包以提供播放。

较成功的 Real Media 播放器是 Real One Player,利用它可以获得许多服务,包括录制音频、播放 CD 或音频文件、管理文件、刻录 CD,并具有在网上搜索和播放流媒体、收听电台、收看节目频道等功能。

3. WMA

Microsoft 推出的 Windows Media,也是一种网络流媒体技术。Windows Media 包含了 Windows Media Audio&Video 编码和解码器、可选集成数字权限管理系统和文件容器。其特点是高质量、高安全性、最全面的数字媒体格式。可用于 PC、机顶盒和便携式设备上的流式处理、下载和播放等应用程序。

WMA 用于包括利用 Windows Media Audio 编解码器压缩的音频的文件,其还可用于同时包括利用 Windows Media Audio 和 Windows Media Video 编解码器压缩的音频和视频的文件。利用其他编解码器压缩的内容应该存储在文件中,应使用 ASF 扩展名。

Windows Media 使用高级的系统格式:文件容器,支持高达 1700 万 TB 的文件大小。在一个文件中可存储音频、多比特率视频、元数据(如文件的标题和作者)以及索引和脚本命令。

4. MP3 Pro

随着网络上收听声音和收看视频的需求不断增加,网络流媒体 Real 和 Windows Media 格式传播的媒体质量不断提高,特别是 Microsoft 推出的 WMA 格式可使相同内容的 MP3 文件缩小至原来的一半大小,极大地冲击着 MP3 格式在流行应用中的地位。

MP3 Pro 的特点是降低了压缩比,并可以在 64kb/s 速率下最大限度地保持压缩前的音质。音乐文件大小只有原 MP3 文件的 1/2。同时,MP3 Pro 实现了高低版本的完全兼容,所以它的文件类型也是 MP3。高版本的 MP3 Pro 播放器也可以播放低版本的 MP3 文件,低版本的播放器也可以播放高版本的 MP3 Pro 文件,但只能播放出 MP3 的音质。

7.5 数字音频的处理

在 Windows 自带的录音机中可以进行一些简单的录音、剪切、混合等操作,但其编辑功能有限,远不能满足多媒体信息处理的需要。由专业公司开发的、功能强大的商业化音频编辑处理软件,可以实现音频信息的多种处理,进而可以制作出美妙的音频作品。

7.5.1 常用软件简介

目前,常用的音频处理软件有 Sound Forge、Cool Edit Pro、GoldWave 和 Adobe Audition,可以进行 MIDI 制作的有 Sonar(原 Cake-Walk)、Cubase SX 和 Nuendo 等。

1. Sound Forge

Sound Forge 是一个非常专业的音频处理软件,功能强大而复杂,大量的音效转化工作可由其来处理,需要有专业知识才能使用,其中包括了效果制作和全套音频处理等工具和功能。

2. Cool Edit Pro

Cool Edit Pro 音频文件处理软件用来处理加工 MIDI 信号,其具有的功能包括编辑特效、声音录制、混音合成等,是一款使用方便、操作简单的软件,且其能支持多音轨录音。

3. GoldWave

GoldWave 是运行在 Windows 环境下的典型的音频处理软件,功能非常强大,所支持的音频文件有 WAV、OGG、VOC、AIFF、AIF、AFC、AU、SND、MP3、MAT、SMP、VOX、SDS、AVI 等多种格式,可以从 CD、VCD、DVD 或其他视频文件中提取声音。

4. Sonar

Sonar 是在计算机上创作声音和音乐的专业工具软件,专为音乐家、作曲家、编曲者、音频和制作工程师、多媒体和游戏开发者以及录音工程师而设计。Sonar 支持 WAV、MP3、ACID 音频、WMA、AIFF 和其他流行的音频格式,并提供所需的所有处理工具,可以高效地完成专业质量的工作。

5. Nuendo

Nuendo 是音乐创作和制作软件工具的最新产品,浓缩了音乐家的最新技术和所有需求。有了 Nuendo,用户能获得非常强大的音频工作站不再需要其他昂贵的设备。

7.5.2　GoldWave 软件的使用

GoldWave 是标准的绿色软件,不需要安装且体积小巧,对于中文版操作系统环境下的用户,只需将软件包解压到某一个目录下,直接双击 GoldWave. exe 文件的图标,即可启动,并进入主界面,如图 7-20 所示。这时,窗口上的大多数按钮、菜单均不能使用,需要先建立一个新的声音文件或者打开一个声音文件才能使用。

控制器窗口位于 GoldWave 窗口右下方,用来录制和播放声音。

1. GoldWave 基本操作

GoldWave 的基本操作包括打开、播放、保存文件等。

(1)打开文件

执行"文件"→"打开"命令,打开一个声音文件,并在 GoldWave 主界面中显示它的波形状态,如图 7-21 所示。整个主界面分为上面的工具和菜单栏,中间的显示波形和下面的文件属性 3 个部分。

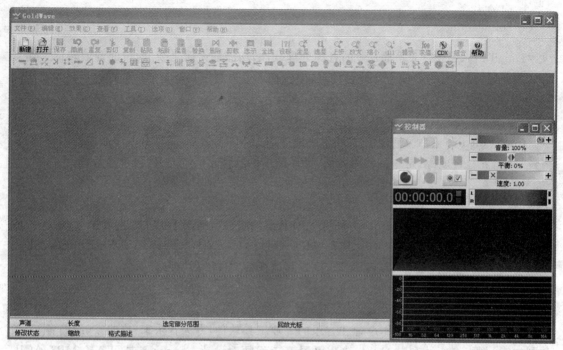

图 7-20　GoldWave 主界面

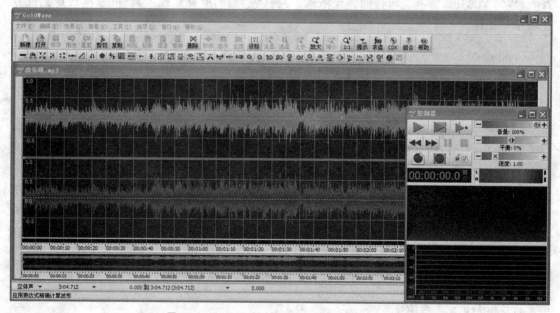

图 7-21　GoldWave 打开声音文件后的主界面

（2）播放文件

"播放"和"自定义播放"两个按钮位于控制面板，播放选定的波形点击"播放"按钮；自己决定播放哪一段波形，可以使用自定义播放按钮。

文件波形播放的过程中也有与普通录音机一样，也有倒放、快播、暂停、停止等按钮。单击"属性"按钮，操作如图 7-22 所示，GoldWave 就会弹出"控制器属性"对话框，如图 7-23 所示。

图 7-22　GoldWave 控制器面板"属性"按钮

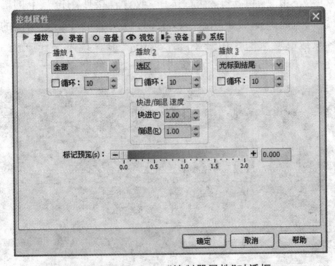

图 7-23　GoldWave"控制器属性"对话框

在图 7-23 中可以定义控制器面板中的"自定义播放"按钮可包括播放整个波形、选中的波形、未选中的波形、在窗口中显示出来的波形等,并且能对倒带和快进的速度进行调节。

(3)保存文件

单击工具栏上的保存按钮,便可完成文件的保存,若要保存为其他格式,单击"文件"→"另存为",选择需要保存的文本格式。

2.对波形文件进行简单操作

波形文件的简单操作主要是指选择波形段及对其进行编辑处理操作。

(1)选择波形段

选择要处理的波形,是处理波形的开始。改变显示比例,有利于波形的正确选取,可以执行"视图"→"缩小"或"视图"→"放大"命令(用1∶10或1∶100较为合适)。选择波形段的顺序为：

①选择波形的开始在波形图上用鼠标左键确定。

②用鼠标右键在波形图上选择波形的结束。

这样一段波形便选择好了，以较亮的颜色并配以蓝色底色显示所选中的波形，未选中的波形则以较淡的颜色并配以黑色底色显示。

(2)复制、剪切、删除、裁剪波形段

①复制波形段。波形的复制操作很简单，选取一段波形后，单击"复制"按钮便可实现；然后，选择要粘贴波形的位置；最后，用鼠标单击工具栏上的"粘贴"按钮，即可完成波形段的复制。

②剪切波形段。其操作与复制波形段一致，点击工具栏中的"剪切"按钮便可实现波形断的剪切。它们之间的最大不同是复制波形段是对某段波形的复制，剪切波形段是剪切所需的波形段，并粘到预先假定的位置上。

③删除波形段。删除波形段是直接把一段选中的波形删除，而不保留在剪贴板中。操作方法是：选中一段波形，单击"编辑"→"删除"按钮，或者直接使用键盘上的 Delete 键。

④裁剪波形段。裁剪波形段与删除波形段类似，但两者的作用是相反的，删除波形段的作用是删除选中波形，裁剪波形段的作用是删除未选中波形。具体操作方法为单击工具栏中的"编辑"→"裁剪"按钮。GoldWave 会自动将裁剪以后剩下的波形放大显示，见图 7-24。

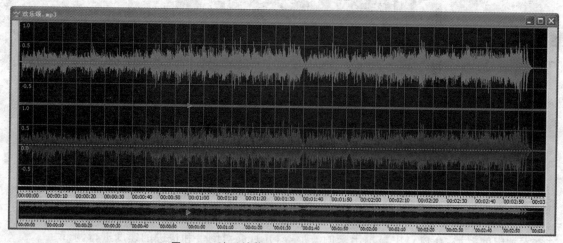

图 7-24 波形被裁剪后剩余部分放大的效果

3.对波形文件进行音频特效制作

在 GoldWave 的"效果"菜单中包括压缩、延迟、回声等十多种常用的声音特效命令，这些特效声音命令在日常的生活和生产领域广泛应用。为了能够驾驭多媒体制作和音效合成等操作，需要对它们的使用方法有所掌握。

(1)回声效果

回声效果在 GoldWave 中的制作方法很简单，单击"效果"→"回声"，便可弹出图 7-25 的

"回声"对话框。在对话框依次选择延迟时间、音量和反馈,并选中"立体声"复选框即可。

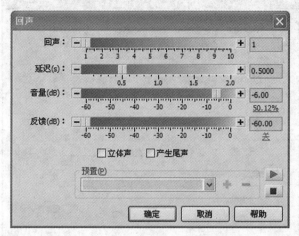

图 7-25　"回声"对话框

声音持续时间与延迟时间值相关,回声效果受回声反复次数的影响,反复次数越多,效应越好。为了保证回声效果的真实性对回声的音量有所控制,不要求特别大。选择立体声可以对声音进行润色,使其更有空间感。

(2)压缩效果

在 GoldWave 中,执行"效果"→"压缩器/扩展器"命令,弹出"压缩器/扩展器"对话框,如图 7-26 所示。包括倍增、阈值、起始、释放 4 个参数,其中最重要的参数为阈值,压缩开始的临界点变为其取值,高于这个值的部分就会以比值(%)的比率进行压缩。

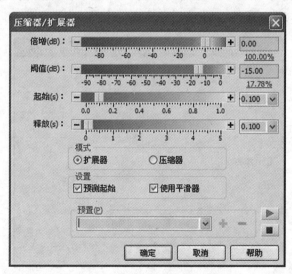

图 7-26　"压缩器/扩展器"对话框

(3)镶边效果

执行 GoidWave"效果"→"镶边器"命令,弹出如图 7-27 所示的"镶边器"对话框。频率、固定延迟、可变延迟 3 项参数共同影响镶边的效果,意想不到的奇特效果便是通过改变它们的取值来实现的。

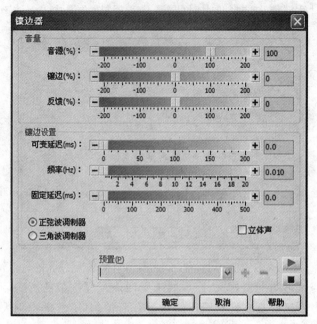

图 7-27 "镶边器"对话框

（4）改变音调

GoldWave 的"音调变化"命令能够轻松实现这一功能。执行"效果"→"音调"命令，弹出如图 7-28 所示的"音调"对话框。其中"比例"是一种倍数的设置方式，表示音高变化到现在的 0.5～2.0 倍。音高变化的半音数用"半音"，可用＋12 或－12 来升高或降低一个八度。它下方的"微调"是半音的微调方式，以 100 个单位表示一个半音。

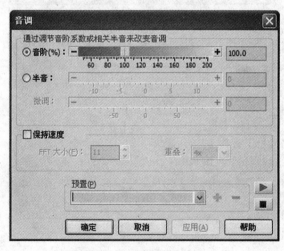

图 7-28 "音调"对话框

（5）均衡器

如图 7-29 执行"效果"→"滤波器"→"均衡器"命令，打开 GoldWave 的"均衡器"对话框。直接拖动代表不同频段的数字标识到一个指定的位置为最简单的调节方法，为了避免过载失真要保证每一段增益的声音不能过大。

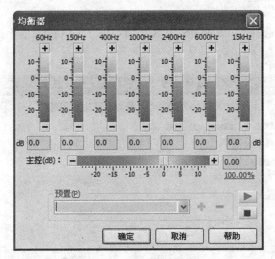

图 7-29 "均衡器"对话框

（6）音量效果

GoldWave 的"音量"效果子菜单中包含了改变选择部分的音量大小、音量最大化、匹配音量、定型音量、淡出淡入效果等命令，可以满足各种音量变化的需求。例如，执行"效果"→"音量"→"外形音量"命令，弹出"定型音量"窗口，如图 7-30 所示。

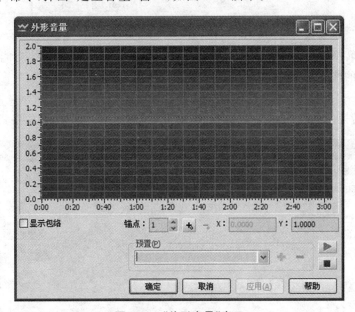

图 7-30 "外形音量"窗口

（7）声相效果

为了达到声相编辑的目的，对左、右声道的声音位置变化进行控制便是声相效果。Gold-Wave 提供了反相、偏移、混响、机械化等效果。

（8）其他实用功能

GoldWave 除了提供丰富的音频效果制作命令外，还准备了 CD 抓音轨、批量格式转换、多种媒体格式支持等非常实用的功能。

①D 抓音轨。直接选择 GoldWave"工具"菜单中的"CD 读取器"命令，就能够一步完成抓音。相应的窗口如图 7-31 所示。

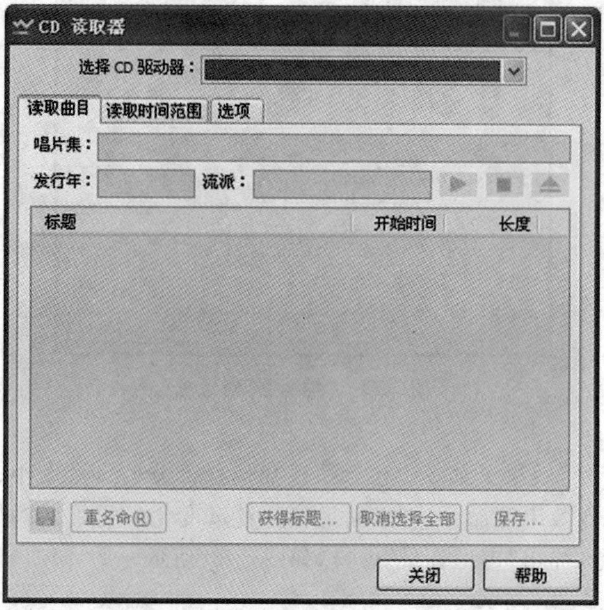

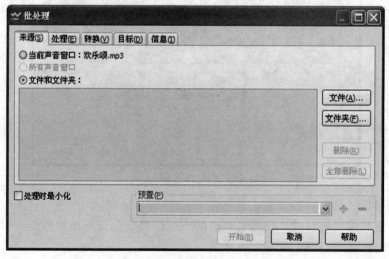

图 7-31　"CD 读取器"窗口

②批量格式转换。GoldWave 中的批量格式转换是一项十分有用的功能，它能够同时打开多个它所支持的格式的文件，并转换为其他音频格式。

执行"文件"→"批量处理"命令，弹出"批量处理"窗口，如图 7-32 所示。添加要转换的多个文件，并选择转换后的格式和路径，然后单击"开始"按钮，即可完成批量格式转换。

图 7-32　"批量处理"窗口

4.使用表达式计算器

GoldWave 具有强大的声音生成功能和声音编辑器的完善功能,各种各样的声音可用一些数学公式来生成。

在插入点选定后单击表达式计算器"f(x)"按钮,"表达式计算器"对话框便可弹出,如图 7-33 所示。既可以在"表达式计算器"对话框中修改声音,也可以直接在"表达式"编辑框中直接输入表达式来产生声音。

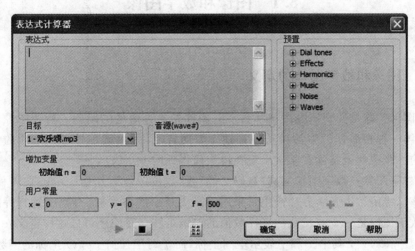

图 7-33 "表达式计算器"对话框

第8章　数字图像处理

8.1　图像和数字图像

8.1.1　图像和数字图像的定义

什么是图像？这是我们研究图像和数字图像首先要弄清楚的问题。所谓图像，就是对客观存在的物体一种相似性的生活模仿或描述。简而言之，图像就是另一个东西的一个表示。例如，读者的一张照片就是读者某次出现在镜头前得到的一个表示。

什么是数字图像？数字图像又称"数码图像"或"数位图像"，是指一个被采样和量化后的二维函数（该二维函数由光学方法产生），采用等距离矩形网格采样，对幅度进行等间隔量化。至此，一幅数字图像是一个被量化的采样数值的二维矩阵。我们还可以这样定义：一幅图像为一个二维函数 $f(x,y)$，其中 x 和 y 表示空间坐标，而 f 对于任何 (x,y) 坐标的函数值叫作那一点的灰度值（Gray Level）。当 x,y 和 f 的值都是有限的、离散的数值时，我们称这幅图像为数字图像。

8.1.2　数字图像的相关属性

1.像素

多媒体作品中出现的图片大多情况下都是位图图像，一般非计算机相关领域专业人员在计算机和网络上浏览、处理、传输、使用的图片大多也都是位图图像。位图图像是由像素组成的。利用相关软件处理位图时，实际上是编辑像素而非图像本身。

（1）像素的概念与特征

像素对应的英文单词为 pixel，它是由 picture（图像）和 element（元素）这两个单词的字母所组成的。像素是用来计算数码影像的一种单位，对于数字图像而言，它是组成位图图像的最小单元。

像素具有两个特点。

其一，像素是矩形的。

其二，像素的颜色是单一的。

像素可以是长方形的或者正方形的，用长宽比来进行表述。例如 1.25∶1 的长宽比表示每个像素的长度是其宽度的 1.25 倍。计算机显示器上的像素通常是正方形的，但是用于数码影像的像素也有矩形的，例如，那些用于 CCIR 601 数字图像标准的 PAL 和 NTSC 制式的，以及所对应的宽屏格式。

单色图像的每个像素有自己的灰度。0 通常表示黑，而最大值通常表示白色。例如，在一个 8 位图像中，最大的无符号数是 255，是表示白色的值。在彩色图像中，每个像素可以用它的色调、饱和度和亮度来表示，但是通常用红绿蓝强度来表示。

（2）像素大小

位图图像在宽度和高度方向上的像素总量称为图像的像素大小。一幅位图图像的像素总量可以通过如下公式计算获得：

$$像素总量＝宽度×高度（以像素点计算）$$

例如，通常当一张图片被标记为 1024×768 像素时，意思是说这幅图像总共是由 1024 行、768 列像素构成的，即这幅图像横向有 1024 个像素点，纵向有 768 个像素点。那么，组成这幅位图图像的像素总量为 1024×768＝786432 个像素。也就是说这幅图像的像素大小为 786432 像素，通常说成 1024×768 像素。

由此可见，像素大小并不是指的单个像素的面积大小，而是指构成一幅位图图像的像素总量。

位图图像的像素大小决定了这幅图像中细节的数量。换句话说，像素大小决定了图像的品质。

2．分辨率

图像分辨率的高低直接影响图像的质量。图像分辨率的单位是 dpi（display pixels/inch），即每英寸显示的像点数。如某图像的分辨率为 300dpi，意思是说像点密度为每英寸 300 个。像点密度越高，图像对细节的表现力越强，清晰度也越高。

图 8-1 中有两幅图像，图 8-1(a) 的图像的分辨率为 72dpi，细节部分很清晰；图 8-1(b) 的图像的分辨率是 25dpi，几乎看不清细节部分。

(a) 高分别率　　　　　　　　　　　(b) 低分辨率

图 8-1　分辨率不同的图像

根据应用场合的不同,图像分辨率有 3 种类型:屏幕分辨率、显示分辨率和打印分辨率。

（1）屏幕分辨率

屏幕分辨率(Screen Resolution)是显示器硬件条件决定的,PC 个人计算机显示器的屏幕分辨率是 96dpi。换言之,当图像用于显示时,其分辨率应取 96dpi。

（2）显示分辨率

显示分辨率(Display Resolution)是一系列标准显示模式的总称,其单位是:横向像素×纵向像素,如 1024×768 像素。常见的标准显示分辨率有 800×600 像素、1024×768 像素、1280×1024 像素、1600×1280 像素等,还有一些非标准的显示分辨率。显示分辨率的高低与显示器性能、显示卡的缓冲存储器容量有关。性能高的显示器和显示缓存容量大的显示卡,其显示分辨率就高。同一台显示器可采用多种显示分辨率,显示分辨率越高,像素密度越大,图像越精细。

（3）打印机分辨率

打印机分辨率(Print Resolution),是打印机输出图像时采用的分辨率,单位是 dpi。同一台打印机可以使用不同打印分辨率,打印分辨率越高,图像输出质量越好。

8.1.3 图像文件格式

图像的文本格式主要有 BMP 格式、GIF 格式、TIFF 格式、JPEG 格式、PSD 格式、PNG 格式等,表 8-1 列出了多种图像文件格式及其有关说明。

表 8-1 多种图像文件格式

文件格式	文件扩展名	分辨率	颜色深度/bit	说明
BITMAP	bmp、dib、rle	任意	32	Windows 以及 OS/2 用点阵位图格式
GIF	gif	96dpi	8	256 索引颜色格式
JPEG	jpg、jpe	任意	32	JPEG 压缩文件格式
JFIF	jif、jfi	任意	24	JFIF 压缩文件格式
KDC	kdc	任意	32	Kodak 彩色 KDC 文件格式
PCD	pcd	任意	32	Kodak 照片 CD 文件格式
PCX	pcx、dcx	任意	8	Zsoft 公司 Paintbrush 制作的文件格式
PIC	pic	任意	8	Softlmage's 制作的文件格式
PIX	pix	任意	8	Alias Wavefront 文件格式
PNG	png	任意	48	Portable 网络传输用的图像文件格式
PSD	psd	任意	24	Adobe Photoshop 带有图层的文件格式
TARGA	tga	96dpi	32	视频单帧图像文件格式
TIFF	tif	任意	24	通用图像文件格式

续表

文件格式	文件扩展名	分辨率	颜色深度/bit	说明
WMF	wmf	96dpi	24	Windows 使用的剪贴画文件格式

8.1.4　图像体积与保存

图像文件的大小是用数据量来衡量的,数据量大是图像文件的显著特点,即使采用数据压缩算法进行处理,其数据量也是非常可观的。图像文件的数据量只与图像的画面尺寸、分辨率、颜色数量以及文件格式有关,与图像所表现的内容无关。

数字化图像具有一定的分辨率和颜色深度。对于没有经过任何压缩的图像,可以根据其分辨率和颜色深度估算其占用的存储空间大小。计算图像数据量的公式如下:

图像数据量(byte)＝分辨率×颜色深度/8

比如,对分辨率是 800×600 像素的真彩色图像,采用 24bit 的颜色深度,其数据量在没有压缩之前计算如下:

数据量 s＝(800×600×24)/8＝1440000(B)

目前,用于 Windows 桌面显示的图像尺寸通常采用 1024×768 像素,颜色深度为 24bit,则图像文件的体积是:

数据量 s＝(1024×768×24)/8＝2359296(B)

在保证图像视觉效果的前提下,尽量减少数据量是制作多媒体产品的重要课题。图像的分辨率越高,所占空间就越多,图像也就越大,在等尺寸对比时,自然也就越清晰。

同一幅图像若保存成不同的文件格式,其数据量差异将会很大。这是由于采用了不同的数据压缩算法所致。例如,一幅颜色深度为 24b,分辨率为 300dpi、画图尺寸为 10cm×8cm 的图像,保存成 GIF、BMP、TGA、JPG 等格式后,其数据量差异如表 8-2 所示。

从表中可见,JPG 格式的数据量最小,TIF 格式的数据量最大。但是,JPG 在压缩时存在一定程度的失真,因此,在制作印刷制品的时候,最好不要使用这种格式。

表 8-2　各种格式图像文件的数据量差异

No	文件格式	颜色深度/bit	文件数据量/KB	说明
1	JPG	24	293	损失 15%彩色图像
2	GIF	8	689	256 色图像
3	RLE	8	1062	256 色图像
4	PSD	24	3267	真彩色图像
5	PCX	24	3173	真彩色图像
6	TGA	24	3267	真彩色图像
7	BMP	24	3268	真彩色图像
8	TIF	24	3476	真彩色图像

8.2 图像在计算机中的实现

8.2.1 图像信息的数字化

采样和量化是图像信息数字化的两个过程。

1.采样

图像在空间上的离散化称为采样。一幅黑白静止平面图像(如相片)其位置坐标函数 $f(x,y)$ 是连续信号,计算机首先必须对连续信号进行采样,即按一定的时间间隔(t)取值(T 称为采样周期,1/T 称为采样频率),得到一系列的离散点,这些点称为样点(或像素)。

一幅图像到底应取多少点呢? 约束条件是:采用频率大于 2 倍的信号最大频率时,能够不失真重建原图像。

2.量化

由于计算机中只能用 0 和 1 两个数值表示数据,连续信号 $x(t)$ 经采样变成离散信号 $x(nT)$ 仍需用有限个 0 和 1 的序列来表示 $x(nT)$ 的幅度。

在量化过程中,如果量化值是均匀的,则称为均匀量化;反之,则为非均匀量化。在实际使用上,常常采用均匀量化。一般而言,量化将产生一定的失真,因此量化过程中每个样值的比特数直接决定图像的颜色数和图像的质量。目前,常用的量化标准有:8 位(256 色)、16 位(64K 增强色)、24 位(24 位真实彩色)、32 位(32 位真实彩色)四个等级。

通过图像数字化之后,将一幅模拟图像数字化为像素的矩阵,也就是说,像素是构成图像的基本元素,因此,图像数字化的关键在于像素的数字化。由于图像是一个空间概念,并没有直接的数值关系,因此如何表示像素和颜色是图像数字化的基础。

8.2.2 颜色的基本知识

1.三原色

原色包含两个系统,即色料原色系统和光的三原色系统。两个系统分别隶属于各自的理论范畴。

(1)RYB 色料三原色

在绘画中,使用 R(红)、Y(黄)、B(蓝)3 种基本色料,可以混合搭配出多种颜色,这就是所谓的色料三原色。色料是绘画的基本原料,而掌握色料三原色的搭配,是绘画的基本功。

色料配色的基本规律是:

$$红 + 黄 = 橙$$

$$黄＋蓝＝绿$$
$$蓝＋红＝紫$$
$$红＋黄＋蓝＝黑$$

（2）RGB 光三原色

R（红）、G（绿）、B（蓝）三种颜色构成了光线的三原色。计算机显示器就是根据光线三原色原理制造的。于是，光三原色又叫"电脑三原色"。

光三原色的配色规律是：

$$红＋绿＝黄$$
$$绿＋蓝＝湖蓝$$
$$蓝＋红＝紫$$
$$红＋绿＋蓝＝白$$

在光色搭配中，参与搭配的颜色越多，其明度越高。在图像处理软件和动画制作软件中，都符合光三原色的搭配规律。

2. 色彩三要素

（1）色彩三要素的内容

色彩的三要素为色相、纯度、明度，人眼看到的任一色彩都是这三个特性的综合效果。

色彩的明度变化包括三种情况：一是不同色相之间的明度变化；二是相同的颜色，因光线照射的强弱不同也会产生不同的明暗变化；三是在某种颜色中添加白色，亮度会逐渐提高，饱和度也增加，而添加黑色，亮度就变暗，饱和度也降低。

自然界中色彩的种类很多，色相就是色彩的种类和名称，如红、橙、黄、绿、青、蓝、紫等颜色。色相与光的波长直接相关，例如，波长 687nm 的光为红色，658nm 的光为橙红色，589nm 的光为黄色，587nm 的光为纯黄色等，眼睛通过对不同波长的光的感受来区分不同的颜色。

颜色的纯度也称为饱和度。也就是鲜艳程度。原色是纯度最高的色彩。颜色混合的次数越多，纯度越低，反之，纯度越高。亮度和饱和度与光的幅度有关。饱和度还和明度相关，例如在明度太大或太小时，颜色就越接近白色或黑色，饱和度就偏低。

（2）色彩三要素的关系

色彩的明度能够对纯度产生不可忽视的影响。明度降低，纯度也随之降低，反之亦然。色相与纯度也有关系，纯度不够时，色相区分不明显。而纯度又和明度有关，三者互相制约、互相影响。

3. 颜色的关系

了解颜色之间的关系，是掌握配色的基本条件。图 8-2 显示了颜色之间的关系和关系名称。把色料三原色红、黄、蓝混合，形成另外 3 种颜色，构成一个包含有 6 种颜色的色轮。

在色轮上，任意两个相邻的颜色叫做"相邻色"，例如红色和紫色，绿色和蓝色等；相隔一个颜色的两色为"对比色"，如绿色和橙色，紫色和绿色等；对角线上的颜色叫做"互补色"，例如红色和绿色、蓝色和橙色、紫色和黄色。

由于色轮中轴线右侧的颜色偏暖,故称"暖色";中轴线左侧的颜色看起来偏冷,如紫色和蓝色,因此这些颜色属于"冷色"。需要注意的是,冷色和暖色只是人们对颜色的主观感觉,颜色本身并没有冷暖之分。

颜色的搭配令很多人感到棘手,常出现的状况是,该柔和的地方不柔和,该醒目的地方不醒目,达不到令人满意的整体视觉效果。颜色的搭配是色彩构成主要研究的课题,根据要表达的思想和目的,将尽可能少的颜色搭配起来,才会产生美感。

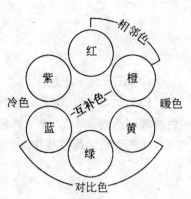

图 8-2　颜色之间的关系

颜色的搭配按照主题分为以下若干类型。

①以明度、色相、纯度为主的用色。

②以面积对比为主的用色。

③以冷暖对比为主的用色。

④以互补对比为主的用色。

根据不同的需要、不同的场合、不同的表达内容,选择不同类型的用色,这就是颜色搭配。

8.2.3　色彩的象征意义

生活中的各种食物都能够引起人们对色彩的联想,这是正确、有效地使用色彩的重要依据。人们对色彩的理解源于经验、经历和学习。例如看到红色就想到太阳;看到绿色犹如看到了一望无际的大草原;见到蓝色就自然联想到浩瀚大海和广阔的苍穹等等。表 8-3 列出了不同的色彩具有不同的象征意义。

表 8-3　色彩的象征意义

颜色	直接联想	象征意义
红	太阳、旗帜、火、血	热情、奔放、喜庆、幸福、活力、危险
橙	柑橘、秋叶、灯光	金秋、欢喜、丰收、温暖、嫉妒、警告
黄	光线、迎春花、宫殿	光明、快活、希望、帝王专用色、古罗马的高贵色
绿	森林、草原、青山	和平、生意盎然、新鲜、可行
蓝	天空、海洋	希望、理智、平静、忧郁、深远、西方象征名门血统
紫	葡萄、薰衣草	高贵、庄重、神秘、古希腊的国王服饰
黑	夜晚、没有灯光的房间	严肃、刚直、神秘
白	雪景、纸张	纯洁、神圣、光明
灰	乌云、路面、静物	平凡、朴素、默默无闻、谦逊

表 8-3 中列出的大多数色彩意义是人类共同拥有的认识,但由于国家、地域、文化的不同,色彩的象征意义是有差异的,相关知识,可参考专门介绍色彩的书籍。

8.2.4　图像在计算机中的实现

在计算机中,图像表现为像素阵列,其实现取决于像素的数字化,以及颜色的表示。有了这些基础,图像在计算机中的实现我们可以归纳为:通过扫描将空间图像转换为像素阵列,用 RGB 彩色空间表示像素,采用图像文件方式组织编排像素阵列。

在计算机中,组织编排像素阵列有多种格式,形成了许多极为流行的图像文件格式。但从总体上说,组织编排像素阵列方法可分为两类。

1. 代码法

在计算机中,采用 RGB 彩色空间表示颜色,在具体实现上,有 RGB 8∶8∶8 方式。也就是说,直接用颜色信息表示像素需要 2～3 字节。因此,图像信息量巨大,直接用原始颜色信息存储无疑要增大图像文件的存储空间,增加系统开销。

在计算机中,图像文件按颜色数可分为 2 色、16 色、256 色、64K 增强色、24 位真实彩色和 32 位真实彩色。对 2 色、16 色、256 色图像,从颜色数的信息角度来看,1 字节可用来表示 4 个 2 色图像、2 个 16 色图像或 1 个 256 色图像像素。如果直接用原始颜色信息存储,那么无论对 2 色、16 色还是 256 色图像,表示一个像素都需要 2～3 字节,这无疑更增大了图像文件的存储空间,增加了系统开销。

在早期流行的 PCX 图像格式中,它引入了调色板,从而奠定了代码方法组织编排像素阵列的基础,PCX 图像也就成为事实上的位图标准。调色板是指在图像文件中,增加一个区域,用于专门存储该图像所使用颜色的原始 RGB 信息。这样在实际组织编排像素阵列时,不直接存储像素所代表颜色的原始 RGB 信息,而采用它在调色板中的位置码来代替其原始 RGB 信息。所以,1 字节可用来表示 4 个 2 色图像、2 个 16 色图像或 1 个 256 色图像像素,从而减少了图像文件的存储空间,但却增加了存储调色板的附加开销。

2. 直接法

在实际使用上,在调色板中存储一个颜色的原始 RGB 信息一般使用 4 字节,这样对于 256 色及以下图像,存储调色板的附加开销不超过 1K 字节。对绝大多数图像文件来说,这个附加开销是微不足道的。但是对 256 色以上图像,由于系统使用颜色数很多,所以存储调色板的附加开销将非常巨大。以相对较小的 64K 增强色图像为例,假定存储一个颜色的原始 RGB 信息只使用 2B,对 64K 增强色图像,存储调色板的附加开销为 128KB;对于 24 位真实彩色图像,假定存储一个颜色的原始 RGB 信息只使用 3B,存储调色板的附加开销为 48MB。显然,存储调色板的附加开销较大,不仅没有减少图像文件的存储空间,反而成百上千倍地增加了图像文件的存储空间。所以,对于 256 色以上图像,不适合用代码方法组织编排像素阵列。

8.3　图像的获取

8.3.1　扫描仪

图像扫描借助于扫描仪进行,其图像质量主要依靠正确的扫描方法、设定正确的扫描参数、选择合适的颜色深度,以及后期的技术处理。各种图像处理软件中,均可启动 TWAIN 扫描驱动程序。不同厂家的扫描驱动程序各具特色,扩充功能也有所不同。

扫描时,可选择不同的分辨率进行,分辨率的数值越大,图像的细节部分越清晰,但是图像的数据量会越大。为了保证图像质量,应遵循"先高分辨率扫描,后转换其他分辨率使用"的原则。也就是说,不论图像将来采用何种分辨率,都应采用 300dpi 或更高分辨率扫描。

如果扫描印刷品,应选择扫描仪的去网纹功能,以便去掉印刷品上的网纹。

以 MICROTEK Scan Maker 4850Ⅲ为例说明扫描仪的使用。

(1)连接和安装扫描仪的软件和硬件

①用扫描仪附带的 USB 缆线将扫描仪与计算机连接起来。

②电源一段接在电源插座上,另一端接在扫描仪背面的电源接口上,另一端插在电源插座上。

③安装扫描仪驱动,选择 UAB 为扫描接口方式。

④安装文字识别软件。

(2)扫描仪的使用

①打开扫描仪电源。

②将需扫描的图片在扫描仪面板上摆正。

③双击桌面图标 Scan Wizard 5,启动扫描仪扫描程序。扫描操作界面,设定合适的扫描参数,如图 8-3 所示。

④单击控制面板左上方的"预览"按钮预扫图片。

⑤确定扫描区域,选择扫描类型、输出目的、输出比例。

⑥单击"扫描"按钮,若是输入图像则图像类型设置为"RGB 色彩",保存扫描得到的图像＊.tif 文件,开始扫描图像,再用 Photoshop 处理图像;若是输入文字则图像类型设置为"灰度",保存为＊.jpg 文件,再使用 OCR 软件识别成文字。

⑦在桌面上双击"汉王文字专业版本"图标,启动汉王文字识别软件。

⑧单击"打开图像"图标,打开"打开图像文件"对话框,选择要识别的文字图像文件,单击"打开"按钮,如图 8-4 所示。

⑨右击选择要识别的文字,如图 8-5 所示。

⑩单击"识别"按钮,开始识别文字,如图 8-6 所示。

⑪用鼠标选中全部识别的文字,按上方的创建 Rtf 文档键,创建 Word 文档,复制将其粘贴到 Word 文档,便可对其进行修改了。

图 8-3　扫描仪操作界面

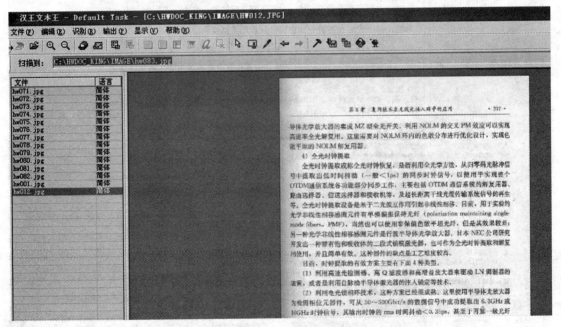

图 8-4　OCR 窗口

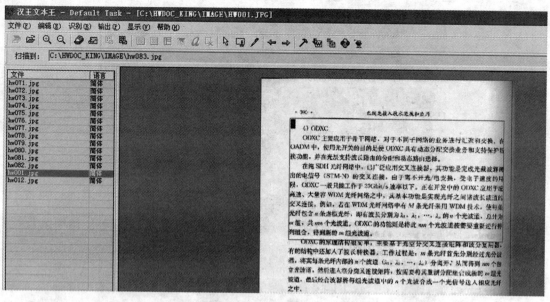

图 8-5　选取所识别的文字

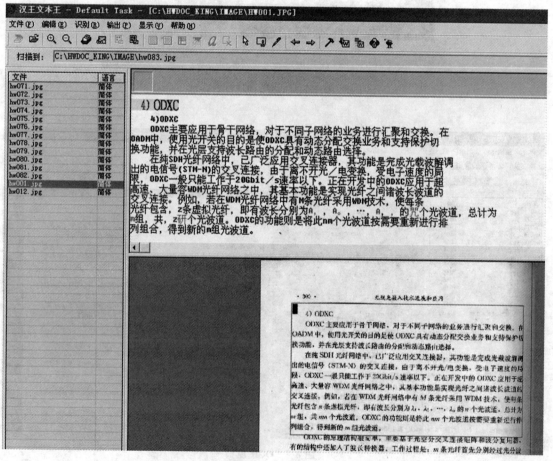

图 8-6　识别文字

8.3.2　从数码相机上获取

使用数码相机直接拍摄自然影像也是一种简单的获取图像素材的方法。数码相机的工作原理如图 8-7 所示,CCD(带动感光元件)作为成像部件,把进入镜头照射于 CCD 上的光信号转换为电信号,再经 A/D 转换器处理成数字信息,并把数字图像数据存储在数码相机内的存储器中。数码相机拍摄的照片质量与相机的 CCD 像素数量有直接关系。使用数码相机拍照时同样应该根据需要选择或调整 CCD 像素数量。如果拍摄的照片用来制作 VCD 视频,照片选用 640×480 像素,使用 30 万像素拍摄即可;如果照片用来屏幕演示或制作多媒体作品,图像至少应采用 1024×768 像素,如果要冲印 5 英寸(12.7cm×8.9cm)照片,图像应使用1200×840 像素,以上两种情况至少要使用 100 万像素进行拍摄;如果要冲印 15 英寸照片,图像应至少为 3000×2000 像素,应使用 600 万以上像素进行拍摄。

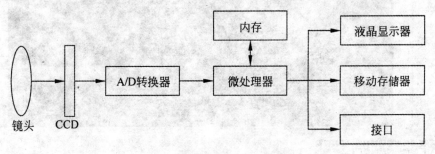

图 8-7　数码相机的工作原理图

8.3.3　屏幕截图

1. 直接截图

使用 Print Screen 键截取屏幕图像步骤如下:
①在 Windows 系统中按 Print Screen 键,将屏幕内容复制到系统剪贴板中。
②打开 Windows 画图程序。
③执行"编辑"→"粘贴"命令,将系统剪贴板中的屏幕图像粘贴到画图工具中,如图 8-8 所示。
④保存图像文件。

2. 利用软件截取

使用 Print Screen 键和 Windows 画图程序截图虽然简单方便,但实现的功能有限,例如截图时不能截取鼠标、光标,不能滚动截屏,截取的图像内容修改比较麻烦等。要更好地完成截图任务,可以选择专业截图软件,例如 Snaglt、Hyper-snap 等。
通过 SnagIt 软件截取图像的主要步骤如下:
①打开 SnagIt,SnagIt 窗口如图 8-9 所示。

②在 SnagIt 窗口中进行设置,单击"捕获"按钮开始捕获屏幕内容。

③在 SnagIt 预览窗口中预览捕获的屏幕图像,单击"另存为"按钮,保存图像。

图 8-8 在画图程序中粘贴截取的图片

图 8-9 SnagIt 窗口

8.4　图像处理的方法

8.4.1　图像的点处理

数字图像处理是指将图像信号转换为数字信号并利用计算机对其进行处理。数字图像处理的手段非常丰富,所有处理手段均建立在对数据进行数学运算的基础上。

1.亮度调整

图像的亮度对图像的显示效果有很大影响,亮度不足或者过高,都将影响图像的清晰度和视觉效果。

亮度调整是点处理算法的一种应用。为了增加图像的亮度或者降低图像的亮度,通常采用对图像中的每个像素点加上一个常数或者减少一个常数的方法。其亮度调整公式为:

$$L' = L + \lambda$$

式中,L' 代表像素点亮度,λ 代表亮度调节常数。当 λ 为正数时,亮度增加;若其为负数,则亮度降低。如图 8-10 所示,两幅亮度不同的图像,有明显差别。

(a) 高亮度　　　　　　　　　　　　　　(b) 低亮度

图 8-10　亮度不同的图像

在运用亮度调整公式时,如果某像素点的亮度已达到最大值,若再加上一个常数而继续增加亮度的话,此时就会超出最大亮度允许值,从而产生高端溢出。这时,点处理算法将采用最大允许值代替溢出的亮度值,以避免图像数据错误。如果某像素点的亮度已达到最小值,若再继续降低亮度,减去一个常数的话,亮度值就会为负数,从而产生低端溢出。点处理算法在此时将采用最小允许值 0 来代替溢出值。

2.对比度调整

对图像对比度进行调整时,首先找到像素点亮度的阈值,然后对阈值以上的像素点增加亮度,对阈值以下的像素点降低亮度,造成像素点的亮度向极端方向变化的趋势,使像素点的亮度产生较大的差异,从而达到增加对比度的目的。如图 8-11 所示为两幅对比度不同的图像。

(a) 高对比度   (b) 低对比度

图 8-11   对比度不同的图像

3.图像亮度反置

亮度反置处理也是一种点处理算法的应用。基本原理是:用最大允许亮度值减去当前像点的亮度值,并用得到的差值作为该像点的新值。其计算公式如下:

$$L_{new} = L_{max} - L$$

其中,L_{new} 是像点的新亮度值;L_{max} 是像点的最大允许亮度值;L 是像点的当前亮度值。

通俗地说,点处理算法把亮度高的像点变暗,亮度低的像点变亮,形成类似照片负片的效果。如图 8-12 所示是亮度反置处理前后的图像。

(a) 普通图像   (b) 经过处理的图像

图 8-12   亮度反置处理

点处理算法还可对图像进行其他形式的处理,如把图像转变成只有黑白两色的形式,或对图像进行伪彩色处理,以便人们分析和观察不可见的自然现象等。

8.4.2　图像的几何处理

1.图像的放大与缩小

图像放大时,原图像的一个像素点变成若干个像素点,使被放大的图像像素点数量大于原图像,而像素点排列密度是固定不变的,因此图像的几何尺寸就会增加,从而达到放大图像的目的。

图像缩小时,原图像的多个像素点变成一个像素点,使被缩小的图像像素点数量小于原图像,使图像的几何尺寸缩小。缩小的图像与原图像相比,像素点的对应关系发生很大变化,像素点的大量丢失,使图像的细节难以辨认。

无论图像进行放大还是缩小,其缩放比例很重要。对图像进行整比放大时,如放大 1 倍、2 倍、3 倍,像素点增加的数目为 1 个、2 个、3 个,不存在小数,放大的图像就不会产生畸变。如果图像放大不是整数倍,例如 1.35 倍、1.75 倍,则像素点增加的个数不是整数,为了使图像不产生畸变,此时需要计算线性差值,以整数个像素点作为图像数据。在图像缩小时,若干个像素点合并成一个像素点,计算也是必不可少的。

由于图像在缩放时不能保证像素之间的映射关系,如果多次进行图像缩放的话,将会产生非常大的图像畸变。因此,在图像处理过程中,为了保证图像的质量,一般不进行一次以上的缩放操作。

2.图像旋转

图像旋转是指图像在平面上绕垂直于平面的轴进行旋转,其算法如下:

$$x' = x_0 + (x - x_0)\cos\alpha - (y - y_0)\sin\alpha$$
$$y' = y_0 + (y - y_0)\cos\alpha + (x - x_0)\sin\alpha$$

其中,旋转轴坐标为 (x_0, y_0);旋转前的像素点坐标为 (x_0, y_0);旋转后的像素点坐标为 (x', y');旋转角度为 α。在实际应用中,经过计算得到的像素点坐标 (x', y') 还要经过差值运算才能产生实际的像素点坐标。

由于图像在旋转时存在运算误差和差值误差,如果进行多次旋转操作,则运算误差和差值误差会累积增大,造成较大的畸变失真。因此,在进行图像处理时,为尽量减少图像失真,旋转操作应该尽可能一次完成。

3.图像平移

图像平移可以整体平移,也能够局部平移。像素的相对位置不变,绝对坐标发生变化是图像平移的基本特点。图像的平移不存在差值问题,像素点之间的映射关系是固定不变的。图像在平移后,其坐标对应关系如下:

$$x' = x + m$$
$$y' = y + n$$

其中,m 和 n 分别是横向平移和纵向平移的像素点个数;(x,y) 是平移前的像素点坐标;(x',y') 是平移后的像素点坐标。

8.4.3 图像帧处理

图像帧的处理是将一幅以上的图像以某种特定的形式合成在一起的过程。所谓特定的形式是指以下几个方面。

①经过"逻辑与"运算进行图像的合成。

②按照"逻辑或"运算关系合成。

③以"异或"逻辑运算关系进行合成。

④图像按照相加、相减以及有条件的复合算法进行合成。

⑤图像覆盖、取平均值进行合成。

通常,大部分图像处理软件都具有图像帧的处理功能,并且可以以多种特定的形式合成图像。由于多种形式的图像合成使成品图像的色彩更加绚丽、内容更加丰富、艺术感染力更强,因此,图像帧的处理被广泛用于平面广告制作、美术作品创造、多媒体产品制作等领域。

8.5 图像处理软件

8.5.1 图形处理软件简介

图形处理软件是利用矢量绘图原理描述图形元素及其处理方法的绘图设计软件,通常有平面矢量图形设计与三维设计之分。CorelDRAW、Adobe Illustrator、Macromedia Free-Hand、3ds max、AutoCAD 等均为最有代表性的软件。下面分别对这几款软件进行简单介绍。

1. CorelDRAW

CorelDRAW 是 Corel 公司开发的基于矢量图形原理的图形制作软件。该软件设置了功能丰富的创作工具栏,其中经常使用的编辑工具也包含在内,可通过单击右下角的黑色箭头展开具体工具项,使得操作更加灵活、方便。使用这些工具可以创建图形对象,可以为图形对象增添立体化效果、阴影效果,进行变形、调和处理等。另外,该软件还提供了许多特殊效果供用户使用。

与 CorelDRAW 相配合,Corel 公司还相继推出了 Corel PhotoPaint 和 CorelRAVE 两个工具软件,目的是更好地发挥用户的想象力和创造力,提供更为全面的矢量绘图、图像编辑及动画制作等功能。

2. Adobe Illustrator

Illustrator 是 Adobe 公司出品的全球最著名的矢量图形软件,该软件在封面设计、广告设计、产品演示、网页设计等方面使用的比较多,具有丰富的效果设计功能,给用户提供了无限的创意空间。例如,使用动态包裹(Enveloping)、缠绕(Warping)和液化(Liquify)工具可以让用户以任何可以想象到的方式扭曲、弯曲和缠绕文字、图形和图像;使用符号化(Symbolism)工具,用户可以快速创建大量的重复元素,然后运用这些重复元素设计出自然复杂的效果;使用动态数据驱动图形使相似格式(打印或用于 Web)的制作程序自动化。另外,Adobe Illustrator 与 Adobe 专业的用于打印、Web、动态媒体等的图形软件(包括 Adobe Photoshop、Adobe InDesign、Adobe AlterCast、Adobe GoLive、Adobe LiveMotion、Adobe Premiere、Adobe After Effects 等)密切整合,以便高品质、多用途的图形/图像作品得以设计完成。

3. 3ds max

3ds max 是 Autodesk 公司推出的三维建模、渲染、动画制作软件,其基本设计思想是通过建模完成物品的形状设计,通过材质的选择和编辑实现物品的质感设计,通过光源类型的选择和灯光调整赋予物品适当的视觉效果,最后通过渲染完成物品的基本设计。在动画设计方面,3ds max 提供了简单动画、运动命令面板、动画控制器、动画轨迹视图编辑器等设计功能,特别是 3ds max 6 中新增的 Reactor 特性,它基于真实的动力学原理,能创建出符合物理运动定律的动画。该软件在高质量动画设计、游戏场景与角色设计及各种模型设计等领域应用得比较广泛。

4. AutoCAD

AutoCAD 也是 Autodesk 公司推出的一款基于矢量绘图的更为专业化的计算机辅助设计软件,广泛应用于建筑、城市公共基础设施、机械等设计领域。

5. Macromedia FreeHand

FreeHand 是 Macromedia 公司推出的一款功能强大的矢量平面图形设计软件,在机械制图、建筑蓝图绘制、海报设计、广告创意的实现等方面得到了广泛应用,是一款实用、灵活且功能强大的平面设计软件。使用 FreeHand 可以以任何分辨率进行缩放及输出向量图形,且无损细节或清晰度。在矢量绘图领域,FreeHand 一直与 Illustrator、CorelDRAW 并驾齐驱,且在文字处理方面具有的优势更加明显。

在 FreeHand MX 版中,Macromedia 公司加强了与 Flash 的集成,并用新的 Macromedia Studio MX 界面增强了该软件。与 Flash 的集成意味着可以把由 Flash 生成的 SWF 文件用在 FreeHand MX 中。如果某个对象在 Flash MX 进行了编辑,则其改动会自动地在 FreeHand MX 中体现出来。同样,Flash MX 也可直接打开 FreeHand MX 文件。FreeHand 能创建动画,并支持复合 ActionScript 命令的拖放功能。

FreeHand MX 支持 HTML、PNG、GIF 和 JPG 等格式,具有对路径使用光栅和矢量效果的能力,使用突出(Extrude)工具,可为对象赋予 3D 外观。

8.5.2 图像处理软件概述

图像处理软件是以位图为处理对象、以像素为基本处理单位的图像编辑软件,可对平面图片进行裁剪、拼接、混合、添加效果等多种处理,属于平面设计范畴。表 8-4 列出了常见的图像处理软件的基本信息,最有代表性的软件产品有 Photoshop、PhotoImpact、PaintShop Pro、Painter 等。

表 8-4　常见的图像处理软件

软件名	出品公司	功能简介
Photoshop	Adobe 公司	图片专家,平面处理的工业标准
Image Ready		专为制作网页图像而设计
Painter	MetaCreations 公司	支持多种画笔,具有强大的油画、水墨画绘制功能,适合于专业美术家从事数字绘画
PhotoImpact	Ulead 公司	集成化的图像处理和网页制作工具,整合了 Ulead GIF Animator
PhotoStyler		功能十分齐全的图像处理软件
Photo-Paint	Corel 公司	提供了较丰富的绘画工具
Picture Publisher	Micrografx 公司	Web 图形功能优秀
PhotoDraw	Microsoft	微软提供的非专业用户图像处理工具
PaintShop Pro	JASC Software 公司	专业化的经典共享软件,提供"矢量层",可以用来连续抓图

　　Photoshop 是 Adobe 公司的专业图像处理软件;PhotoImpact 则是 Ulead 公司的位图处理软件,与 Photoshop 相比,该软件的易用性和功能集成方便更加优秀;PaintShop Pro 是 JASC 公司出品的一款位图处理共享软件,体积小巧而功能却不弱,适合于日常图形的处理;特别值得一提的是 Painter,它是美国 Fractal Design 公司的图像处理产品,后转给 MetaCreations 公司,如果说 Photoshop 定义了位图编辑标准的话,Painter 则定义了位图创建标准。该软件提供了上百种绘画工具,多种笔刷可重新定义样式、墨水流量、压感及纸张的穿透能力等。Painter 中的滤镜主要针对纹理与光照,很适合绘制中国国画。因此,可把 Painter 划分为艺术绘画软件之列,使用 Painter 的人们可以用模拟自然绘画的各种工具创建丰富多彩的位图图形。

　　总之,多媒体计算机中不同平台的图形/图像处理软件很多,但其处理对象、处理功能、应用目的等有一定差别。用户应根据自己的专业技术水平、特点和应用目的等因素,选择适合自己的工具软件。

8.5.3　Photoshop 简介

　　Photoshop 是 Adobe 公司开发的一款多功能图像处理软件,1990 年发布 1.0 版,目前的最新版为 Photoshop CC2015 版,各版本的主要功能差异见表 8-5。

表 8-5　Photoshop 各版本功能差异

版本	年份	功能
Photoshop 1.0	1990	工具面板和少量滤镜,内存分配最大 2MB
Photoshop 2.0	1991	增加了"路径"功能,成为行业标准,内存分配最大 4MB,支持 Illustrator 文件格式
Photoshop 2.5	1992	增加了"减淡"和"加深"工具,引入了"蒙版"概念,是第一个支持 MS Windows 系统的版本
Photoshop 3.0	1994	引入了图层概念,增加了"图层"功能,是一个极其重要的发展标志
Photoshop 4.0	1996	增加了"动作"功能
Photoshop 5.0	1998	增加了"历史面板""图层样式""撤销功能""垂直书写文字""魔术套索工具"等。开始提供中文版
Photoshop 5.5	1999	捆绑 Image Ready 2.0
Photoshop 6.0	2000	增加了"Web 工具"、"形状工具"、"矢量绘图工具"、新工具栏,增强的图层管理功能
Photoshop 7.0	2002	改进了绘画引擎、画笔、液化增效工具等功能,增加了修复画笔、Web 透明度、自动颜色等功能,支持 WBMP 格式
Photoshop CS(8.0)	2003	集成了 Adobe 的其他软件,形成了 Photoshop Creative Suite 套装,功能上增加了镜头模糊、镜头畸变校正、智能调节不同地区亮度的数码相片修正功能
Photoshop CS2(9.0)	2005	增加了"变形""灭点"工具、"污点修复"画笔、"智能锐化"滤镜
Photoshop CS3(10.0)	2007	增加了"智能滤镜""快速选择工具",增强了"消失点"工具等
Photoshop CS4(11.0)	2008	增加了"3D 绘图与合成"、"调整面板"、"蒙版面板"、"画布旋转"、"图像自动混合"、"内容感知缩放"等
Photoshop Express	2009	支持屏幕横向照片,重新设计了线上、编辑和上传工作流,在一个工作流中按顺序处理多个照片的能力,重新设计了管理图片,简化了相簿共享,升级了程式图标和外观,查找和使用编辑器更加轻松
Adobe Photoshop CS5	2010	加入了"编辑"→"选择性粘贴"→"原位粘贴"、"编辑"→"填充、编辑"→"操控变形",画笔工具得到加强功能
Adobe PhotoShop CS6	2012	内容识别修补、Mercury 图形引擎、3D 性能提升、3D 控制功能任您使用、全新和改良的设计工具、全新的 Blur Gallery、全新的裁剪工具
Adobe Photoshop CC (CreativeCloud)	2013	相机防抖动功能、Camera RAW 功能改进、图像提升采样、属性面板改进、Behance 集成一集同步设置等

续表

版本	年份	功能
Photoshop CC 2014	2014	智能参考线增强、链接的智能对象的改进、智能对象中的图层复合功能改进、带有颜色混合的内容识别功能加强、Photoshop 生成器的增强、3D 打印功能改进;新增使用 Typekit 中的字体、搜索字体、路径模糊、旋转模糊、选择位于焦点中的图像区域等
Photoshop CC 2015	2015	画板、设备预览和 Preview CC 伴侣应用程序、模糊画廊丨恢复模糊区域中的杂色、Adobe Stock、设计空间(预览)、Creative Cloud 库、导出画板、图层以及更多内容等

目前仍在流行的是 Photoshop 7.0 以后的版本,其基本功能包括图像扫描、基本作图、图像编辑、图像尺寸和分辨率调整、图像的旋转和变形、色调和色彩调整、颜色模式转换、图层、通道、蒙版、多种效果滤镜和多种具体的处理工具,支持多种颜色模式和文件格式,用户可通过相应操作及其组合实现数字图像修复、特殊效果设计等,可在 Macintosh 计算机或装有 Windows 操作系统的 PC 上运行,是数字图像处理的专业处理工具,广泛应用于广告设计、各类美工设计、动画素材设计、影视素材设计、桌面印刷等领域。

8.5.4　Photoshop 主界面

在 Windows"开始"菜单的 Adobe 组中单击 Adobe Photoshop CS5 命令,Photoshop 程序被启动,进入 Photoshop 的主界面。Photoshop 主要由菜单栏、工具选项栏、工具栏和图像窗口和状态栏等几部分组成,具体见图 8-13。

图 8-13　Photoshop CS5 操作主界面

1. 菜单栏

Photoshop CS5 的菜单栏由"编辑""图像""文件""图层""选择""滤镜""3D""视图""分析""窗口"和"帮助"11 个菜单项组成,图像处理过程中使用的命令大多数都由菜单栏所提供。最主要的是"图像"和"图层"菜单,"图像"图 8-14 给出了图像菜单的操作内容。图 8-15 给出了"图层"菜单栏的主要操作内容,主要针对图层的颜色模式和转化。最具特色的地方是"滤镜"菜单,里面包含着 Photoshop 的很多独特功能,如图 8-16 所示,可以十分方便地使用景象滤镜类操作。

图 8-14　图像菜单

2. 工具箱

工具箱位于图像窗口的左侧,其中包含 50 多种图像编辑工具,用户可以通过它们方便地对图像进行各种修改。为了使界面更加简洁,Photoshop 隐藏了大部分按钮,只保留了一些常用按钮供用户使用。

图 8-15　图层菜单

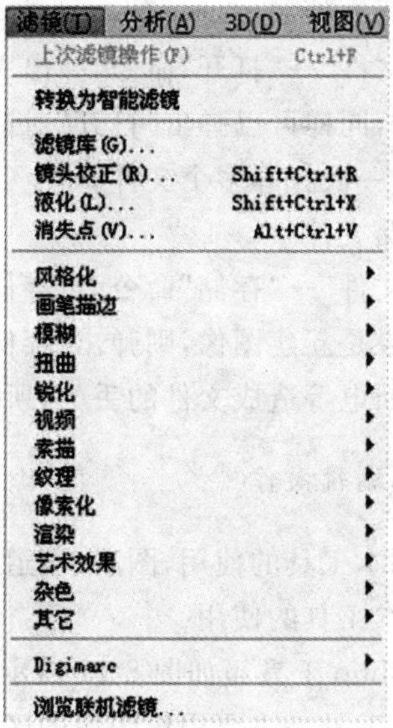

图 8-16　滤镜菜单

3．工具选项栏

工具选项栏位于菜单栏的下方，对所选择的各种工具的控制参数进行设置和显示操作。

4．图像窗口

图像的显示、编辑、处理都在图像窗口完成。在处理时，经常会同时打开多个图像，每幅图像都有一个独立的窗口。

5．控制面板

控制面板具有颜色图层的编辑功能还能控制图像参数。

6．状态栏

对于当前操作状态给予显示，并能对当前的操作提供一些帮助信息。

8.5.5　Photoshop 的基本用法

1．图像文件操作

图像文件的操作是针对整个文件的，包括新建、打开、存储等。

（1）新建文件

执行"文件"→"新建"命令，弹出"新建"对话框，在此对话框中可以设置新建文件的名称、大小、色彩模式等属性，单击"好"按钮，即可完成新建文件操作。

（2）打开文件

执行"文件"→"打开"命令，弹出 Windows 标准的"打开"对话框；双击 Photoshop 界面中的空白部分，同样可以弹出"打开"对话框；也可以通过快捷键＜Ctrl＋O＞直接打开"打开"对话框。可以一次打开多个文件。

（3）存储文件

执行"文件"→"存储"命令，可存储当前编辑的图像文件。如果是修改已有图像，则是覆盖性保存；如果是新建图像，则弹出"存储为"对话框。在编辑文件时，常因一些意外、死机、程序非法操作、断电等造成文件的丢失，所以经常存盘。

2．基本编辑操作

包括基本工具的使用，图层、通道、蒙版的使用等。

（1）基本工具的使用

Photoshop 工具箱如图 8-17 所示，包括如下工具。

①选取工具。主要用作图像的区域选择，包括矩形选框工具、套索工具、移动工具、裁切工具等。

②修图工具。主要用作已有图像的修改，包括仿制图章工具、修复画笔工具、模糊工具、减

淡工具、海绵工具等。

③绘图工具。主要用作新建图像的绘制,包括画笔工具、钢笔工具、橡皮擦工具、渐变工具等。

④其他工具。主要用作图像的其他操作,包括路径工具、3D 旋转工具、抓手工具等。

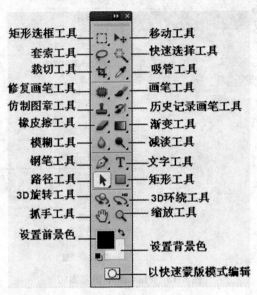

图 8-17　Photoshop 工具箱

(2)图层操作

图层可以理解为一张透明纸,图层之间的关系就好像一张张相互叠加的透明纸,能够根据需要在这张"纸"上添加、删除构图要素或是对其中的某一层进行编辑而不影响其他图层,也可以对每个图层进行独立的编辑、修改。

图层是 Photoshop 非常重要的一个工具,也是制作精致效果所必不可少的工具,除了最下面的背景图层外,还可以根据需要为图像添加多个图层。

执行"窗口"→"显示图层"命令,或者按键盘上的 F7 键,可以将图层面板显示出来,如图 8-18 所示。

(3)通道

通道用来保存图像的颜色数据、不同类型信息的灰度图像,还可以用来存放选区和蒙版,以方便用户以更复杂的方法操作和控制图像的特定部分。Photoshop 中的通道包括颜色通道、专色通道和 Alpha 通道三种。执行"窗口"→"通道"命令,即可显示通道面板。

打开一幅图像即可自动创建颜色信息通道。如果图像有多个图层,则每个图层都有自身的一套颜色通道。通道的数量取决于图像的模式,与图层的多少无关。如图 8-19 所示为一幅 RGB 颜色模式图像的 4 个默认通道。默认通道为:红色(R)、绿色(G)、蓝色(B)各一个通道,它们分别包含了此图像红色、绿色、蓝色的全部信息;另外一个默认通道为 RGB 复合通道,改变 RGB 中的任意一个通道的颜色数据,便会立马反映到复合通道中。

在操作过程中,可以创建 Alpha 通道,将选区存储为 8 位灰度图像放入通道面板中,用来处理、隔离和保护图像的特定部分。通道中白色区域对应于选择区域,黑色区域对应于非选择区域,灰色代表部分选择或者有一定透明度的选择。

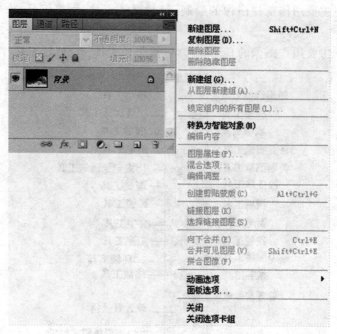

图 8-18　Photoshop 图层面板

图 8-19　Photoshop 通道面板

专色通道可以用来指定用于专色油墨印刷的附加印版。

（4）蒙版

蒙版也叫遮罩或屏蔽,就好比在图层上方添加的一个带孔的遮罩,用户可以看到未被遮蔽的区域。被遮蔽的区域将不受任何编辑作用的影响,只对未遮挡的区域进行处理。蒙版包括快速蒙版、剪贴蒙版、矢量蒙版和图层蒙版等类型。

第9章　数字动画处理

9.1　动画概述

9.1.1　动画基本概念与类型

动画是通过连续播放一系列动画,给视觉造成连续变化的图像。动画主要用的是人们的视觉暂留原理,人们能够将看到的影像暂时保存,即在影像消失之后,之前的影像还会暂时停留在眼前。视觉暂留就是我们的眼睛看任何东西时,都会产生一种很短暂的记忆。当人脑里面保留着上一幅图像幻觉,如果第二幅图像能在一个特定的极短时间内出现(大约 50ms),那么人脑将把上一幅图像的幻觉与这幅图像结合起来。当一系列的图像序列一个接着一个地出现,每幅图像的改变很小,而且以一个特定极短时间间隔连续出现,最终效果便是一个连续的运动图像,即所谓的动画。

动画是将静止的画面变为动态的艺术,实现由静止到动态。可以说运动是动画的本质,动画是运动的艺术。动画指由许多帧静止的画面连续播放的过程。一般来说,动画是一种动态生成一系列相关画面的处理方法,其中的每一幅与前一幅略有不同。播放速度越快,动画越流畅,相邻帧之间的变化越小,动画的效果越连续。实验证明,如果画面刷新率为 24f/s,即每秒放映 24 幅图画,则人眼看到的是连续的画面效果。

我国电视采用的是 PAL 制式,画面传输速度是 25f/s。为了降低闪烁现象,达到电影画面的同样效果,画面传输采用了交替传输技术。在逐行扫描的计算机显示器中,画面刷新速度一般在 75f/s 以上。

计算机动画的类型可以从多个方面进行划分,根据运动的控制方式可将计算机动画分为实时(Real Time)动画和逐帧(Frame By Frame)动画;根据视觉空间的不同可分为二维动画和三维动画。

9.1.2　二维动画

1.二维动画的制作流程

在二维动画中,计算机的作用包括输入与编辑关键帧、计算与生成中间帧、定义与显示运动路径、交互式给画面上色与产生特效等方面,具体如图 9-1 所示。

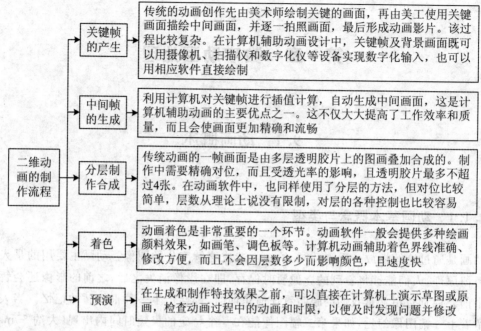

图 9-1 二维动画的制作流程

2.二维动画新技术

（1）骨骼操作动作技术

1）骨骼操作动作技术原理

人、动物的骨骼是发生动作的结构架子，是构成各种动态的基础。骨骼操作动作技术是新近发展起来的一种计算机二维动画新技术。骨骼操作动作技术将卡通人或动物按照人体、动物体的骨骼构成，安装一些主要骨骼并设定这些骨骼的从属关系，再将肌肉捆绑到相应的骨骼上，明确肌肉收缩和骨骼的关系，然后按照动作要求，给骨骼定义关键帧，由软件生成中间各帧。这一技术使二维动画动作制作变得类似三维建模动画，可直接调节动作，不必逐帧绘制。

2）应用骨骼动作技术的制作流程

图 9-2 给出了以使用 Moho 制作卡通人物走路动画为例的应用骨骼动作技术的一般流程。

（2）角色替换技术

1）角色替换原理

在动画片的人物角色中，虽然人物的造型千变万化，但它们的基本运动规律（如人的走路动作等）是相同的。据此，可以将一个已经制作好的人物走路的动画，在保留原有角色骨骼动作不变的基础上，用另一个新的人物角色替换原来的角色，这样就不用再重新给新角色设置走路动作。

2）角色替换流程

下面以 Lost Marble 公司的 Moho 为例，给出角色替换流程的 5 个步骤，如图 9-3 所示。

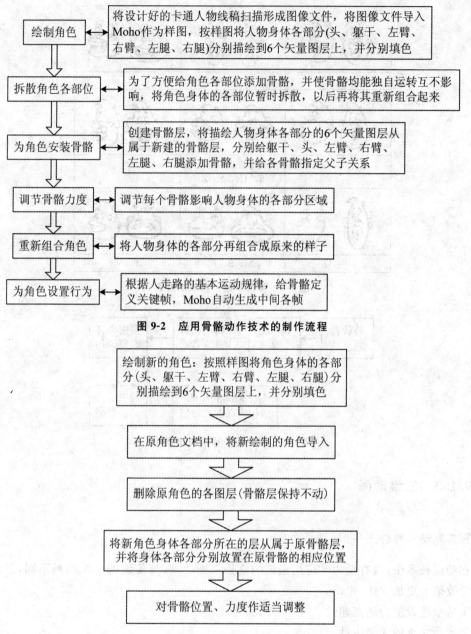

图 9-2 应用骨骼动作技术的制作流程

绘制新的角色：按照样图将角色身体的各部分(头、躯干、左臂、右臂、左腿、右腿)分别描绘到6个矢量图层上，并分别填色

↓

在原角色文档中，将新绘制的角色导入

↓

删除原角色的各图层(骨骼层保持不动)

↓

将新角色身体各部分所在的层从属于原骨骼层，并将身体各部分分别放置在原骨骼的相应位置

↓

对骨骼位置、力度作适当调整

图 9-3 角色替换流程

(3)唇语同步技术

1)唇语同步技术原理

唇语同步技术是根据发音的不同，计算机软件自动显示人物不同的嘴形。例如，美国动画研究者普勒斯顿·布莱尔提出 9 类基本的音素，如图 9-4 所示。

2)应用唇语同步技术制作流程

以 Papagayo 和 Lost Marble 公司的 Moho 为例，给出唇语同步技术制作流程，如图 9-5 所示。

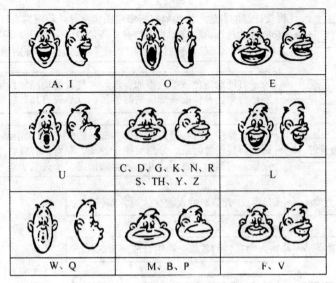

图 9-4 普勒斯顿·布莱尔音素

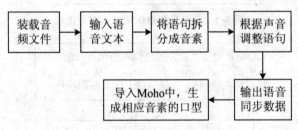

图 9-5 唇语同步技术制作流程

9.1.3 三维动画

1.三维动画的特点

在动画技术中,最有魅力并应用最广的就是三维动画,与传统的二维动画不同,三维动画在视觉效果上更加立体、生动。

①造型建设能力的高超性。

②动画实现的无约束性。

③质感表现力的丰富性。

④动画运动镜头的革新。

2.三维动画的制作流程

计算机三维动画的制作过程主要有建模、编辑材质、贴图、灯光、动画编辑和渲染等若干步骤,具体如图9-6所示。

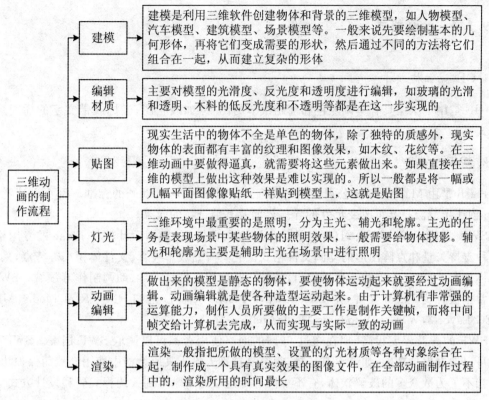

图 9-6　三维动画的制作流程

3. 三维动画关键技术

三维动画技术有很多，具体的如图 9-7 所示。

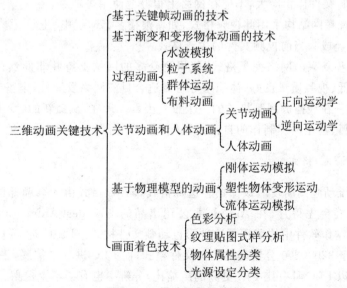

图 9-7　三维动画关键技术

9.1.4 动画格式

1. GIF 动画格式

GIF 是用于压缩具有单调颜色和清晰细节的图像（如线状图、徽标或带文字的插图）的标准格式。

2. SWF 动画格式

Flash 是由 Macromedia 公司推出的交互式矢量图和 Web 动画的标准。网页设计者使用 Flash 创作出既漂亮又可改变尺寸的导航界面及其他奇特的效果。

SWF 是 Macromedia 公司（现已被 Adobe 公司收购）的动画设计软件 Flash 的专用格式，是一种支持矢量和点阵图形的动画文件格式。它具有缩放不失真、文件体积小等特点，采用了流媒体技术，可以一边下载一边播放，目前被广泛应用于网页设计、动画制作等领域。SWF 文件通常也被称为 Flash 文件，是 Shock Wave Flash 的缩写，正如 RM＝Real Media，MP3＝MPEG Layer 3，WMA＝Windows MediaAudio 一样。

SWF 的普及程度很高，现在超过 99％的网络使用者都可以读取 SWF 档案。SWF 在发布时可以选择保护功能，如果没有选择，很容易被别人输入其原始档中使用。然而保护功能依然阻挡不了为数众多的破解软体，有不少闪客专门以此来学习别人的程式码和设计方式。

3. FLV 动画格式

FLV 流媒体格式是一种新的视频格式，全称为 Flash Video。由于它形成的文件极小、加载速度极快，使得网络观看视频文件成为可能。它的出现有效地解决了视频文件导入 Flash 后，使导出的 SWF 文件体积庞大，不能在网络上很好地使用等缺点。

目前各在线视频网站均采用此视频格式，如新浪播客、56、优酷、土豆、酷 6、youtube 等，无一例外。FLV 已经成为当前视频文件的主流格式。

FLV 作为一种新兴的网络视频格式，能得到众多的网站支持并非偶然。除了 FLV 视频格式本身占有率低、视频质量良好、体积小等特点适合目前网络发展外，丰富、多样的资源也是 FLV 视频格式统一在线播放视频格式的一个重要因素。现在，从最新的《变形金刚》到《越狱》再到各项体育节目，甚至网友制作的自拍视频等都可以在网络中轻而易举地找到。

4. LIC(FLI/FLC)格式

但凡玩过三维动画的朋友应该都熟悉这种格式，FLIC 格式由大名鼎鼎的 Autodesk 公司研制而成。近水楼台先得月，在 Autodesk 公司出品的 AutodeskAnimator，AnimatorPro 和 3DStudio 等动画制作软件中均采用了这种彩色动画文件格式。FLIC 是 FLC 和 FLI 的统称：FLI 是最初的基于 320×200 分辨率的动画文件格式；而 FLC 进一步扩展，采用了更高效的数据压缩技术。所以 FLC 具有比 FLI 更高的压缩比，分辨率也有了不少提高。

9.2　Flash 动画制作

9.2.1　Flash 的基本概念

1. Flash 动画的基本特点

（1）矢量动画

矢量动画即是在计算机中使用数学方程来描述屏幕上复杂的曲线,利用图形的抽象运动特征来记录变化的信息。Flash 创建的 SWF 格式动画即为矢量动画。矢量图形的一个好处是无论将它放大多少倍,图像都不会失真。

（2）流媒体动画

Flash 播放器在下载 Flash 影片时采用流媒体方式,可以边下载边播放,不必等待文件全部下载后再观看。Flash 播放器占用空间非常小,不仅可以在线下载,而且还能直接安装,任何浏览器都可以顺利地观看。

（3）插播方式播放

Flash 使用插播方式播放,也就是说,用户只要在浏览器一端安装一次插件,以后就可以快速启动并观看动画了。在 IE 和 Netscape 浏览器的后期版本中,内置了对 Flash 流式动画的支持,使得用户观看 Flash 更加方便。

（4）高效性

Flash 动画制作成本低,效率高。使用 Flash 制作的动画在减少人力物力的资源消耗的同时,也缩短了制作时间。

（5）交互性

Flash 动画具有强大的交互功能,这不仅给网页设计创造了无限的创意空间,还使得使用 Flash 构建一个梦幻站点成为可能。Flash 提供了丰富的 Action Script 指令设定环境,使得 Flash 具有强大的交互功能。

2. Flash 的工作环境

第一次打开 Flash 时,所见到的是一个全新的界面。现在我们先来了解 Flash 的整个操作界面,如图 9-8 所示。

（1）工具栏

通过它在编辑区域中进行操作,可以通过执行菜单命令"窗口"→"工具",或使用快捷键<Ctrl＋F2>打开。"主工具栏"里面包含许多常用工具的快捷按钮,如"打开"、"保存"等,可以通过执行菜单命令"窗口"→"工具栏"→"主工具栏"打开,如图 9-9 所示。

（2）文件切换

在这里可以单击"切换"打开多个文件,同时也可以切换一个文件中的不同场景。

图 9-8　操作界面

图 9-9　主工具栏

（3）窗口控制面板

可以将菜单"窗口"中需要的控制面板打开并拖到"窗口控制面板"中，按个人的使用习惯排列。

（4）属性面板

它是 Flash 的智能化"属性"窗口，是 Adobe 公司产品的特色之一，它会根据不同对象显示不同的内容。通过执行菜单命令"窗口"→"属性"，或使用快捷键＜Ctrl＋F3＞都可以打开"属性"窗口，如图 9-10 所示。

Flash 是一种以时间轴（时间线）为根本的动画制作软件，也就是说，如果没有时间轴，一切都是空谈。时间轴是由"帧"构成的，虽然时间轴上可以有很多个图层，但这只是为了方便制作而设置的一个功能。因为当动画被播放的时候，显示的是播放头所在帧数的所有图层的内容。也就是说，当动画发布成 SWF 文件后，它只有一个图层。

图 9-10　属性

9.2.2　Flash 动画制作

1. 使用工具绘画——咖啡杯

思路分析：使用工具面板中的矩形、椭圆、变形、Deco 及填充等工具绘制咖啡杯。

操作步骤如下：

①新建一 ActionScript 3.0 文件，设置舞台大小宽为 400 像素，高为 200 像素。重命名"图层 1"为"咖啡杯"。

②从工具面板中选择"矩形"工具，确保没有选择"对象绘制"图标，设置笔触颜色为深褐色（♯663300），填充颜色为浅褐色（♯CC6600）。

③在舞台上绘制一个矩形，选择"选择"工具，双击矩形选择它的笔触和填充。在"属性"面板上设置宽度为 130，高度为 150。

④选择"椭圆"工具，确保选择了"紧贴至对象"选项，在矩形内绘制两个椭圆，确保矩形线条与椭圆角相互连接，如图 9-11 所示。

⑤选择"选择"工具，选取并删除椭圆与矩形切割后的最上部分和最下部分的填充及外围的三条线段，再选取并删除圆柱体下方里面的圆弧。效果如图 9-12 所示。

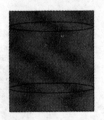

图 9-11　在矩形内绘制两个椭圆　　　图 9-12　删除切割部分

⑥选择"选择"工具，框选舞台上所有图形。选择"任意变形"工具，选择"扭曲"选项，将圆柱体底部两个角向内拖动产生如图 9-13 所示效果（按住 Shift 键再拖动可同时把两个角移动相同的距离）。

⑦选择"选择"工具，按住 Shift 键选择咖啡杯开口的上圆弧和下圆弧，按＜Ctrl＋C＞组合键复制，再按＜Ctrl＋V＞组合键粘贴。

⑧选择"任意变形"工具，缩小椭圆并移动到如图 9-14 所示位置。使用"选择"工具选取缩小后的椭圆的下半部分圆弧并删除，效果如图 9-15 所示。

图 9-13　扭曲变形圆柱体　　　图 9-14　复制并缩小椭圆

⑨选择"选择"工具，用鼠标指向咖啡杯右边线条单击并向外拖曳使边缘呈圆弧状；对

咖啡杯左边线条执行同样操作,如图 9-16 所示。

图 9-15 删除圆弧   图 9-16 变形圆咖啡杯边缘

⑩选择"选择"工具 ,选取咖啡杯正面的填充。选择菜单"窗口"→"颜色"命令打开"颜色"面板,单击"填充颜色"图标并选择"线性渐变",设置渐变色为"灰色"(♯999999)到"白色"再到"黑色",如图 9-17 所示。

⑪选择"渐变变形"工具,选取咖啡杯正面的填充,旋转并向外拖动变形句柄放大渐变,如图 9-18 所示。

图 9-17 颜色面板设置   图 9-18 变形咖啡杯渐变

⑫选择"颜料桶"工具,单击咖啡杯上沿部分区域,将上一步骤设置的渐变应用于该区域。选择"渐变变形"工具,将上沿部分区域渐变旋转 180 度进行水平翻转,效果如图 9-19 所示。

⑬选择咖啡杯中咖啡颜色填充部分,填充咖啡色(♯6E4A1C)。再选择"选择"工具 ,框选舞台上整个咖啡杯,然后选择菜单"修改"→"组合"命令将咖啡杯组合成一个对象整体。

⑭新建一图层并命名为"装饰",选择"Deco"工具,在"属性"面板中设置绘制效果为"装饰性刷子",高级选项为"乐符",颜色为淡绿色,(♯66FFFF)在咖啡杯上方绘制一些装饰音乐符号,如图 9-20 所示。

图 9-19 填充并变形上沿渐变   图 9-20 添加装饰音乐符

⑮制作背景：新建一图层并命名为"背景"，将其拖至"咖啡杯"图层的下方。选择"舞台"中空白处，在"属性"面板中设置舞台背景颜色为红色。

⑯选定"背景"图层，选择"矩形"工具██，在舞台上绘制一矩形，在属性面板中把高和宽设为和舞台一样大小，X 和 Y 值均设为 0，与舞台对齐。

⑰选定矩形对象，选择菜单"窗口"→"颜色"命令打开"颜色"面板，单击"笔触颜色"图标并选择"无"，再单击"填充颜色"图标并选择"径向渐变"，设置渐变色为"黑色（Alpha 值为 0%）"到"黑色（Alpha 值为 60%）"。选择"渐变变形"工具，将矩形对象的渐变中心拖至舞台底部，最终效果如图 9-21 所示。

图 9-21　最终效果

⑱选择"文件"→"另存为"，将动画以"1-1 kfb. fla"为文件名保存原文件。再选择"文件"→"导出影片"，将动画以"1-1 kfb. swf"为文件名保存。

2. 制作铬金属文字

通过制作边线和填充具有不同填充色的铬金属文字，掌握对文字边线和填充施加不同渐变色的方法。具体操作步骤如下：

①启动 Flash 软件，新建一个 Flash 文件（ActionScript 2.0）。

②执行菜单命令"修改→文档"，快捷键<Ctrl＋J>，从弹出的"文档属性"对话框中将背景色设置为深蓝色(♯000066)，然后单击"确定"按钮。

③选择工具箱上的"文本工具"▋▋，设置参数如图 9-22 所示，然后在工作区中单击鼠标，输入文字"ELECTRONIC"。

④弹出"对齐"面板，将文字中心对齐，结果如图 9-23 所示。

图 9-22　设置文字属性

图 9-23　输入文字

⑤执行菜单命令"修改→分离"（快捷键<Ctrl＋B>）两次，将文字分离为图形。

⑥单击工具栏上的"墨水瓶工具"，依次单击文字边框，此时文字周围将出现黑白渐变边框，如图 9-24 所示。

⑦执行菜单命令"修改"→"转换为元件"(快捷键<F8>),在打开的"转换为元件"对话框中输入元件名称 ele,如图 9-25 所示,单击"确定"按钮,进入 ele 元件的影片剪辑编辑模式,如图 9-26 所示。

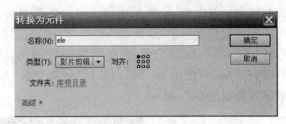

图 9-24　对文字进行描边处理　　　　　　图 9-25　输入元件名称

⑧对文字边框进行处理。按(Delete)键删除 ele 元件,然后利用"选择工具",框选所有的文字边框,在"属性"面板中将笔触高度改为 5,结果如图 9-27 所示。

图 9-26　转换为元件　　　　　　　　图 9-27　将笔触高度改为 5

⑨此时黑白渐变针对每一个字母,这是不正确的。为了解决这个问题,下面选择工具栏上的"墨水瓶工具",在文字边框上单击,对所有字母的边框进行统一的黑白渐变填充,如图 9-28 所示。

⑩此时渐变方向为从左到右,而我们需要的是从上到下,下面为了解决这个问题需要选择工具箱中的"渐变变形工具",处理渐变方向,结果如图 9-29 所示。

图 9-28　对文字边框进行统一渐变填充　　　图 9-29　调整文字边框渐变方向

⑪对文字填充部分进行处理。执行菜单命令"窗口→库"(快捷键<Ctrl+L>),打开"库"窗口,如图 9-30 所示。然后双击 ele 元件,进入影片剪辑编辑状态。接着选择工具箱上的"颜料桶工具",填充色设为"1",对文字进行填充,如图 9-31 所示。

⑫利用工具栏中的"颜料桶工具",对文字进行统一渐变颜色填充,如图 9-32 所示。

图 9-30　"库"窗口　　　　　　　图 9-31　对文字进行填充

⑬利用工具箱上的"渐变变形工具",处理文字渐变,如图 9-33 所示。

图 9-32 对文字进行统一渐变颜色填充    图 9-33 调整填充渐变方向

⑭单击时间窗口上方的场景 1 按钮(快捷键<Ctrl+E>),返回场景编辑模式。

⑮将库中的 ele 元件拖到工作区中。选择工具箱上的"选择工具",将调入的 ele 元件挪动到文字边框的中间,效果如图 9-34 所示。

图 9-34 最终效果

⑯执行菜单命令"控制"→"测试影片"(快捷键<Ctrl+Enter>),即可看到效果。

3.爆竹声

制作燃烧的爆竹伴随着爆炸声炸开不断落下的效果,应用_rotation、_alpha、random、attachMovie、if、gotoAndPlay 等常用语句实现,效果如图 9-35 所示。项目参考操作步骤如下:

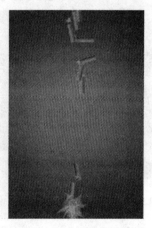

图 9-35 爆竹声

(1)启动 Flash 软件,新建一个 Flash 文件(ActionScript 2.0)。

(2)按快捷键<Ctrl+J>,在弹出的"文档设置"对话框中设置,如图 9-36 所示,单击"确定"按钮。

(3)创建"爆竹"元件。

①按快捷键<Ctrl+F8>,在弹出的"创建新元件"对话框中设置,如图 9-37 所示,然后单击"确定"按钮,进入"爆竹"元件的图形编辑模式。

②在"爆竹"元件中,利用工具箱上的 q(矩形工具),笔触颜色设为 ,在"颜色"面板中设置填充色,如图 9-38 所示,然后在工作区上绘制矩形,效果如图 9-39 所示。

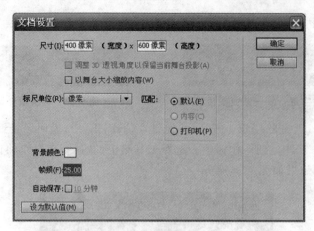

图 9-36　设置文档属性

图 9-37　创建"爆竹"元件

图 9-38　设置填充颜色

图 9-39　绘制矩形

（4）创建"火花"元件。

①按快捷键<Ctrl＋F8>，在打开的"创建新元件"对话框中设置，如图 9-40 所示，然后单击"确定"按钮，进入"火花"元件的影片剪辑编辑模式。

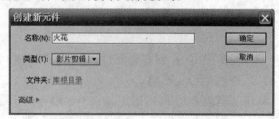

图 9-40　创建"火花"元件

②在时间轴的第 2～5 帧,按快捷键＜F7＞,插入空白的关键帧。分别在第 1～5 帧上绘制图形,结果如图 9-41 所示。此时时间轴如图 9-42 所示。

第1帧　　第2帧　　第3帧　　第4帧　　第5帧

图 9-41　分别在 1～5 帧上绘制图形

(5)创建"爆竹剪辑"元件。

①按快捷键＜Ctrl＋F8＞,在打开的"创建新元件"对话框中设置,如图 9-43 所示,然后单击"确定"按钮,进入"爆竹剪辑"元件的影片剪辑编辑模式。

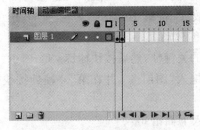

图 9-42　时间轴分布

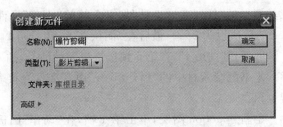

图 9-43　创建"爆竹剪辑"元件

②在"库"面板中右键单击"爆竹剪辑"元件,在弹出的快捷菜单中选择"属性"菜单项,然后在打开的"元件属性"对话框中单击"高级"按钮,展开"链接"选项进行设置,如图 9-44 所示。

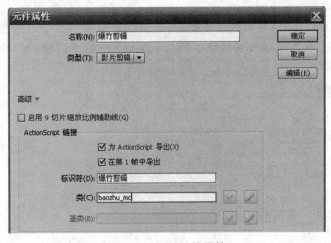

图 9-44　设置"链接属性"

说明:在"链接属性"中设置的目的是为了在以后语句中调用。

③将"爆竹"元件拖入"爆竹剪辑"元件中,分别在"图层 1"的第 4 帧和第 6 帧按快捷键＜F6＞,插入关键帧。接着单击第 6 帧,选择视图中的"爆竹"元件,在"属性"面板中将 Alpha 设定为 0%。最后在第 4～6 帧之间创建动画补间动画。

④新建"图层 2",将"火花"元件拖入"爆竹剪辑"元件中,并将实例名命名为 fire。选择"图

层 2"的第 4~6 帧,按快捷键<Shift+F5>将它们删除,效果如图 9-45 所示。

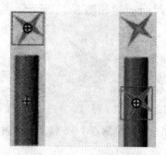

图 9-45　放置"火花"元件

⑤新建"图层 3",在第 4 帧按快捷键<F7>,插入空白关键帧,然后将"火花"元件再次拖入"爆竹剪辑"元件中。接着分别在第 4、7 帧和第 10 帧按快捷键<F6>,插入关键帧,并利用工具箱上的"任意变形工具"将第 7 帧的"火花"元件旋转放大;将第 10 帧的"火花"元件的 Alpha 的数值设为 0%。最后在"图层 3"的第 4~10 帧之间创建动画补间动画。

⑥新建"图层 4",在第 5 帧按快捷键<F7>,插入空白的关键帧,然后按快捷键<Ctrl+R>,导入本书配套素材中的"爆炸.wav"声音文件。接着将其拖入"图层 3",并在第 20 帧处按快捷键<F5>。

⑦新建 action 图层,单击第 1 帧,在"动作"面板中输入下面语句:

```
fire. sp=random(2)+1;
```

说明:这段语句用于控制导火线的燃烧速度。

⑧在 action 图层的第 2 帧按快捷键<F7>,插入空白的关键帧,在"动作"面板中输入下面语句:

```
fire. _y=fire. sp;        //导火线逐步燃烧。
```

⑨在 action 图层的第 3 帧按快捷键<F7>,插入空白的关键帧,在"动作"面板中输入下面语句:

```
if(fire. _y<=23)
{
    gotoAndPlay(2);
}
else
{
    fire. removeMovieClip();
}
```

说明:这段语句用于控制导火线燃烧尽。

⑩在 action 图层的第 4 帧按快捷键<P7>,插入空白的关键帧,在"动作"面板中输入下面语句:

```
psnl=random(10)+20;
for(i=1;i<psnl;i++)
{
```

```
attachMovie("piecemc","psmc"+i,i+10);
eval("psmc"+i)._rotation=i*360/psnl;
eval("psmc"+i)._xscale=eval("psmc"+i)._yscale=80+random(71);
}
```

说明：这段语句用于控制炸开的纸片动画复制。

⑪在 action 图层的第 20 帧按快捷键＜F7＞，插入空白的关键帧，在"动作"面板中输入下面语句：

```
stop();
_parent.removeMovieClip();
```

说明：这段语句用于炸掉后删除整个父类动画。

(6)创建"碎片"元件。按快捷键＜Ctrl＋F8＞，创建"碎片"影片剪辑元件，然后利用工具栏中的矩形工具，在工作区中绘制正方形。

(7)创建"碎片剪辑"元件。

①按快捷键＜Ctrl＋F8＞，打开"创建新元件"对话框，然后单击"高级"按钮，展开"链接"窗口。

②将"碎片"元件拖入"碎片剪辑"元件中，并中心对齐。将实例名命名为 ps。接着在第 3 帧按快捷键＜F5＞，将"图层 1"的帧数延长到第 3 帧。

③新建"图层 2"，单击第 1 帧，在"动作"。面板中输入下面语句：

```
ps._x=0;
ps._rotation=random(90);
ps.ex=random(100)+100;
ps.sp=random(10)+10;
ps.rsp=random(20)-10;
ps._xscale=50+random(100);
ps._yscale=50+random(100);
ps._rotation=random(90);
```

说明：这段语句用于获得实例 ps 的_rotation、_xscale、_yscale 的随机数。

④在"图层 2"的第 2 帧按快捷键＜F7＞，插入空白的关键帧，然后单击第 2 帧，在"动作"面板中输入下面语句：

```
ps._x+=ps.sp;
ps._alpha=(1-ps._x/ps.ex)*100;
ps._rotation+=ps.rsp;
```

⑤在"图层 2"的第 3 帧按快捷键＜F7＞，插入空白的关键帧，然后单击第 3 帧，在"动作"面板中输入下面语句：

```
if(ps._x>=ps.ex)
{
    stop();
}
```

```
else
{
gotoAndPlay(2);
}
```

(8)创建"坠落剪辑"元件。

①按快捷键<Ctrl+F8>,在弹出的"创建新元件"对话框中设置,然后单击"确定"按钮,进入"坠落剪辑"元件的影片剪辑编辑模式。

②单击第1帧,然后在"动作"面板中输入下面语句:

```
attachMovie("baozhu_mc","pao0",10);
pao0._xscale=pao0._yscale=60;
pao0.rsp:random(20)-10;        //落的旋转参数
pao0.sp=random(6)+6;           //落的速度参数
```

说明:这段语句用于控制爆竹下落的旋转和速度参数。

③在第2帧按快捷键<F7>,插入空白的关键帧。然后单击第2帧,在"动作"面板中输入下面语句:

```
pao0._y+=pao0.sp;
pao0.sp+=1;        //加速下落
pao0._rotation=pao0.rsp;
```

说明:这段语句用于控制爆竹的加速下落。

④在第3帧按快捷键<F7>,插入空白的关键帧。然后单击第3帧,在"动作"面板中输入下面语句:

```
gotoAndPlay(2);
```

(9)创建"main_MC"元件。

①按快捷键<Ctrl+F8>,在弹出的"创建新元件"对话框中设置,然后单击"确定"按钮,进入"main_MC"元件的影片剪辑编辑模式。

②单击第1帧,然后在"动作"面板中输入下面语句:

```
if(random(3)==1)
{      //这段语句用于产生1/3的出现率
i++;
attachMovie("drop_mc","dropp"+i,i+100);
eval("dropp"+i)._x=random(50)-25;      //+25>出现位置的x>-25
eval("dropp"+i)._y=0;
}
```

③在第2帧按键<F7>,在"动作"面板中输入下面语句:

```
gotoAndPlay(i);
```

(10)合成场景。

①按快捷键<Ctrl+E>,回到"场景1",然后将"main_MC"元件拖入场景,放置位置如图9-46所示,以便使爆竹从上方落下。

图 9-46　在"场景 1"中放置"main_MC"元件

　　②至此整个动画制作完成，为了美观，下面利用工具箱上的"矩形工具"绘制一个带有放射状渐变色的矩形作为背景，然后按快捷键＜Ctrl＋Enter＞，打开播放器，即可观看。

第10章 数字视频处理

10.1 数字视频基础

10.1.1 模拟视频和数字视频

1.模拟视频

传统电视视频信号的典型代表——模拟视频,其中的模拟信号是基于模拟技术以及图像显示的国际标准来产生视频画面的。

模拟视频一般使用模拟摄录像机将视频作为模拟信号存放在磁带上,用模拟设备进行编辑处理,输出时用隔行扫描方式在输出设备(如电视机)上还原图像。

2.数字视频

对数字化信号进行模拟便可得到数字视频,用数字技术对视频信息进行记录。对模拟视频信号进行 A/D(模/数)转换在模拟视频中是通过模拟采集卡来实现的,视频捕捉是这一转换操作的主要过程,将转换后的信号采用数字压缩技术存入计算机磁盘中就成为数字视频。

3.宽高比

电视的长宽比是标准化的,一般为 4∶3、16∶9 或 16∶10。目前大部分电视节目开始选择 16∶9 的标准,因为以后的电视节目向高清晰度方向发展,这将使人的双眼观看物体和环境时感到更为舒适。

像素的宽高比是指图像中的一个像素和宽度和高度之比,一帧图像的画面可以理解为由许多个像素横竖排列而成,一个像素的宽可以理解为同一行中的两个像素点之间的距离,像素的高可以理解为同一列两个像素点之间的距离。显然,当帧的宽高比保持不变时,像素的宽高比就决定图像的分辨率。在影视后期非线性编辑中,经常需要设置和调整像素高宽比,以适应不同环境的编辑和播出标准。

4.电视信号的类型

图 10-1 所示为电视视频信号的形成过程。

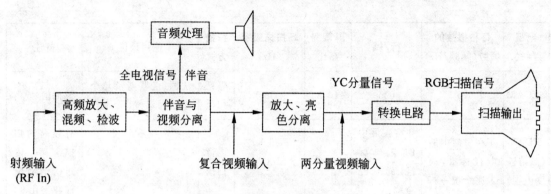

图 10-1　电视视频信号的形成过程

（1）高频或射频信号（通过天线接收）

电视信号只有转化为视频全电视信号或高频信号，才能在空中传播，其中每个频道都保存特定的一种信号。我国采用 PAL 制，每个频道占用 8MHz 的带宽。我国目前有线电视主干线上传输的电视信号都是射频信号。

（2）复合视频信号（通过 AV 端口）

复合视频信号包括单路模拟信号的色彩和亮度，即伴音后的视频信号从全电视信号中分离出来，此时在亮度信号的高端间插着色度信号。

10.1.2　电视制式

电视制式指的是一个国家按照国际上的有关规定、具体国情和技术能力所采取的电视广播技术标准，是一种电视的播放标准。不同的制式对视频信号的编码、解码、扫描频率和界面的分辨率均存在一定的差异。不同制式的电视机只能接受相应制式的电视信号。因此如果计算机系统处理的视频信号与连接的视频设备制式有出入，播放时图像的效果就会明显下降，有的甚至无法播放。

几种常见的电视制式见表 10-1。

表 10-1　几种常见的电视制式

电视制式	每秒播放的帧数（帧频/Hz）	行/帧	屏幕宽高比	场扫描频率（Hz）	扫描方式	使用地区	备注
NTSC	30	525	4：3	60	隔行扫描	美国、加拿大等大部分西半球国家，日本、韩国等国及中国的台湾省	模拟信号
PAL	25	625	4：3	50	隔行扫描	德国、英国等一些西欧国家，以及中国、朝鲜等国家	模拟信号

电视制式	每秒播放的帧数(帧频/Hz)	行/帧	屏幕宽高比	场扫描频率(Hz)	扫描方式	使用地区	备注
SECAM	25	625	4:3	50	隔行扫描	法国、俄罗斯及几个东欧国家	模拟信号
HDTV(高清晰度电视)	正在发展中的电视标准,尚未完全统一	正在发展中的电视标准,尚未完全统一	16:9	1000	逐行扫描		有较高的扫描频率,传送的信号全部数字化

10.1.3　3D 立体电视

三维立体图形即 3D(Three-Dimensional)。立体视觉的产生是因为人在辨别物体的远近时,双眼观察物体的角度不同。因此左右眼所看到的图像在三维立体影像电视中的角度不同。3D 液晶电视的立体显示效果,特殊的精密柱面透镜屏被加在液晶面板上,3D 视频影像(经过编码处理)送入人的左右眼,用户可以裸眼体验立体效果,2D 画面也能兼容。

目前市场上的 3D 立体电视产品成为商家宣传力推的热门电视产品之一,受到部分高端消费者的追捧。可以肯定,3D 立体电视会成为未来电视技术及产品发展的主要方向,但目前来说,3D 立体电视的发展存在局限性,归纳起来主要有以下 4 点。

①容易导致"视疲劳",因此不能长时间观看,尤其不适宜儿童及青少年观看。

②价格太贵。3D 电视一般还需要匹配 3D 影视碟片、3D 碟机和立体眼镜,才能组建成一个家庭 3D 影视系统。

③引发一些严重疾病,如中风,特别是对儿童和青少年来说更是如此,其中包括视力下降、头晕、视线模糊、眼睛或肌肉等出现不自主的抽动、恶心、抽搐、痉挛、方向障碍以及意识丧失等。

④3D 片源稀少,未来的 3D 节目源主要依靠电视播出、蓝光光盘以及互联网下载。

10.1.4　常见的数字视频格式及应用

1. VCD 格式

1992 年发布了 VCD 光盘格式 CD-V 光盘标准,是定义存储音频数据、MPEG 数字视频的光盘标准,是 VCD 1.0、VCD 1.1、VCD 2.0、VCD 3.0 标准的基础。VCD 1.0 是 1993 年由 JVC、Philips、Matsushita 和 Sony 等几家外国公司共同制定的光盘标准,1994 年升级为 VCD 2.0,随后又推出了 VCD 3.0。VCD 标准是针对 VCD 的数字视频、音频及其他一些特性等制定的规范。不过,无论 VCD 1.0、VCD 1.1、VCD 2.0 还是 VCD 3.0 标准,它们均采用 MPEG1 压缩标准,区别主要在于 VCD 其他特性的不同。

按照 VCD 2.0 规范的规定,VCD 应具有以下特性:

①一片 VCD 盘可以存放 70min 的电影节目,图像质量为 MPEG1 质量,符合 VHS(Video Home System)质量,NTSC 制式为 352×240×30,PAL 制式为 352×288×25。数字音频质量为 CD-DA 质量标准。DAT 是 Video CD 数据文件的扩展名。

②VCD 节目可在安装有 CD-ROM 的 MPC 上播放。

③其具备的主要功能包括快进、正常播放、暂停、慢放等。

④静态图像按 MPEG 格式编码显示分别率的方式包括:正常分辨率图像,NTSC 制式 (352×240),PAL 制式(352×288)。

2. DVD 格式

DVD 是英文 Digital Video Disk 的缩写,其压缩标准为 MPEG-Ⅱ,双面的 DVD 光盘,12cm 光盘上可存储 8.4GB 的数字信息,存放高图像的电影节目,其可存放 270~284min。它是 VCD 的替代品。

3. AVI 格式

AVI 是 Audio Video Interleave 的英文缩写,是目前计算机中较为流行的视频文件格式。在应用程序音频的编辑、捕捉和回放等中被应用,AVI 格式是微软公司的窗口电视(Video for Windows)软件产品中的一种技术,其优点是兼容性好,调用方便,图像质量好,但存储空间大,伴随着 Video for Windows 软件的进一步应用,AVI 格式越来越受欢迎,得到了各种多媒体创作工具、各种编程环境的广泛支持。

10.2　数字视频的获取

10.2.1　采用数字视频录制系统获得视频

从硬件平台来说,一般的视频系统主要有摄像机、计算机、录像机、电视机、视频采集卡等组成,基中的摄像机可以是传统的模拟摄像机,也可以是数码摄像机,视频采集卡和计算机直接配套安装在一起,计算机的各种输入接口和摄像机的输出接口一一对应连接。图 10-2 所示为一般的数字视频录制系统。

总体来说,数字视频系统的获取可分为三个部分,首先是摄像机、电视机、影碟机等设备,提供模拟视频输出的记录;然后是视频采集卡对模拟信号进行采集、量化和编码;最后由数字视频对计算机接受和记录编码。视频采集卡在这一过程中起重要作用,它提供连接模拟设备和计算机的接口,还具有模拟信号数字化的功能。

计算机扩展槽上安装的一个板卡为视频采集卡,主要用于把录像带及摄像机等设备上的视频数据转换到计算机中,也称为视频板卡,如图 10-3 所示。影碟机、录像机、电视、摄像机等多种视频源信息被汇集,数字化捕捉和采集的画面信息,还包括存储、放出、输出等处理操作,如修整、剪裁、编辑、像素显示调整、按比例绘制、缩放功能等。多媒体视频处理由视频采集卡所提供。

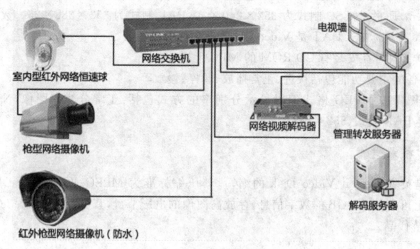

图 10-2　一般数字视频录制系统

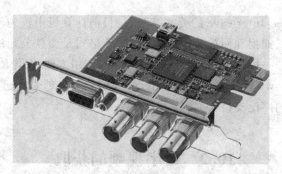

图 10-3　视频采集卡

　　视频采集卡是将视频源的模拟信号通过处理转变成数字信号(即 0 和 1),并在计算机硬盘存储这些数字信息。视频采集卡是在采集芯片上进行这种模拟/数字转变。来自视频输入端的模拟视频信号在计算机上可通过视频采集卡来接收,并对信号进行采集、量化,将其转换为数字信号,然后再转化为数字视频。图 10-4 给出了视频采集过程。硬件压缩的功能是大多数视频卡都具有的,在采集视频信号时首先压缩视频信号,然后将压缩的视频数据通过 PCI

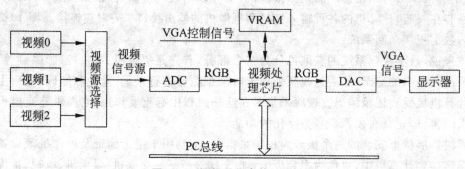

图 10-4　视频采集卡的工作原理

接口传送到主机上。把数字化的视频存储成 AVI 文件是一般视频采集卡的功能,直接把采集到的数字视频数据实时压缩成 MPEG-1 格式的文件是部分高档的视频采集卡的功能。

10.2.2 VCD 和 DVD 等光盘载体获得视频

视频应用比较广泛,不论是个人用户,还是专业的视频领域用户,经常需要对视频进行采集、传输、格式转换、压缩处理等。例如,个人 DV 爱好者,对拍摄的视频进行采集编辑处理后,制作 DVD 或 VCD 保存。但是如果要从 DVD 向 VCD 光盘中导出视频应该如何进行操作呢?下面简要介绍从 DVD 或 VCD 光盘里导出视频的方法。

①右击光盘符,选择"资源浏览器"打开光盘。

②找到视频文件。一般来说 DVD 里的视频为 VOB 格式,但是由于各家公司标准不同,也会有其他格式。方法很简单,就是每个文件夹都打开看看,文件特别大的(通常几十 MB 以下)就是真实的视频。找到视频以后,复制粘贴到硬盘。DVD 光盘里有多个视频文件,通常一个大场景一个视频文件。

③把视频文件转化成其他格式,然后就可以编辑。

10.2.3 从网上搜索和下载视频

随着网络技术的发展和数字视频制作设备的普及,越来越多的人可以自己制作视频,并通过网络分享自己的视频资源。现在,Internet 是一个海量的视频资源库,对于多媒体制作者和爱好者来说,需要掌握通过网络来寻找视频素材的渠道和下载方法,从而丰富自己的素材来源。

目前,国内外的视频网站得到了快速发展,国内外的视频网站主要有我乐网、土豆网、优酷网、六间网、Youtube 等。随着视频资源网站的增多,人们对视频搜索需求日益增加,视频搜索服务也应运而生并快速发展。目前,比较流行的中英文视频搜索引擎主要有百度视频搜索(http://video.baidu.com/)、爱问视频搜索(http://v.iask.com/)、天线视频(http://www.openv.tv/)、迅雷狗狗搜索(http://www.gougou.com/)、SOSO 视频搜索(http://video.soso.com/)、Google 视频搜索(http://video.google.com/)、Yahoo 视频搜索(http://video.search.yahoo.com/)等。虽然目前视频搜索网站发展比较快,但现阶段我国用户对专业视频搜索的认知程度还比较低。导致这样状况的原因是大多数视频搜索网站提供的服务质量不高,主要表现在搜索精度不高,内容不够全面,清晰度差,目标性差,由免费转向有偿收费。因此,可以适当使用专业视频网站的内部搜索,以弥补这些缺陷。

另外,可以通过网络下载工具来获得视频素材,视频素材的容量一般都比较大,小的文件几十兆字节,大的可以达到几个吉字节,这就需要足够快和稳定的网速来支持。P2P 可以理解为(点对点)"伙伴对伙伴"的意思,也称为对等网络。P2P 还有点对点下载的意思,主要是用户在下载网络信息的同时,自己的计算机还要做主机上传下载的信息,这种下载方式在线下载用户越多下载速度越快,但缺点是可能对硬盘有一定的损伤,占用本机的内存较多,影响整机运行速度。视频文件的下载一般采用 P2P 的下载方式来提高下载速度,目前大部分的下载工具都集成了 P2P 的下载功能,国内比较流行的下载工具有超级旋风(QQ Download)、迅雷(Thunder)和快车(FlashGet)等。

10.3　数字视频压缩与文件格式

10.3.1　数字视频压缩标准

MPEG(Moving Picture Experts Group)的中文意思是运动图像专家小组。MPEG 和 JPEG 两个专家小组,都是在 ISO 领导下的专家小组,其小组成员也有很大的交叠。JPEG 的目标是专门集中于静止图像压缩,MPEG 的目标是针对活动图像的数据压缩,但是静止图像与活动图像之间有密切关系。MPEG 专家小组,承担制定了一个可用于数字存储介质上的视频及其关联音频的国际标准,这个国际标准,简称 MPEG 标准。MPEG 标准主要分为 MPEG-1、MPEG-2、MPEG-4、MPEG-7 等常用标准。

(1)MPEG-1 标准

MPEG-1 是 1992 年通过的用于 1.5Mb/s 速率的数字存储媒体运动图像及伴音编码标准。MPEG-1 主要应用于光盘、数字录音带、磁盘、通信网络以及 VCD 等。

(2)MPEG-2 标准

MPEG-2 是 1994 年通过的用于 4~15Mb/s 速率的广播级运动图像及伴音编码的国际标准。MPEG-2 主要应用于 DVD、HDTV(高清晰度电视)、视频会议以及多媒体邮件等。

(3)MPEG-4 标准

MPEG-4 是 1998 年通过的用于低比特率(≤64kb/s)的视频压缩编码标准,主要应用于可视电话、视听对象(交互)等。

(4)MPEG-7 标准

MPEG-7(Multimedia Content Description Interface,多媒体内容描述接口)规定一套描述符标准,用于描述各种多媒体信息,以便更快更有效地检索信息,主要应用于数字图书馆、广播媒体选择、多媒体编辑以及多媒体索引服务等。

10.3.2　常见的视频文件格式

视频文件可以分为动画文件和影像文件两大类。动画文件是由动画制作软件如 Flash、3ds Max、Director 等设计生成的文件;影像文件主要是指包含实时音频、图像序列的多媒体文件,通常由视频设备输入。常见的影像文件有 AVI 文件、MPEG 文件、QuickTime 文件、Real Video 文件等。

1. AVI 文件

AVI 是 Microsoft 公司开发的数字音频与视频文件格式,它允许视频和音频交错在一起同步播放,支持 256 色和 RLE 压缩,数据量巨大。但 AVI 文件(.avi)并未限定压缩标准,因此,AVI 文件格式只是作为控制接口上的标准,不具有兼容性,用不同压缩算法生成的 AVI 文件,必须使用相应的解压缩算法才能播放出来。

AVI 格式的优点是采用帧内压缩编码使得图像清晰,可用一般的视频编辑软件对其编辑或处理,缺点是所需存储空间较大。也正因为这一点,才有了 MPEG-1 和 MPEG-4 的诞生。

AVI 文件目前主要应用在多媒体光盘上,用来保存电影、电视等各种影像信息,有时也出现在 Internet 上,供用户下载、欣赏新影片的精彩片断。

2. MPEG 文件(.dat、.mpg)

MPEG 是运动图像压缩算法的国际标准,采用有损压缩方法减少运动图像中的冗余信息。MPEG 标准包括 MPEG 视频、MPEG 音频和 MPEG 系统这 3 个部分,MP3 文件就是 MPEG 音频的一个典型应用,而 VCD、DVD、SVCD 则全面采用 MPEG 标准产生。VCD 采用 MPEG-1 标准,DVD 采用 MPEG-2 标准。

3. QuickTime 文件

QuickTime 是苹果公司开发的音频、视频文件格式,用于保存音频和视频信息,包括 Apple Mac OS、Microsoft Windows 在内的所有主流计算机平台支持。

QuickTime 文件(.nov)格式支持 25 位元彩色,支持 RLE、JPEG 等集成压缩技术,提供 150 多种视频效果。新版的 QuickTime 进一步扩展了原有的功能,包含基于 Internet 应用的关键特性,能够通过 Internet 提供实时的数字化信息流、工作流与文件回放功能。

4. Real Video 文件

Real Video 是 Real Networks 公司开发的流式视频文件(.rm、.rf)格式,主要用于低速率的广域网上实时传输活动视频影像,可根据网络传输速率的不同而采用不同的压缩比,实现影像数据的实时传送和实时播放。

Real Video 还可以与 Real Server 服务器相配合实现实时播放,即先从服务器上下载一部分视频文件,形成视频流缓冲区后实时播放,同时继续下载,为接下来的播放做好准备。这种"边传边播"的方法避免了用户必须等待整个文件从 Internet 上全部下载完毕才能观看的缺点,因而特别适合在线观看视频。

5. ASF 文件和 WMV 文件

ASF 文件和 WMV 文件是针对 RM 格式的缺点而提出的。ASF 文件(.asf)是 Microsoft 公司开发的流媒体文件格式,用来在 Internet 上实时播放音频和视频;WMV 文件(.wmv)是 Microsoft 公司开发的与 MP3 齐名的视频格式文件,也是一种独立于编码方式的、在 Internet

上实时传播多媒体的技术标准。它们的共同特点是采用 MPEG-4 压缩算法,所以压缩率和图像的质量都很理想。与绝大多数的视频格式一样,画面质量同文件尺寸成反比关系。也就是说,画质越好,文件越大;文件越小,画质就越差。在制作 ASF 文件时,推荐采用 320×240 像素的分辨率和 30 帧每秒的帧速,可以兼顾清晰度和文件体积,这时的两个小时影像约为 1GB。

6. DV 格式

DV 格式是一种国际通用的数字视频标准,是数码摄像机用于在它的 Mini DV 磁带上记录影像的文件结构。

7. DIVX 格式

DIVX 分别采用 MPEG-4 和 MP3/WMA 为视频和音频编码,把视频和音频合并在一起。DIVX 视频编码技术可以说是针对 DVD 而产生的,其画质接近 DVD 且体积只有 DVD 的几分之一;同时它也是为了打破 ASF 的种种约束而发展起来的。其播放对机器的要求也不高,只要有主频 300MHz、64MB 的内存和 4MB 显存的显卡,就可以流畅地播放了。

10.3.3 视频格式的转换

众所周知,不同的视频格式具有不同的应用场合。例如,MPEG-2 格式的视频主要用于制作 DVD,而 RM 格式的视频主要用于网络流媒体。另外,不同格式的视频需要对应不同的播放器,MOV 格式的视频文件用 QuickTime 播放,RM 格式的视频文件用 Real Player 播放。因此,为了适应不用的应用环境,需要在不同格式的视频间相互转换,视频编辑软件和专门的视频格式转换软件通常都可以对各种视频格式实现相互之间的转换。随着数字视频应用日益广泛,专门的视频转换软件发展得非常迅猛,目前流行的视频转换工具有数十种之多。随着多种视频格式之间的跨平台兼容,市面上也出现了很多能够支持绝大部分视频格式的通用播放器。下面只简单介绍常用的几种视频转换软件。

1. AVI Video Converter

这种转换软件可以支持 AVI、MPEG1/2/4、VCD/SVCD/DVD、DIVX、XVid、ASF、WMV、RM 在内的几乎所有视频文件格式,自身也支持 VCD/SVCD/DVD 烧录,支持 AVI→DVD、AVI→VCD、AVI→MPEG、AVI→MPG、AVI→WMV、DVD→AVI 及视频到 AVI、WMV 和 RM 的转换。图 10-5 所示为 AVI Video Converter 的主界面。

2. RM Converter

这是一款可以将 Real Media 文件(﹡.rm,﹡.rmvb)格式转换成 AVI、MPEG、VCD、SVCD、DVD、WMV 等格式文件的实用小工具。图 10-6 所示为 RM Converter 主界面。

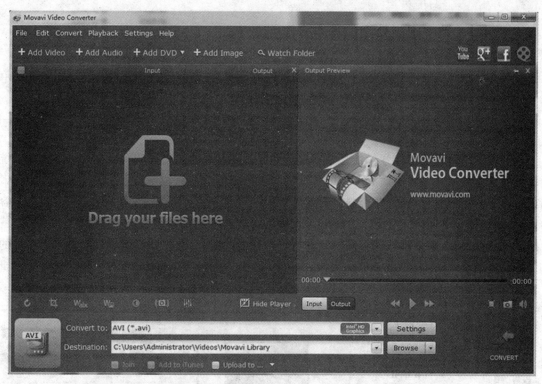

图 10-5　AVI Video Converter 的主界面

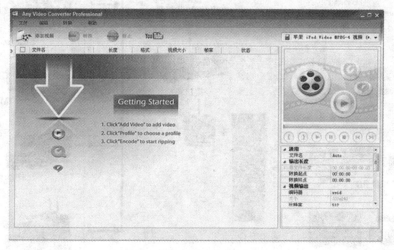

图 10-6　RM Converter 的主界面

10.4　数字视频处理

视频信息的处理主要是使用视频编辑软件来进行的。视频编辑软件的主要功能有视频的输入、剪辑、字幕、特效、转场(过渡)、输出等。

10.4.1 数字视频处理的基本方法

非线性编辑可以概括为是利用计算机、视音频处理卡、视音频编辑软件所构成的系统对数字视频信号进行后期编辑和处理的过程。

1.非线性编辑的构成与工作原理

非线性编辑系统能使音像信息数字化并储存在高容量的硬盘或读写光盘内。非线性系统的编辑过程实质就是对画面和声音的数据资料以特定的次序确立和安排,且不只是对镜头素材进行一个个的编辑,而是对资料的有效管理。硬件主要有计算机、专用视音频卡、高速大容量硬盘、外围设备,具体如图 10-7 所示。软件主要有非线性编辑系统软件、二维动画软件、三维动画软件、视音频处理软件。随着计算机硬件性能的提高,数字视频编辑处理对专用器件的依赖越来越小,软件的作用会更加突出。因此,诸如 Adobe Premiere Pro 之类的非线性编辑软件就成了数字视频编辑的重要手段。

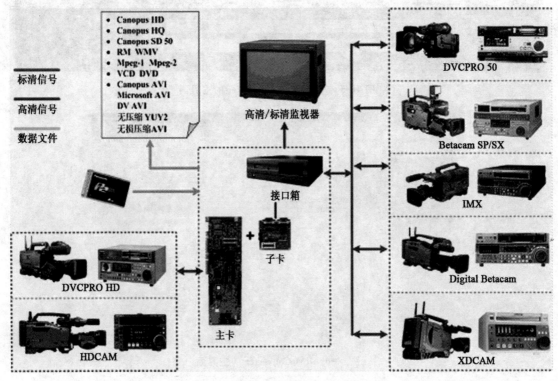

图 10-7 非线性编辑系统的硬件组成

2.非线性编辑系统的工作流程

对输入的视音频信号进行 A/D 转换,即将视音频信号经过视音频卡转换成数字信号,经过编码压缩存储到高速硬盘上。根据电视脚本,利用非线性编辑软件及多媒体软件对数字化的视音频信号进行处理,包括各种特殊效果处理、声音的合成、字幕的叠加形成完整的电视节目。将视频节目送到相应的视音频卡,进行解压缩还原,经数模(D/A)转换接口送到录制设备中。

3.非线性编辑系统的基本类型、结构

(1)非线性编辑系统的基本类型

基于 PC 平台系统,此系统的性价比最高;基于 MAC 平台系统,此系统属专业级的档次;基于工作站平台系统,此系统为广播级的水平,系统的性能好,但价格高。

(2)非线性编辑系统的计算机硬件平台结构

非线性编辑系统的计算机硬件平台结构微处理器、系统主内存及输入输出(I/O)设备接口是其 3 个部分,系统总线将三者联系起来,计算机和 I/O 接口通过外部设备连接起来。

4.非线性编辑系统的优点

非线性编辑系统具有图像质量好、综合功能强、编辑效率高、维护费用低、性价比高、升级简便等优点。另外,非线性编辑系统还具有高质量的图像信号,强大的制作编辑功能。集多种功能于一身的非线性编辑系统,结构线路简单、大大降低了故障率,能够可靠的运行,系统功能拓展方便。

在实际工作中,根据线性编辑、非线性编辑和节目制作的要求,选用合适的编辑方式。广告片及专题片、纪录片头、电视片头的制作中,以非线性编辑为主。

10.4.2　视频处理软件 Adobe Premiere 简介

Adobe Premiere 是以 Project(项目)为基础制作影片的,项目中记录了 Premiere 影片中的所有编辑信息,例如素材信息、效果信息等。一般情况下,在 Premiere 中制作影片按以下步骤进行。

①建立一个新项目。

②导入原始素材片段。

③装配和编辑素材。

④对素材应用转场特效、滤镜特效、运动特效以及叠加处理。

⑤为影片添加声音和字幕。

⑥输出影片。

启动 Adobe Premiere Pro,系统会出现启动对话框,如图 10-8 所示。

图 10-8　Adobe Premiere Pro 启动对话框

单击"新建项目"图标按钮,系统会出现预设框,设置项目的名称,即可进入 Adobe Premiere Pro 的主界面,主界面由菜单栏和小工作窗口组成,如图 10-9 所示。

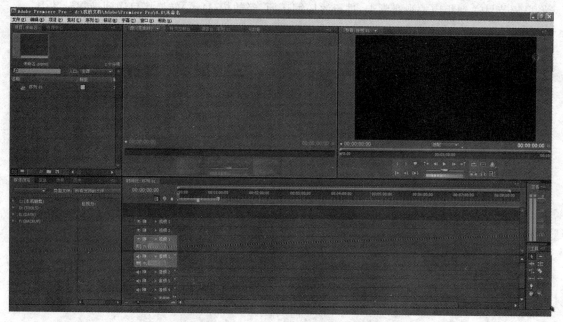

图 10-9　Adobe Premiere Pro 的主界面

1."项目"窗口

"项目"窗口就是用来管理各种素材的,其中详细地列出了项目的名称、类型、区间、视频信息和音频信息等。可以将素材添加到项目列表中,也可以将素材从项目中删除。

(1)添加素材

执行"文件"→"导入"命令,弹出导入文件对话框。在对话框中,既可选择项目文件(".prproj"文件),也可直接选择一个或多个其他文件(如".avi"文件、".fim"文件、".mov"文件等);选择完成后,单击"打开"按钮,便会弹出"项目"窗口,并将选中的文件输入到窗口中。在进行编辑时,可以直接将文件从"项目"窗口中拖入"时间线"窗口的"视频"或"音频"轨道上进行处理。

(2)视频捕捉

执行"文件"→"采集"命令,弹出其对话框,根据对话框中的提示信息便可采集视频。

(3)删除素材

在"项目"窗口中添加素材时,并非真的把素材全部加入到项目中了,而只是将硬盘上的素材文件和项目之间建立了一种对应关系,即有一个指针指向这个文件。因为这些要编辑的素材会占用大量硬盘和内存空间,所以 Adobe Premiere 使用原始素材的一个样品或一串略图来代替实际的视频或其他资源。这样在不影响操作的情况下,既节省了空间,又节省了时间。只有在生成预览或生成影片时,才对素材进行实际操作。所以,如果要从"项目"窗口中去掉一个素材,直接用鼠标选中这一素材,然后按 Delete 键即可。这样操作并没有删除实际的文件,只是去掉了项目与文件之间的关系。

2."时间线"窗口

时间线是整个软件包中最重要的视频编辑工具。从"项目"窗口里选择要使用的视频与音频片段,并将它们拖拽到时间线上,按照希望的顺序排列。在这个阶段,可以在处理之前或之中选择编辑特定的场景。

执行"窗口"→"时间线"命令,弹出"时间线"窗口,它提供了 3 个视频时间线——视频 1、视频 2 与视频 3。在这个架构下,时间线最好的使用方法是将片段在视频 1 与视频 2 上连续排列。视频 3 时间线可以使用额外的特效,如变色文字、片头标题连续视频、片尾标题等。

把项目中的素材加入到"时间线"窗口中时,选中要添加的素材,当看到鼠标变成手形时,按住鼠标左键不放,移动鼠标拖到要添加的轨道上,然后松开鼠标即可。如果所添加的是有声视频,相应的音频部分会自动地添加到音频轨道上。

3.工具箱

在"时间线"窗口的左侧有一个工具箱,可以用来选择和编辑素材,如图 10-10 所示。

(1)选择工具

选择素材和移动素材。当它位于一个素材的边缘时,就会变成拉伸光标,可用来拉长或缩短素材。

(2)轨道选择工具

可对单轨道上的所有素材进行整体性的操作,例如,可将整个一条轨道上的素材移到另一条轨道上去,或者对两条轨道上的所有素材同时进行平移操作。操作方法是:单击轨道选择工具,在轨道上单击可选中轨道上的所有素材,也可以在按 Shift 键的同时单击轨道实现多选。

图 10-10　工具箱

(3)波纹编辑工具

在不影响"时间线"窗口中同一轨道上的所有其他素材持续时间的前提下,改变某一素材的持续时间。操作方法是:单击波纹编辑工具,将鼠标箭头移到两段素材交界的地方,在出现波纹标记时前后拖动即可。

(4)旋转编辑工具

在不改变影片总长度的情况下,调整两段相邻素材的长短关系。操作方法是:单击旋转编辑工具,将鼠标箭头移到两段素材交界的地方,出现滚动标记时前后拖动即可。注意:要进行编辑的两段素材的长度应该小于原始素材的长度,这样其中的一段素材才有余地"补充"失去的时间。

(5)比例伸展工具

对素材放映的速率进行调整。操作方法是:单击速率调整工具,在某一片段的边缘拖动,缩短素材速度加快,拉长素材速度减慢。

(6)剃刀工具

剃刀工具就是视频切割工具,可以把一段视频剪辑切割成两段。选择剃刀工具后,在视频剪辑上单击就把剪辑分开了。

（7）滑动工具

可以同时改变当前片段的入点（起始帧）和出点（结束帧）位置，要求进行滑动的素材的长度应该小于原始素材的长度。

（8）滑行工具

保持被拖动片段的出点和入点的位置不变，变更相邻的片段的出点和入点。

（9）钢笔工具

对于关键帧进行一些特定方式的调整。

（10）抓取工具

主要用于移动轨道，和滚动条的效果是一样的。

（11）缩放工具

缩小或放大时间单位，通过改变时间单位来改变素材的显示长度。操作方法是：单击缩放工具，单击一次放大一级，单击两次则放大两级。如果要缩小，可以在按住键盘上的 Alt 键的同时再单击。

4. 监视窗口

监视窗口不仅可用来监视单个素材，还可用来监视合成的节目，同时它也可以做一些编辑工作。窗口中有两个监视区域。左边的是"素材"窗口，右边的是"时间线播放"窗口。移动时间线的滑块，可改变监视的帧。两个窗口都分别设有"播放""停止""前一帧""后一帧""循环播放""标记入点"和"标记出点"等按钮，这些播放控制按钮可以随意实现倒退、前进、停止、播放、单步播放或循环播放选定区域等动作。

10.4.3　Adobe Premiere 的基本用法

Adobe Premiere 的基本用法可以分为视频制作、特技效果、视频滤镜、合成音效和制作字幕这 5 个部分。

1. 将图片制作成连续播放的视频文件

将一幅幅独立的图片利用 Adobe Premiere 制作成连续播放的视频文件，是影视制作中经常要用到的一种形式。具体操作步骤如下：

①将图片整合成 704×576 像素大小的". bmp"文件，将伴音准备为". wav"文件。

②进入 Adobe Premiere Pro 后，将上述图片文件和伴音文件输入到"项目"窗口中备用。

③分别按顺序将图片文件从"项目"窗口中拖入"时间线"窗口的视频 1 轨道中，每放入一个图片文件时，即右击以激活快捷菜单，选取快捷菜单上的"速度/持续时间"选项，便会弹出"速度/持续时间"对话框，输入新的播放时间，如 00：00：05：00，即将图片播放持续时间定为 5s。

④在". bmp"图片全部放置完成后，可将伴音". wav"文件放入"时间线"窗口的音频 1 轨道中。

⑤拖动编辑线到最左边,单击监视窗口中的"时间线播放"子窗口中的播放按钮,预览影片。

⑥执行"文件"→"保存"命令存盘,执行"文件"→"输出"→"影片"命令,取名为"影片.avi",输出影片时会出现进度条。

2.特技效果

Premiere 的特技效果包括视频画面的切换、音频片段之间的转换、在音频和视频片段上应用滤镜等,所有的特技效果均在"项目"窗口的"特效"子窗口中。当应用了某一特效之后,特效参数可在监视窗口的"特效控制"子窗口中设置,其特技效果可在监视窗口的"时间线播放"子窗口中预览。

一个场景结束,另一个场景接着开始,这就是电影的镜头转场。在 Premiere 中,提供了多种类型的转场效果,既可以在同一轨道的两个相邻片段之间转场,也可以在不同轨道的两个部分重叠的片段之间转场。例如,实现 4 个视频片段转场的具体操作步骤如下:

①新建一个项目,导入 4 个视频片段。

②将其中两个视频片段拖到视频 1 轨道,相邻摆放。将另外两个视频片段拖到视频 2 轨道,相邻摆放。其中,视频 1 轨道中的第二个视频应该和视频 2 轨道中的第一个视频有小部分交叉。

③打开"特效"子窗口,选择"视频转场"中的"3D 过渡"中的"窗帘"转场效果。把此效果拖到时间线的"1.avi"和"2.avi"片段之间。

④同理,把"3D 过渡"中的"翻页"转场效果拖到时间线的"3.avi"和"4.avi"片段之间,把"3D 过渡"中的"翻转"转场效果拖到时间线的"2.avi"和"3.avi"片段之间,把"3D 过渡"中的"关门"转场效果拖到时间线的"4.avi"片段末尾。

⑤播放保存影片。选中应用特效的片段,还可以通过"特效控制"子窗口设置转场持续时间、转场地点等参数。

3.视频滤镜

Premiere 中提供了多种视频滤镜,可以快速对原始素材进行加工,制造一些有趣的特技效果。添加视频滤镜的操作方法如下:

①选择欲添加滤镜的素材,将其拖到时间线上。

②在"特效"子窗口中,单击"视频特效"。选择"通道"中的"翻转"滤镜并直接拖到时间线中的视频片段上。

③同理,可将"光效"中的"镜头眩光"滤镜拖到同一片段上,前后效果对比图。

选中应用滤镜的片段,在"特效控制"子窗口中可以调节各种滤镜参数,或者通过在滤镜名称上单击鼠标右键,在弹出的快捷菜单中单击"清除"命令删除滤镜。

4.合成音效

一般的节目都是视频和音频的合成,音乐和声音的效果给影像节目带来的冲击力是令人震撼的。传统的节目在后期编辑的时候,根据剧情需要配上声音效果,叫做混合音频,生成的节目电影带为双带。胶片上有特定的声音轨道存储声音,当电影带在放映机上播放的时候,视频和音频以同样的速度播放,实现了画面和声音的同步。Premiere 可以很方便地处理音频,获得不可或缺的音频效果。

(1)音频持续时间的调整

音频的持续时间就是指音频的入、出点之间的素材持续时间,因此,对于音频持续时间的调整就是通过对入、出点的设置来进行的。改变整段音频持续时间可采用的方法如下:

①在"时间线"窗口中,用选择工具直接拖动音频的边缘,以改变音频轨迹上音频素材的长度。

②选中"时间线"窗口的音频片段,然后右击,从弹出的快捷菜单中单击"速度/持续时间"就会弹出"速度/持续时间"对话框,在其中可以设置音频片段的持续时间和音频的速度。但是,改变音频的播放速度会影响音频播放的效果,音调会因速度的提高而升高,因速度的降低而降低。同时,播放速度变化了,播放的时间也会随着改变,但这种改变与单纯改变音频素材的入、出点而改变持续时间不是一回事。

(2)使用滤镜效果

Premiere 还包括很多音频的效果,许多音频滤镜都是硬件提供滤镜效果的软件版。有些滤镜用来提供或者纠正音频的特征,有些滤镜用来添加声音的深度、声调的颜色或者特殊的效果。改变每一个滤镜的设置都能达到改变原始素材音频效果的目的。Premiere 支持 3 种声道文件:5.1 声道、立体声和单声道,采用不同声道的音频文件只能采用对应的音频滤镜。例如,立体声可以将声源位置在左、右声道之间循环移动,产生一种声音在左、右喇叭之间循环移动的效果,具有较强的立体感。在立体声文件上应用"混响"音频滤镜的操作步骤如下:

①选择音频素材,将其拖到"时间线"窗口的音频 1 轨道上。

②单击"项目"窗口中的"特效"子窗口,将"音频特效"中的"混响"滤镜效果直接拖到"时间线"窗口中的音频片段上。

5.制作字幕

在影片的制作中,有时需要为影片画面配上文字说明、为影片中的对白和解说加上字幕、为影片添加片头、片尾和演职员表等,Premiere 中可使用字幕设计器完成这些功能。

(1)输入字幕

输入字幕的操作步骤如下:

①选择"文件"→"新建"→"字幕"命令,弹出字幕设计器。白色的区域就表示电视画面,其中有 2 个虚线框,外框是图像安全框,由于电视标准的历史原因,电视画面的周边有 10% 左右是超出显像管的边界的,因此只有在此图像的 90% 的方框中的图像是可以安全显示的。同理,内部的虚线框是字幕安全框,制作的字幕都不要超出这个框,不然在电视上看到的字幕很可能紧贴着屏幕的边缘。

②在编辑区中单击鼠标,出现一个方框,书写所需的字幕文字,如"计算机基础主讲:张力"。

③拖动鼠标选中"计算机基础"字样,在字幕设计器的"对象风格"列表中选择 LiShu(隶书)、大小为 56、填充红色。

④拖动鼠标选中"主讲:张力"字样,在字幕设计器的"对象风格"列表中选择 LiShu(隶书)、大小为 36、填充黑色。

⑤单击工具箱中的选择工具,将文字调整到中间位置。

⑥执行"文件"→"保存"命令,存储为"计算机课程字幕.prtl"。

⑦导入视频片段"1.avi",将其拖到视频 1 轨道上。

⑧导入"计算机课程字幕.prtl"并将其拖到视频 2 轨道上即可。

(2)滚动字幕

滚动字幕的操作步骤如下:

①执行"文件"→"新建"→"字幕"命令,弹出字幕设计器。

②选择字幕类型为"滚动"型,单击工具箱中的文字工具,拖出一个显示框,输入滚动字幕的文本,并设置相应的格式。

③单击字幕设计器上方的滚动选项按钮,在弹出的对话框中勾选"Start off Screen"和"End off Screen"选项。

④执行"文件"→"保存"命令,存储为"制作人员.prtl"。

⑤在"项目"窗口中导入"制作人员.prtl"并将其拖到视频 3 轨道上,配合监视器,调整"计算机课程字幕.prtl"和"制作人员.prtl"字幕之间的重叠部分,做出片头刚消失、制作人员表紧跟的效果。

如果想做水平滚动字幕的效果,可在字幕设计器中选择字幕类型为"左飞"。

第11章 流媒体技术

11.1 流媒体概述

11.1.1 流媒体的定义

一般来说,流媒体(Streaming Media)是指在 Internet/Intranet 中使用流式技术进行传输的连续时基媒体,如音/视频等多媒体内容。其中流式(Streaming)技术是指在媒体传输过程中,服务器将多媒体文件压缩解析成多个压缩包后放在 IP 网上按顺序传输,客户端则开辟一块一定大小的缓冲区来接收压缩包,缓冲区被充满只需几秒钟或数十秒钟的时间,之后客户端就可以解压缩缓冲区中的数据并开始播放其中的内容。客户端在消耗掉缓冲区内数据的同时,又下载后续的压缩包到空出的缓冲区空间中,从而实现了边下载边播放的流式传输。可见流式传输是流媒体实现的关键技术。

流媒体的特点如图 11-1 所示。

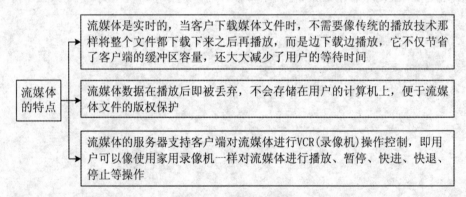

图 11-1 流媒体的特点

11.1.2 流媒体的通信原理

由于带宽的限制,多媒体数据一般要经过预处理才适合流式传输。预处理一般有两种:一是降低质量;二是采用先进的压缩算法。

如图 11-2 所示为流式传输的基本原理。流式传输的过程是:Web 服务器只是为用户提供了使用流媒体的操作界面,当用户选择某一流媒体服务后,Web 浏览器与 Web 服务器之间使用 HTTP/TCP 交换控制信息,以便把用户需要传输的实时数据从原始信息中检索出来;然后客户机上的 Web 浏览器启动 A/V 播放器,使用 HTTP 从 Web 服务器上检索相关参数初始化播放程序。

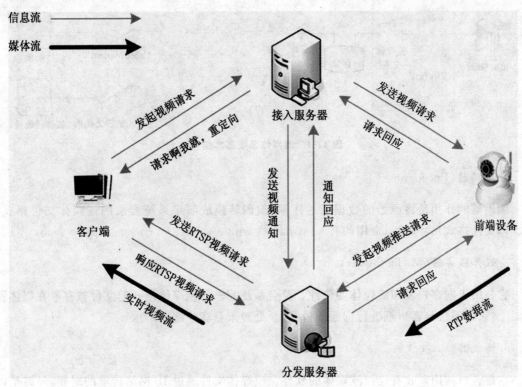

图 11-2　流式传输的基本原理

实现流式传输的方法与特点如图 11-3 所示。

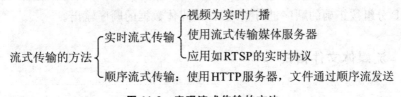

图 11-3　实现流式传输的方法

11.1.3　流媒体系统的基本结构

图 11-4 所示为流媒体系统的基本结构。使用压缩/编码等技术对原始数据(音频或视频)进行预处理,使其转换为流媒体文件,并对其进行存储。当用户选择某一流媒体服务后,流媒体服务器会根据用户的需求筛选出需要实时传输的文件,并通过 Internet 传输给用户端的媒体播放器。

一个流媒体系统应至少包括编码器、媒体服务器以及播放器三个组件。

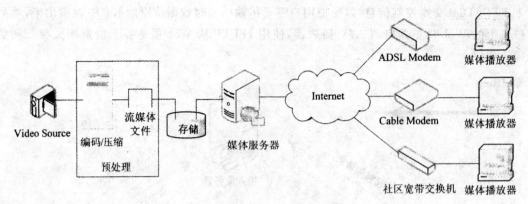

图 11-4　流媒体系统基本结构

1. 编码器（Encoder）

编码器的作用是将原始的数据通过压缩/编码转换成满足系统要求的流媒体文件格式。流媒体文件格式尺寸较小，常用的有 *.wma、*.wmv、*.avi、*.rm、*.mp3、*.mov 等。

2. 媒体服务器（Media Server）

它是用于向客户发布流媒体的软件。符合系统需求的流媒体格式的文件被存放在媒体服务器上，它是系统与客户端进行沟通的桥梁，要处理来自客户端的请求。

3. 播放器（Player）

它是客户端用来收看（听）流媒体的软件。流媒体文件通过 IP 网络传输的时候，最终是以一个个 IP 分组的形式传送的。IP 分组在传输时是各自独立的，因此会根据路由选择协议动态地选择不同的路由到达客户端，导致客户端接收到的分组延时不同，次序被打乱。因此需要缓冲系统将 IP 分组按正确的顺序进行整理，保证媒体数据的顺序输出。

11.1.4　流媒体文件格式

1. 压缩媒体文件格式

常用视频、音频压缩文件的类型见表 11-1。

表 11-1　常用视频、音频压缩文件类型

文件扩展名	媒体类型与名称	压缩情况
MOV	Quicktime Video V2.0	可以
MPG	MPEG 1 Video	有
MP3	MPEG Layer 3 Audio	有

续表

文件扩展名	媒体类型与名称	压缩情况
WAV	Wave Audio	没有
AIF	Audio Interchange Format	没有
SND	Sound Audio File Format	没有
AU	Audio File Format(SunOS)	没有
AVI	Audio Video Interleaved V1.0(Microsoft Windown)	可以

2.流式文件格式

常见的流式文件格式见表 11-2。

表 11-2　常见的流式文件格式

文件格式扩展	媒体类型	公司名称
ASF	Advanced Streaming Format	Microsoft
WMV	Windows Media Video	Microsoft
WMA	Windows Media Audio	Microsoft
RMVB	Real Media Variable Bit Rate	Real Networks
RM	Real Media	Real Networks
RA	Real Audio	Real Networks
RP	Real Pix 文件	Real Networks
RT	Real Text 文件	Real Networks
SWF	Flash 文件	Macromedia
QT	QuickTime 文件	Apple

3.流媒体发布文件格式

常用的流媒体发布文件格式见表 11-3。

表 11-3　常用的流媒体发布文件格式

文件格式	注释
ASF	Advanced Streaming Format
ASX	Active Stream Redirector
RAM	Real Audio Media
RPM	Embedded Ram

文件格式	注释
SMI/SMIL	Synchronised Multimedia Integration Language
XML	ExtenSible Markup Language

11.2 流媒体传输协议

11.2.1 实时传输协议

实时传输协议(Real-time Transport Protocol,RTP)是由 IETF 设计的用于互联网上多媒体数据流的一种传输协议,主要用来为实时数据的应用提供点到点或点到多点的传输服务。它已成为 IP 网多媒体系统广泛采用的实时媒体传输层协议。

RTP 由两个紧密相关的部分组成:实时传输协议(RTP)和实时传输控制协议(Real-time Transport Control Protocol,RTCP)。为了可靠、高效地传送实时数据,RTP 和 RTCP 必须配合使用。RTP 主要用于承载多媒体数据,并通过包头时间参数的配置来使其具有实时的特征。RTCP 主要用于周期性地传送 RTCP 包,监视 RTP 传输的服务质量。在 RTCP 包中,含有已发送的数据包的数量、丢失的数据包的数量等统计资料。因此,服务器可以利用这些信息动态地改变传输速率,实现流量控制和拥塞控制服务。

1.相关概念

(1)RTP 会话

两个或多个用户之间通过 RTP 建立的连接称为 RTP 会话,"用户"为会话的参加者。对于一个参加者而言,会话由一对传输层地址标识。这对传送层地址包括一个网络地址(IP 地址)和一对端口号。一个端口为 RTP 报文的发送/接收所使用,另一个端口为 RTCP 报文的发送/接收所使用。如果会话是由组播建立起来的 RTP 会话,那么该 RTP 会话的标识对于会话的每个参加者来说都是相同的,即每个参加者使用同一个 IP 地址和同一对端口号标识该 RTP 会话以进行通信。如果会话是由单播建立起来的,那么会话双方使用各自的 IP 地址,但却用相同的一对端口号来标识该 RTP 会话。

在一个 RTP 会话上通常只传送一种媒体类型的数据,多个媒体对应多个 RTP 会话,每个 RTP 会话具有自己的 RTCP 报文,用以控制会话的质量。RTP 会话之间通过不同的端口对号来区分。

(2)RTP 协议的相关文件

为了实现根据应用进行分帧的原则,RTP 定义了两类文件:

格式文件(Format Documents),规定了将某种媒体流划分成应用数据单元(ADU)的原则以及 ADU 的格式。RTP 协议已经为 H.26X 视频流、MPEG 视频流以及各种编码格式的音频流等制定了格式文件。用户也可以根据自己的需要定义新的格式文件。

轮廓文件(Profile Document),规定了某一特定应用对 RTP 协议的具体使用方法。一般一种应用对应一个轮廓文件。

(3)同步源和提供源

在一个采用 RTP 支持的多媒体会议会话中,需多个用户同时参加,而且每个用户发出多种类型的媒体,例如麦克风的声音或摄像机的视频,那么发出某一类媒体的源,如麦克风和摄像机被称为同步源(Synchronization Source,SSRC)。同步源之间通过同步源标识符来区分。要注意的是,如果某一类型的媒体来自多个源,例如同时有多个摄像机提供视频,那么每一个源也都要用不同的同步源(SSRC)标识符来区分。

会话过程中,多个用户发出的多个同步源都汇集到一个叫做 Mixer(混合器)的中间系统中,经混合器重新组合形成一个新的组合流再发送出去,用户接收的是混合器输出的组合流。这样,用户终端就能够获得所有参加会议的其他用户的信息。

混合器的作用是接收所有源的 RTP 报文,以某种方式将它们组合起来,其中还对部分报文进行数据格式转换,使之形成新的 RTP 报文,并将其发送出去。由于这些输入的同步源彼此之间不同步,因此需利用混合器对它们进行调整,生成组合流。这样,该组合流就是一个同步流,它同样也需要用一个同步源标识符来标识。此时该同步源标识符代替了输入混合器的所有同步源的同步源标识符,这样便将具有唯一一个同步源标识符的组合流送给各个接收端。在混合器中形成组合流的所有同步源叫做该组合流的提供源(Contributing Source,CSRC)。

2. RTP

RTP 报文由固定长度的报头、可选的 CSRC 及载荷组成,格式如图 11-5 所示。

图 11-5　RTP 报文格式

3. RTCP

RTCP 是一个控制协议,它的报文不携带用户数据,只携带与会话有关的控制信息。它通过周期性地向所有参加者发送 RTCP 报文来传输有关服务质量的反馈信息和参加会话的成员信息。

RTCP 定义了 5 种类型的报文(图 11-6),其中最重要的是 SR 和 RR。

SR 报文在会话中由当前发送者产生,格式如图 11-7 所示。

RR 报文由在会话中那些不是当前发送者的参加会议者产生,其内容与 SR 报文中包含的接收报告块内容相同。用分组类型 201 来标识 RR 报文。信源描述报文用来描述与同步源/提供源有关的信息。结束报文用来标识参与的结束,它应该是信息源发出的最后一种报文。

$$
RTCP的报文\left\{
\begin{array}{l}
发送者报告报文(Sender\ Report,SR)\\
接收者报告报文(Receiver\ Report,RR)\\
信源描述报文(Source\ Description\ Items,SDES)\\
应用相关功能报文(Application\ Specific\ Functions)\\
结束报文
\end{array}
\right.
$$

图 11-6　RTCP 的报文类型

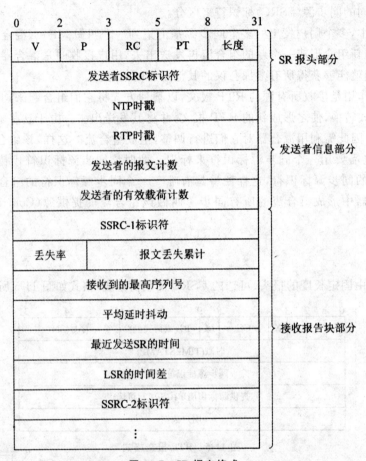

图 11-7　SR 报文格式

RTCP 协议可实现以下功能:

①QoS 监控和拥塞控制。RTCP 控制报文是多点传送的,其中包括监控 QoS 所必需的信息。因此,所有的对话成员都能够大致了解其他参与者的进展情况。

②媒体同步。RTCP 控制报文中包含了序列号和时间戳,这两个值允许不同媒体同步。

③标识。信源描述报文为每个对话成员提供了一个全局唯一的标识符。

④对话大小的估计和规划。由于每个对话成员定期发送 RTCP 控制报文,当对话包含数百个与会者时,必须限制控制流量只占对话带宽的一小部分(通常为 5%)。

11.2.2　实时流协议

实时流协议(Real Time Streaming Protocol,RTSP)是一个应用层协议,定义了媒体服务器和多用户之间如何有效地通过 IP 网络传送多媒体数据。

在 RTSP 的媒体服务器和客户端中,主要存在四种状态:Init、Ready、Playing 和 Recording。状态之间的转变可以通过某种方法传递消息来触发。有如下几种重要的方法:

①SETUP,引发服务器给一个流分配资源,并启动一个 RTSP 会话。

②PLAY、RECORD,启动该流的数据传输。

③PAUSE,暂时中断流,但不释放服务器资源。

④TEARDOWN,服务器释放与该流有关的资源,RTSP 会话结束。

当这些方法携带的消息被传递给服务器或客户端时,服务器或客户端的状态就会相应地发生改变。

11.2.3　资源预留协议

资源预留协议(Resource Reserve Protocol,RSVP)是用于 Internet 上资源预留的协议,位于 IP 层之上,属于 OSI 参考模型中的传输层,但它不是网络传送协议,因为它不传送应用数据,它是一种网络控制协议,用于建立网络资源预留。它允许客户端向网络提出一个特定的请求,为其数据流提供所需的端到端的服务质量。使用 RSVP 协议,能在数据流经路径上的所有节点处保留必要的资源,以保证实际传输时所需的带宽。

1. RSVP 协议的工作过程

RSVP 协议的工作过程如图 11-8 所示。

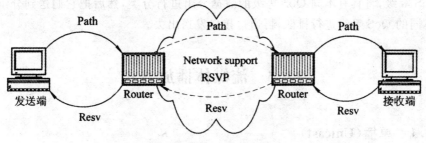

图 11-8　RSVP 协议的工作过程

发送端主机发出 Path 消息,路由器根据路由选择协议选择路由转发此消息。沿途每一个接收到该 Path 消息的节点,都会建立一个"Path 状态",保存在每一个节点中。在"Path 状态"信息中至少包括前一跳节点的单播 IP 地址,Resv 消息就是根据这个前一跳地址来确定反向路由方向的。

接收端主机负责向发送端发出 Resv 消息,Resv 消息依据先前记录在网络节点中的"Path 状态"信息,沿着与 Path 消息相反的路径传向发送端。在沿途的每一个节点处依照 Resv 消息所包含的资源预留的描述 Flowspec 和 Filterspec,生成"Resv 状态",各个节点根据这个

"Resv 状态"信息,预留出所要求的资源。

发送端的数据沿着已经建立资源预留的路径传向接收端。

2. RSVP 协议基本框架

RSVP 协议包含决策控制(Policy Control)、接纳控制(Admission Corttrol)、分类控制(Classified Control)、分组调度(Scheduling)和 RSVP 处理模块等几个主要部分,如图 11-9 所示。

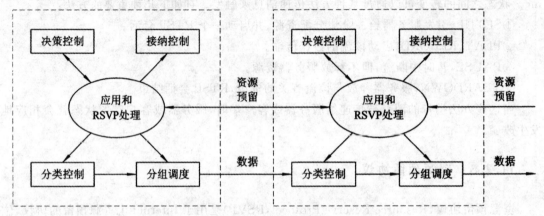

图 11-9　RSVP 协议框架

在预留建立期间,RSVP 处理模块将接收端发来的一个 RSVP QoS 请求——Resv 消息传递给接纳控制模块和决策控制模块。如果其中任何一个控制模块测试失败,预留请求都被拒绝,此时 RSVP 处理模块将一个错误的消息返回给接收端。只有两个控制模块都测试成功,节点才会进一步处理,分别依据 RSVP 消息中的 Flowspec 和 Filterspec 设置分类控制模块和分组调度模块中的参数,以满足所需的 QoS 请求。

预留资源后便可进行数据传输。当数据传输到该节点后,分类控制模块确定每一个数据分组的 QoS 等级,将具有不同 QoS 等级的数据分组进行分类,然后把它们送到分组调度模块中,按照不同的 QoS 等级进行排队,再通过接口发送出去。

11.3　流媒体播放方式

11.3.1　单播(Unicast)

所谓单播是指从一台服务器送出的每个数据包只能传送给一个客户机,如图 11-10 所示。单播的缺点是造成服务器沉重的负担,使响应需要很长时间,甚至停止播放。单播的典型应用是点播(On-demand Streaming)。

11.3.2　组播(Multicast)

IP 组播技术构建一种具有组播能力的网络,允许路由器一次将数据包复制到多个通道上,如图 11-11 所示。

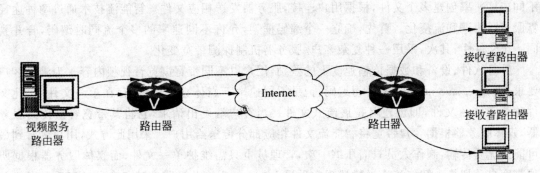

图 11-10　单播

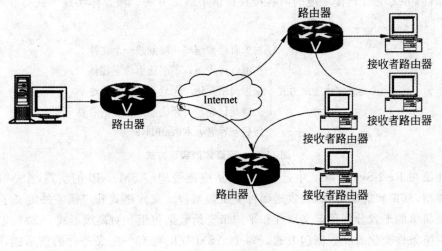

图 11-11　组播

11.3.3　点播与广播

点播是指客户端主动与服务器取得联系。要求服务器传送它指定的媒体流。点播连接时,用户可以对流进行开始、暂停、后退等 VCR 操作,实现了对流的最大控制。由于点播最终传送的是单播流,因此,当点播的用户数不断增加时,网络带宽会迅速消耗殆尽。

广播是指服务器将一条媒体流向网络中的所有客户发布,而客户只能被动接收,并且不能通过 VCR 操作来控制流。这种广播连接同样会浪费网络带宽。

11.4　智能流媒体

随着网络技术的发展,出现了许多不同带宽的网络接入方式。如果流媒体服务器对所有带宽均采用相同的服务速率,就会使低带宽用户无法得到流畅的服务,同时高带宽用户得不到高质量的服务。

一种解决方法是服务器减少发送给客户端的数据而阻止再缓冲。另一种解决方法是根据不同连接速率创建多个文件,根据用户连接,服务器发送相应文件。智能流技术通过两种途径克服带宽协调和流瘦化。首先,确立一个编码框架,允许不同速率的多个流同时编码,合并到同一个文件中;其次,采用一种复杂客户/服务器机制探测带宽变化。

针对软件、设备和数据传输速度上的差别,用户以不同带宽浏览音视频内容。为满足客户要求,Progressive networks 公司编码、记录不同速率下媒体数据,并保存在单一文件中,此文件称为智能流文件,即创建可扩展流式文件。当客户端发出请求,它将其带宽容量传给服务器,媒体服务器根据客户带宽将智能流文件相应部分传送给用户。采用此方式,用户将看到最可能的优质传输,制作人员只需压缩一次,管理员也只需维护单一文件,而媒体服务器根据所得带宽自动切换。智能流通过描述现实世界 Internet 上变化的带宽特点来发送高质量媒体并保证可靠性,并为混合连接环境的内容授权提供了解决方法。流媒体实现方式有 5 种,具体如图 11-12 所示。

流媒体实现方式
- 对所有连接速率环境创建一个文件
- 在混合环境下以不同速率传送媒体
- 根据网络变化,无缝切换到其他速率
- 关键帧优先,音频比部分帧数据重要
- 向后兼容老版本RealPlayer

图 11-12　流媒体的实现方式

智能流在 Real System G2 中是对所谓自适应流管理(ASM)API 的实现,ASM 描述流式数据的类型,辅助智能决策,确定发送哪种类型数据包。文件格式和广播插件定义了 ASM 规则。用最简单的形式分配预定义属性和平均带宽给数据包组。对高级形式,ASM 规则允许插件根据网络条件变化改变数据包发送。每个 ASM 规则可有一定义条件的演示式,如演示式定义客户带宽是 5000～15000Kbps,包损失小于 2.5%。如此条件描述了客户当前网络连接,客户就订阅此规则。定义在规则中的属性有助于 RealServer 有效传送数据包,如网络条件变化,客户就订阅一个不同规则。

11.5　流媒体技术应用

在 Internet 技术高速度发展的今天,流媒体技术得到了长足的发展,可以说日常生活中随处可见流媒体技术的影子。常见的流媒体的应用类型如图 11-13 所示。

通过网络直播、点播视频节目(图 11-14、图 11-15)、Internet TV(图 11-16),用户能随时随地观看自己喜欢的节目,在家办公,以及通过网络召开视频会议。知识经济时代的网上教育突破了传统“面授”教学的局限,为读者提供了时间分散、资源共享、地域广阔、交互式的教学新方式。远程教育系统通过现代的通信网络将教师的图像、声音和电子教案传送给学生,也可以根据需要将学生的图像、声音回送给教师,从而模拟学校教育的授课方式。图 11-17 是流媒体在中小学教学中的应用,图 11-18 是流媒体在远程教育中的应用。

图 11-13　常见的流媒体的应用

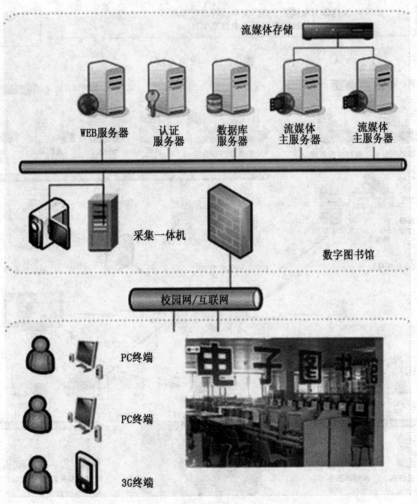

图 11-14　流媒体数字点播在数字图书馆中的应用

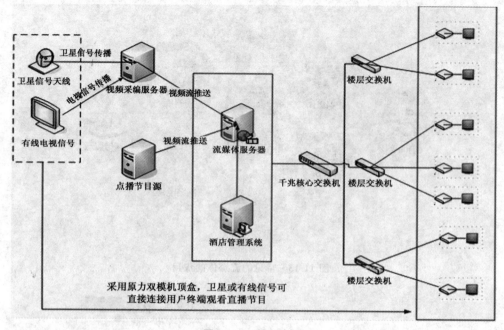

图 11-15　视频点播

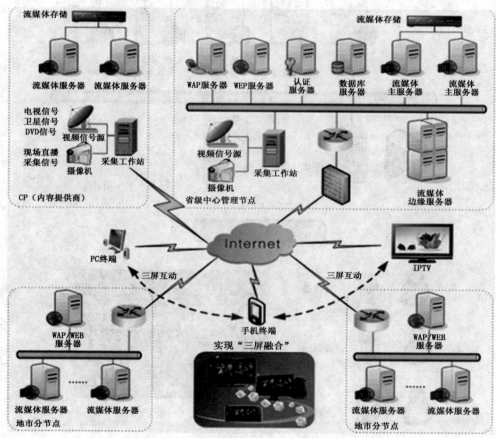

图 11-16　流媒体网络电视台应用之高清直播

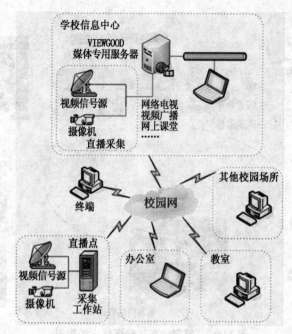

图 11-17　流媒体在中小学教学中的应用

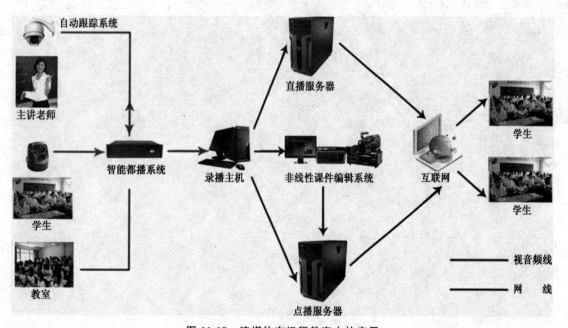

图 11-18　流媒体在远程教育中的应用

　　另外,流媒体技术在电子商务、远程医疗(图 11-19)、视频会议等许多方面都有成功应用。

　　总的来说,目前流媒体技术的应用主要有宽带和窄带两种方式。窄带方式包括多媒体新闻、重大新闻事件的直播、远程教学、e-Learning、股评分析、视频会议等;宽带方式包括网络电视、KTV、企业培训、多媒体 IDC 等。

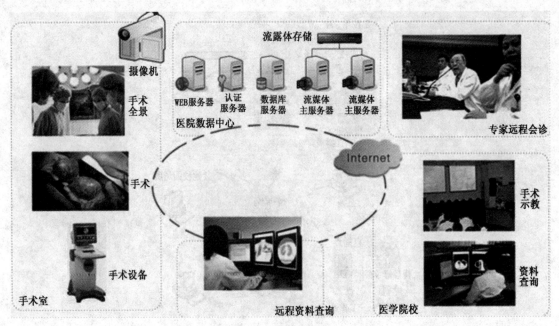

图 11-19　流媒体在远程医疗中的应用

第 12 章　网络多媒体应用系统

12.1　多媒体应用系统概述

多媒体技术正在许多领域影响着人们的工作和生活。多媒体通信业务的种类很多,并且随着新技术的不断出现和用户对多媒体业务需求的不断增长,新型多媒体通信业务也会不断出现。今后,越来越多的宽带业务将全部是多媒体业务。根据 ITU-T 的定义,多媒体业务共分为 6 种。

①多媒体会议型业务。它具有多点、双向通信的特点,如多媒体会议系统等。

②多媒体会话型业务。它具有点到点通信、双向信息交换的特点,如可视电话、数据交换业务。

③多媒体分配型业务。它具有点对多点通信、单向信息传输的特点,如广播式视听会议系统。

④多媒体检索型业务。它具有点对点通信、单向信息传输的特点,如多媒体图书馆和多媒体数据库等。

⑤多媒体消息型业务。它具有点到点通信、单向信息传输的特点,如多媒体文件传送。

⑥多媒体采集型业务。它具有多点到一点、单向信息传输的特点,如远程监控系统等。

以上多媒体业务的特点有些很相似,可以进一步将其归为以下 4 种类型。

(1)人与人之间进行的多媒体通信业务

会议型业务和会话型业务都属于此类。会议型业务是在多个地点上的人与人之间的通信,而会话型业务则是在两个人之间的通信。另外,从通信质量来看,会议型业务的质量要高些。

(2)人机之间的多媒体通信业务

多媒体分配型业务和多媒体检索型业务都属于此类。多媒体检索型业务是一个人对一台机器的点对点的交互式业务;而多媒体分配型业务是一人或多人对一台机器、一点对多点的人机交互业务。

(3)多媒体采集型业务

它是一种多点向一点的信息汇集业务,一般是在机器和机器之间或人和机器之间进行的。

(4)多媒体消息型业务

它属于存储转发型多媒体通信业务。此类多媒体信息的通信不是实时的,需要先将发送的消息进行存储,待接收端需要时再接收相关信息。

在实际工作中,上述这些业务并不都以孤立的形式运行,而以交互的形式运行。从推动网络多媒体系统发展的技术因素来看,与多媒体通信相关的技术有视/音频压缩技术、网络技术、媒体同步技术、存储技术等。实用的网络多媒体系统有多媒体视频会议系统、多媒体合作应用、远程学习系统、多媒体监控系统、多媒体邮件系统和视频点播等。经过多年的发展,这些应用系统已在人们的生活和工作中发挥着重要的作用。

12.2　多媒体会议系统

12.2.1　多媒体视频会议系统概述

视频会议又称会议电视或视讯会议,实际上是一种多媒体通信系统。

随着现代社会生活节奏和工作效率的加快,传统的通信手段已经远远不能满足用户的要求。视频会议正是在这种巨大的市场驱动下应运而生的新一代通信系统。视频会议是一种以视觉为主的通信业务,它的基本特征是可以在两个或多个地区的用户之间实现双向全双工音频、视频的实时通信,并可附加静止图像等信号传输。它能够将远距离的多个会议室连接起来,使各方与会人员如同在面对面进行通信,使与会人员具有真实感和亲切感。

在视频会议发展初期,基本上是专线 2Mb/s 速率,各公司单纯追求一流的编/解码技术,各自拥有专利算法(至今,视频会议供应商还是或多或少地保留了一些自己的专用算法),产品间无法互通,技术垄断,设备价格昂贵,视频会议市场受到很大限制。随着各种技术的不断发展和一系列国际标准的出台,逐渐发展成为由国外如 VTEL、Picture-Tel、VCON 公司和国内中兴及华为等大企业共同分享视频会议市场的竞争局面。现在,高速 IP 网络及 Internet 的迅猛发展,各种数字数据网、分组交换网、ISDN 以及 ATM 的逐步建设和投入使用,使视频会议的应用与发展进入了一个新的时期。

在我国,视频会议系统具有十分广阔的应用前景,因为它可以减轻交通压力,减少经费开支。我国视频会议系统的应用有两种形式:一种是以预约方式租用电信运营商经营的公用视频会议系统,此系统覆盖主要城市,会议需要在专用的会场中进行;另一种是组建专用系统,目前海关、公安、铁路、银行、石油、教育等部门多采用这种方式。

根据所完成的功能的不同,视频会议的方式可以有很多种。按照所运行通信网络的不同,视频会议可分为数字数据网(如DDN)、局域网(LAN)、广域网(WAN)和公共电话网(PSTN)三种会议系统。在数字数据网(DDN)方式中,信息的传输速率是 384~2048kb/s,提供帧频为 25~30f/s 的 CIF 或 QCIF 格式的视频图像。在局域网和广域网环境中,信息的传输速率低于 384kb/s,帧频为 15~20f/s。在公共电话网中,信息的传输速率只有 28.8kb/s 或 33.6kb/s,帧频也只能达到 5~10f/s。按照参与会议的节点数目,视频会议可分为点对点会议系统和多点会议系统。按使用的信息流,视频会议可分为音频图形会议、视频会议、数据会议、多媒体会议和虚拟会议。

12.2.2　视频会议系统的组成

1. 网络

网络是视频会议信息传输的通道,目前视频会议业务可以在多种通信网络中展开,例如

SDH 数字通信网、ISDN、LAN、Internet、ATM、DDN 及 PSTN 等,在用户接入网范围内,可以使用 HDSL、ADSL 及 HFC 网络等设备进行传输。

2. 终端设备

(1)视频、音频的输入输出设备

视频输入设备包括摄像机及录像机,视频输出设备主要包括监视器、投影机、电视墙和分画面视频处理器。音频输入、输出设备主要包括麦克风、扬声器、调音设备和回声抑制器。

(2)信息通信设备

它包括白板、书写电话及传真机等。

白板供本会场与会人员与对方会场人员讨论问题时写字、画图用,其上内容通过辅助摄像机的摄取而输入编码器,传送到对端,在对方会场的监视器上显示。

3. 多点控制单元

视频会议业务是一种多点之间的双向通信业务,多点间视频会议信号的切换必须用多点控制单元(MCU)来完成。MCU 是整个会议电视网的控制中心,应根据相应的国际标准和传输控制协议设置。MCU 和终端的连接网结构呈星形,通常 MCU 放置在星形网络的中心处。由于 MCU 端口数是有一定限制的,因此,在遇到会议点特别多的情况时,可以级联多个 MCU 来使用,但同一级的级联一般不多于两级。

处在上面一层的 MCU 是上层 MCU,处在下面一层的 MCU 为从 MCU,从 MCU 受控于二层 MCU。MCU 是一个数字处理单元,通常设置在网络节点处,可供多个地点的会议同时进行相互间的通信。

MCU 主要由线路单元、音频处理单元、视频处理单元及控制处理单元等模块组成。

线路单元由网络接口单元、呼叫控制单元、多路复用和解复用单元组成,完成输入/输出码流的波形转换、输入码流的时钟同步、复合码流的分解及复接。

视频处理单元提取各点传来的图像信息,根据 MCU 图像切换和选择准则的规定,完成视频图像的交换和发送,并进行相应处理后与其他信息合起来发往各对应点。该模块提供用户之间数据信息的交换。

12.2.3 相关协议

1. 系统协议

(1)H. 320 协议

H. 320 是基于 P×64kbit/s 数字传输网络的视频会议系统协议,采用 H. 221 帧结构,典型应用网络为 N-ISDN 网、数字传输网和数字数据网。H. 320 视频会议系统包括视频会议终端、多点控制单元(MCU)和会议网管等设备。

H. 320 会议系统采用电路交换模式,会议网为星形拓扑结构。会议网管为可选部分,这里不作讨论。多点控制单元(MCU)将在后面与 H.323 系统的 MCU 对比介绍,这里只介绍终端部分。H.320 终端的功能框图如图 12-1 所示。

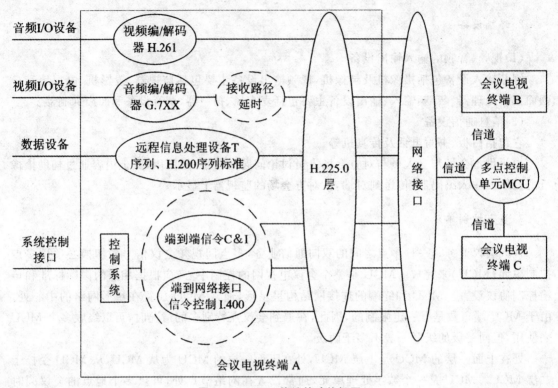

图 12-1　H.320 终端的功能框图

(2)H.323 协议

H.323 协议主要描述无服务质量保障的 LAN 多媒体通信终端、设备和服务。它使用 H.261 或 H.263 作为视频编解码标准,音频用 G.711、G.722、G.723 或 G.728。用 H.225 代替 H.221 成帧功能,通信呼叫由 H.245 定义。相应地,H.322 建议描述服务质量有保障的 LAN 会议系统,服务质量有保障的 LAN 的一个例子是综合业务局域网,它采用载波监听多路存取/冲突检测的介质访问控制,提供等时传送服务。H.323 协议在 1996 年推出第一个版本后,分别于 1998 年、1999 年、2000 年和 2003 年相继推出了后续第二、第三、第四和第五个版本,已经发展得相当成熟,目前最为流行,兼容性支持最好的两个版本是第二版和第四版。

H.323 终端的功能框图如图 12-2 所示。

(3)H.324 协议

H.324 是电话网上的会议系统标准。视频协议用 H.263,音频协议用 G.723.1.1。多路复用/分接协议 H.223 把音频、视频和数据集中于一个流中,按逻辑通道传输,逻辑通道用 H.245 协议控制。网络访问用 V.34 调制解调器。H.324/M 对应的是无线网络环境下的会议标准。

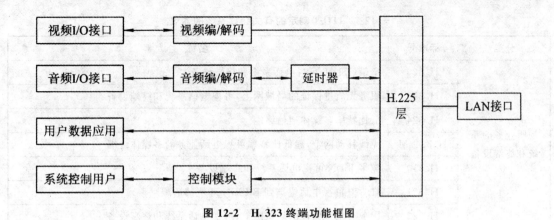

图 12-2　H. 323 终端功能框图

2.视频编/解码协议

视频会议系统的视频编/解码主要使用 H. 261 和 H. 263 两种协议。

(1)H. 261 协议

图像压缩方法一般包括预测压缩编码、变换压缩编码、非等步长量化和变长编码等。H. 261 协议采用了运动补偿预测和离散余弦变换相结合的混合编码方案,具有很好的图像压缩效果,于 1990 年正式通过,是其他图像压缩标准的核心和基础。它解决了以下三个问题。

①确立了各国图像编码专家所公认的统一算法。

②设定了 CIF 和 QCIF 格式,解决了因电视制式小同而带来的互通问题。

③不涉及 PCM 标准问题,其编码器以 64~1920kb/s 的工作速率覆盖了 N-ISDN 和 PCM 一次群通道,解决了 PCM 标准互换的问题。

(2)H. 263 建议

H. 263 建议在 1995 年公布,1996 年正式通过。与 H. 261 相比,H. 263 获得了更大的压缩比,最低码流速率可达 20kb/s,是一个适用于低码率窄带通信信道的视频编/解码建议。

3.音频编/解码协议

视频会议系统的音频编/解码主要使用 G. 711、G. 722 和 G. 728 三种协议。

G. 711 和 G. 722 采用波形编码方式。G. 711 为波形压缩法的对数压扩 PCM 编码,采样范围为 50~3500Hz,压缩后的码率为 64kb/s 或 48kb/s。G. 722 为子带分割的 ADPCM 语音编码,采样范围为 50~7000Hz,压缩后的码率为 48kb/s、56kb/s 或 64kb/s。

G. 728 采用混合编码方式,为低延时码激励线性预测编码,音频信号带宽为 50~3500Hz,编码语音输出信号速率为 16kb/s。所以,G. 728 更适合应用于低码率视频会议系统中。

4.T 系列协议

表 12-1 列出了 ITU-T 有关会议系统的常用协议及其名称。另外,基于 B-ISDN 和 ATM 网的会议系统由 H. 310 描述。H. 321 定义了 H. 320 终端对 B-ISDN 环境的适配,使 B-ISDN/ATM 访问一旦可以获取,H. 320 会议终端就可以利用这些宽带网络设施召开会议。

表 12-1　ITU-T 制定的有关会议系统的建议

分类	标准号	名称
视听业务的系统和终端设备	H.320	窄带(ISDN)可视电话系统和终端设备
	H.323	服务无质量保证的局域网上,可视电话系统和终端设备
	H.324	低比特率多媒体通信终端
	H.324/M	无线移动网上,超低比特率可视电话业务的多媒体终端
	H.310	宽带 ISDN 可视电话系统和终端设备
	H.321	H.320 可视电话终端到 B-ISDN 环境的适配
	H.322	服务有质量保证的局域网上,可视电话系统和终端设备
视频编解码	H.261	P×64kbit/s 视听业务的视频编解码器
	H.262	ISO/MPEG-2,未被列入 H.323 推荐范围
	H.263	用于小于 64kbit/s 窄带远程通信信道的视频编解码器
	H.264	MPEG-4 Part10,比 H.263 节省 50% 的比特率,并提高了网络适应能力
音频编解码	G.711	3.4kHz 语音脉冲编码调制(PCM)
	G.722	64kbit/s 以内的 7kHz 音频编码
	G.723	用于多媒体通信传送的双速率(5.3kbit/s 和 6.3kbit/s)语音编码
	G.728	低延迟码激励线性预测的语音编码
	G.729	共轭结构代数码激励线性预测编码
数据协议	T.120	多媒体会议的数据协议
	T.121	通用应用模板
	T.122	音频图形和视听会议的多点通信服务
	T.123	音频图形和视听会议应用的协议栈
	T.124	视听和音频图形终端的通用会议控制
	T.125	多点通信服务的协议规范
	T.126	静止图像的协议规范
	T.127	多点二进制文件传送的协议规范
	T.128	应用程序共享协议
	T.130	提供 T.120 数据会议与 H.320 视频会议连接的概要描述
	T.131	特定网络影响
	T.132	实时连接管理
	T.133	音频、视频控制服务
	T.TUD	用户保留

续表

分类	标准号	名称
成帧、多路复用和同步	H.221	视听业务中,64~1920kbit/s 信道的帧结构
	H.223	低比特率多媒体通信的多路复用协议
	H.224	使用 H.221 LSD/HSD/MLP 信道的单位应用实时控制协议
	H.225	在服务无保证的 LAN 上进行媒体流分组和同步
通信规程	H.241	在 H.300 系列协议中扩展视频通信能力的过程和控制信令
	H.242	使用 2Mbit/s 以内数字信道,在视听终端之间建立通信的系统
	H.243	使用 2Mbit/s 以内数字信道在 3 个或多个视听终端之间建立通信的规程
	H.245	多媒体通信控制协议
系统方面	H.230	视听系统的帧同步控制和指示(C&L)信号
	H.231	使用 1920kbit/s 以内信道的视听系统的多控制单元
	H.233	视听业务保密系统
	H.234	视听业务的密钥管理和认证系统
	H.235	H 系列多媒体终端的安全和密码保护协议
其他	H.281	使用 H.224 的视频会议远程摄像机控制协议

5. 其他协议

H.221:视听电信业务中 64~1920kb/s 信道的帧结构。

T.120:多媒体会议的数据协议。

H.225.0:基于分组交换的多媒体通信中的呼叫信令协议和媒体数据流分组协议。

T.123:多媒体会议的网络专用协议栈。

G.723.1:音频编/解码协议,是 5.3kb/s 和 6.3kb/s 多媒体通信传输速率上的双速语音编码。

Q.922:ISDN 帧模式承载业务使用的数据链路层规范。

G.703:脉冲编码调制通信系统工程网络的数字接口参数。

IEEE 802.3U:10/100Base-T 以太网接口标准。

12.2.4　虚拟空间会议系统

1. 多媒体会议系统的局限性

(1)群体感知

目前的多媒体会议系统,与会者无法在同一时刻获得所有成员的信息,无法表达感知信息(Awareness)。

（2）群体成员之间的交互方式与交互深度受限

在实际会议中，与会者之间存在着深层次的交互行为，如身体语言、眼神接触及凝视感知等，目前多媒体会议系统无法实现这些交互行为。

（3）会议的空间感与真实感不强

目前多媒体会议缺乏真实的会场气氛，不同会场的与会者对整个会议的感知没有空间感。

2. 虚拟空间会议系统

虚拟空间会议系统（Virtual Space Teleconferencing System，VST）又称终极会议系统，VST 系统由虚拟会议终端与多点合成服务器（MCS）组成，图 12-3 显示了一个基本的系统框架。VST 系统能将来自于各个会场的信息通过分割、变换和综合，最后合成到一个公共的虚拟空间之中，使得与会者形成会场整体的感知效果。VST 系统中涉及了会议管理、通信管理、图像处理和空间感知等多种关键技术。

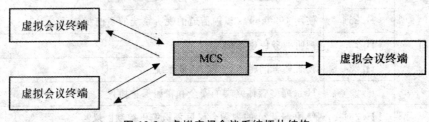

图 12-3　虚拟空间会议系统拓扑结构

由于 CISCO、HP 等公司相继推出商业化产品，虚拟会议系统近两年已经从实验室走向应用和市场。CISCO 公司 2006 年宣布推出了一项名为"Cisco TelePresence"（国内被译成"思科网真"）的创新技术，并推出了包括 Cisco TelePresence1000、Cisco TelePresence3000 等不同规格的产品。这个构建于智能化 IP 网络之上的系统，能够将远程参会者的图像以真人大小的格式显示在会议室的显示屏幕上。

目前，虚拟会议系统还处于孕育阶段，为满足高端用户群的需求而扮演着普通多媒体会议补充的角色。一方面是价格昂贵，另一方面是不同厂家之间的产品之间还不能互联互通。但随着技术的迅速发展，虚拟会议系统将会走入寻常百姓家，为我们的生产和生活带来极大的方便。

12.2.5　视频会议的发展趋势

现在很多新的技术已经深入并逐渐应用到视频会议中，视频会议出现了如下一些新的发展趋势。

1. 基于软交换思想的媒体与信令分离技术

在传统的交换网络中，数据信息与控制信令一起传送，由交换机集中处理。而在下一代通信网络中的核心构件却是软交换（Softswitch），其重要思想是采用数据信息与信令分离的架构，信令由软交换集中处理，数据信息则由分布于各地的媒体网关（MG）处理。相应地，传统的 MCU 也被分离成完成信令处理的 MC 和进行信息处理的 MP 两部分,MC 可以采用 H.248 协议远程控制 MP。MC 处于网络中心,MP 则根据各地的带宽、业务流量分布等信息合理地分配信息数据的流向,从而实现"无人值守"的视频会议系统,还可以减少会议系统的维护成本和维护复杂度。

2.分布式组网技术

这个技术是与信令媒体分离技术相关的。在典型的多级视频会议系统中,目前最常见的是采用 MCU 进行级联。这种方式的优点是简单易行,缺点是如果某个下层网络的 MCU 出现故障,则整个下层网络均无法参加会议。如果把信令和数据分离,那么对于数据量小但对可靠性要求高的信令可以由最高级中心进行集中处理,而对数据量大但对可靠性要求低的数据信息则可以交给各低级中心进行分布处理,这样既可提高可靠性又可减少对带宽的要求,对资源实现了优化使用。

3.最新的视频压缩技术——H.264/AVC

H.264 具有统一 VLC 符号编码、高精度、多模式的运动估计以及整数变换和分层编码语法等优点。在相同的图像质量下,H.264 所需的码率较低,大约为 MPEG-2 的 36%,H.263 的 51%,MPEG-4 的 61%,优势很明显。所以可以预计 H.264 必将会在视频会议系统中得到广泛的应用。

4.交换式组播技术

传统的视频会议设备大多只能单向接收,采用交互式组播技术则可以把本地会场开放或上传给其他会场观看,从而实现极具真实感的"双向会场"。

12.3　交互视频服务系统

12.3.1　交互视频服务系统的概念

1.基本概念和发展概况

近年来,交互视频服务系统已经成为一种新的信息服务形式,它为普通的电视机增加了交互能力,使人们可以按照自己的需求获取各种网络服务。

广播电视部门倾向于把它看成是一种电视系统,称为交互电视,用户终端是电视机再加上一种称为机顶盒的交互设备,继续从电视网络上获取信号,但需要进行网络的双向化改造。从技术解决方案上看,广播电视部门走的是"数字电视"的技术路线。

从电信运营商角度看,倾向于把它看成是一种在 IP 网络上的宽带服务,称为视频点播 (Video On Demand,VOD)。后端由服务运营商建设巨大的视频服务器系统,用户终端既可以是电视机加机顶盒,也可以是计算机,或者是其他可以获取视频信息的设备,如手机、PDA 等。通过这些终端设备,可以向视频服务器点播所需的节目,其中也包括电视服务和其他网络服务。目前最具有代表性的系统就是 IPTV。

这里需要注意的是,在现阶段,将交互式电视设备作为视频服务系统的终端与采用计算机作为多媒体信息系统的终端是有差别的。相比之下,VOD 系统的应用领域非常具体,视频质量要求较高,强调为大量观众提供视频服务,但只支持相对简单的操作和功能,价格也比较便宜。而基于计算机的多媒体信息系统能够提供广泛的多媒体信息查询和检索服务,其中当然也包括视频信息,用户也可以对视频进行交互操作,系统中也可以有视频服务器,但这种基于计算机的多媒体信息系统的交互性更强,向用户提交的表示信息的媒体形式更多,更强调向用户提供对大型视频库的查询和检索能力,从而对终端设备的要求更高,价格更贵一些,用户操作过程也更复杂。

2. 纯视频点播与准视频点播

交互电视的基本特征是用户对视频的播放过程可以进行控制,这种控制可以作用于节目间(Inter-program)或节目内(Intra-program)。节目间的交互是指随时可以选择一部影片;节目内的交互是指随时可以在一个节目内的场景之间进行选择。节目间交互式电视又称为点播电视(Video On Demand,VOD),它又可分为纯视频点播(True Video On Demand,TVOD)和准视频点播(Near Video On Demand,NVOD)。

12.3.2 交互视频服务系统的组成与结构

如图 12-4 所示,交互视频服务系统由视频服务提供商、传送网络和用户 3 部分组成。用户通过简便易用的用户终端来获取视频服务,为了使视频服务的使用像电话和普通电视一样容易获得,用户终端要求接入到家庭。

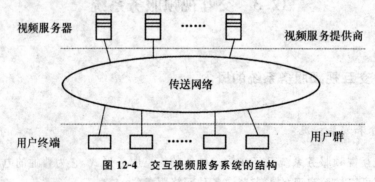

图 12-4 交互视频服务系统的结构

1. 视频服务和管理设备

图 12-5 所示为典型的视频服务和管理设备。

(1)视频服务器

用于存储视频资源并提供检索能力的设备称为视频服务器(Video Server)。由视频提供商设置的各种类型的视频服务器是交互视频服务系统的视频源。这些视频源包括运动图像，交互式视频（教育、游戏和售货等方面），远程广播（电视台的广播节目）等。

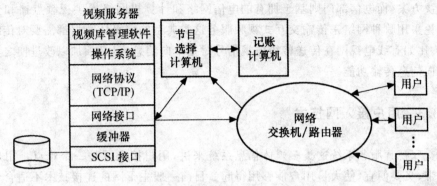

图 12-5　视频服务和管理设备

（2）节目选择计算机

为了对视频服务器尤其是分布的多个服务器进行管理，需要一种前端子系统，它可以是一台独立的计算机，称为节目选择计算机。

视频点播系统通过节目选择计算机使视频服务器控制存储和检索的效率更高，处理更方便。

（3）记账计算机

它对用户账户进行管理，记录用户使用视频资源的时间、次数，并计算出相应的费用。

（4）服务管理

交互视频服务系统中的服务管理是系统中的一个重要组成部分，它关系到系统能否正常持续地运行。服务管理包括系统诊断、系统扩展及加密等。

2. 用户终端/机顶盒

用户终端是交互视频服务系统中的用户端设备，从某种意义上说，它是用户与网络和视频服务设备打交道的"代理"。其基本功能包括在显示屏上显示服务项目；为用户提供基本的控制和选择功能；把用户的选择传送到视频服务器；实时视频的解码和显示；指示设备工作、网络传输和节目资源的状态等。交互视频服务系统终端有两种形式：一种是机顶盒（Set Top Box）加上电视机；另一种是个人计算机加上解码器。

机顶盒主要是解决以电视机为图像显示设备的交互视频服务系统用户终端接口问题。机顶盒有两类，一类提供接收数字编码的电视信号（获得更清晰、更稳定的图像和更高的声音质量），这种机顶盒称为电视机顶盒。电视机顶盒是享受数字电视的必需设备。另外一类机顶盒内部包含操作系统和因特网浏览器软件，通过电话网、数据网或者有线电视网连接 Internet，使用电视机作为显示器，称其为网络机顶盒。

3. 传送网络

网络用于传送用户的节目选择信息和音、视频媒体信息流。我国已经建成了以电信公网、有线电视网和计算机互联网为代表的 3 大网络系统。目前网络资源作为实现分布式多媒体应用的基础设施还没有实现统一,因此各类交互电视和视频点播服务系统采用的传输网络往往与提供商所拥有的资源有关。广电部门主要基于覆盖全国的 CATV 网络和 HFC 网络提供数字电视解决方案,而电信部门则基于拥有的电信网络和计算机网络提供视频点播和交互电视服务。无论采用哪种网络来传输交互式视频服务这类典型的多媒体数据都需要对传统的网络进行改进,比如有线电视网在传送传统电视信号时是单向信息流,必须加以改进使之具有支持交互的双向信息传输功能。

12.3.3 用户接入网技术

对于交互视频服务系统这类多媒体信息系统来讲,用户接入网是一个难点。用户入网既要高速宽带,又要便宜,使大量用户能够用得起。目前一般主干网的连接技术不适合于交互视频服务系统用户的接入,这就是常说的"最后一公里问题",必须采取新的技术和方法加以解决。

1.信息使用的非对称模式与对称模式

对于交互视频服务系统的用户接入来讲,有两个方向的通路:节目通路和返回通路。节目通路又称下行通路,是指视频信息向观众传送的通路,要求这条通路是高带宽的。返回通路又称上行通路,用户用来把自己的节目要求送到视频服务提供商那里。返回通路承载的信息是:节目选择要求、购物浏览和预订选择、教育节目中的测验问题回答、任何选择项目的应答、检测信号的应答等。对于视频方面的服务系统来讲,在两个方向上传送的信息量具有很大的差异。视频服务器需要以每秒兆位的速度向用户终端传送家用质量的视频信号,而从遥控器或键盘向视频服务方传送的平均数据率却很低。这种特性称为信息使用的非对称模式。它对计算机和通信领域来讲是一个新概念,因为过去的通信系统都是设计成双向同等速率的,相对地称为对称模式。

2.基本的用户接入方式

随着信息时代的到来,如何将信息高速公路通向千家万户,是当前迫切需要解决的问题。就电信网而言,虽然交换系统已经实现了程控化,传输系统已经实现了光纤化和数字化,但用户接入网基本上还是传统的双绞铜线电话线,铜线电话线已经成为限制电信网和电信业务发展的"瓶颈"。对于有线电视网而言,传输干线目前已经实现了光纤化,并在部分地区完成了区域性连网。尽管有线电视网络具有其他网络无法比拟的带宽优势,但网络拓扑改造和用户宽带接入仍然制约着有线电视系统中宽带业务的开展。为了解决用户迫切需要的宽带接入问题,使得视频点播、交互电视、远程教育、远程医疗等宽带业务能正常开展,人们提出了多种利用现有的接入到普通用户家庭的铜质双绞线和有线电视系统的铜轴电缆实现宽带接入的方法。这些方法主要分成两大类:第一类方法是基于铜质双绞线的接入方案。这些技术包括目前最常见的 Modem 接入技术、ISDN 接入技术以及速率更高的数字用户线 DSL 技术。第二类方法是基于有线电视系统中的铜轴电缆的 HFC 接入技术和代表未来发展方向的光纤接入技术。

（1）xDSL 接入

数字用户线（Digital Subscriber Line，DSL）技术的目标是希望通过采用数字技术和调制解调技术在常规的用户铜线上实现宽带信号的传送，它能利用现有的大量电话线资源，因此得以迅速部署和推广，已经成为目前应用最广泛的接入技术。DSL 是一种不断发展的技术，首先出现的是 ISDN。ISDN 首先利用数字传输技术将用户与电话局之间的模拟传输变成了数字传输，实现了信息从数据终端到数据终端的全程数字化，用户的接入速率由 Modem 的 33.6kbit/s 或 56kbit/s 上升到 128kbit/s。随后出现的是高速数字用户线 HDSL 技术，它将传输速率提高到 T1/E1 的标准速率。后来又出现了 ADSL、VDSL、RADSL、UADSL 等新的 DSL 技术，使得接入速率进一步提高。学术界将这一系列有关利用铜双绞线传送数据信号的新技术统称为 xDSL 技术。按上行（用户到交换局）和下行（交换局到用户）的速率是否相等可分为速率对称型和速率非对称型两种。速率对称型的 xDSL 技术主要有 HDSL、SDSL 两种形式。非对称型的 xDSL 技术主要有 ADSL、VDSL 等几种。特别值得注意的是，ITU 最新制定的两个新一代 ADSL 标准：ADSL 2 和 ADSL 2＋技术。与 ADSL 相比，ADSL 2 下行速率达 12Mbit/s，ADSL 2＋则在可用频带、上下行传输速率上又做了进一步的扩展，下行速率达 24Mbit/s，上行速率达 800kbit/s。

（2）HFC 接入

HFC（Hybird Fiber-Coax）是指采用光纤传输系统代替全铜轴有线电视网的干线传输部分，而用户分配网络仍然保留铜轴电缆结构的新型有线电视网络。随着数字通信技术的发展，特别是高速带宽通信时代的到来，由于 HFC 具有现有其他网络无法比拟的带宽优势而成为现在和未来一段时间内宽带接入的最佳选择之一。

HFC 网络一般采用电缆调制解调器（Cable Modem）技术进行数字传输。其工作原理与普通 Modem 基本相同，不同的是 Cable Modem 调制的信号是在有线电视系统的一个频道中传输的，传输的带宽比较宽。Cable Modem 的数据传输是非对称的，上行数据传输速率可达 10Mbit/s，下行数据传输速率可达 30～40Mbit/s。该技术已经有统一的国际标准，即 MCNS（Multimedia Cable Network System）组织推出的 DOCSIS（Data Over Cable Service Interface Specification）标准，该标准已得到 ITU 的批准。

（3）光纤接入

光纤接入网是指接入网中传输媒介为光纤的接入网。根据光纤深入用户群的程度，可将光纤接入网分为光纤到路边（FTTC）、光纤到小区（FTTZ）、光纤到大楼（FTTB）、光纤到办公室（FTTO）和光纤到用户（FTTH），它们统称为 FTTx。FTTx 不是具体的接入技术，而是光纤在接入网中的推进程度或使用策略。光纤接入网从接入技术上分为有源光网络（Active Optical Network，AON）和无源光网络（Passive Optical Network，PON）。AON 分为基于 SDH 的 AON 和基于 PDH 的 AON；PON 分为窄带 PON 和宽带 PON。

该技术与其他接入技术相比具有可用带宽大、传输质量好、传输距离长、抗干扰能力强和网络可靠性高等优点，而且还有巨大的开发潜力。无论是从传输性能还是对业务长远发展的支持能力来看，光纤接入技术都有较大优势，光纤用户环路是未来发展的方向。但目前其面临的最大问题是成本较高，出于经济上的考虑，在发展初期有源光接入技术发挥了主要作用，国际上普遍的做法是把有源光接入技术用于接入网的馈线段和配线段，引入线则采用其他接入技术。随着光纤向用户逐步靠近,为节省光纤资源和降低设备成本,无源光网络设备将大量投入使用。

3. 新兴的接入方式——无线宽带接入

无线通信技术的快速发展,使得接入方式也发生了变化。除了传统的移动通信网络,LMDS、WLAN、MMDS、Wi-Fi、WiMAX、FSO 等各种无线接入技术也纷纷涌现,成为人们讨论和关注的热点。无线宽带接入技术是指把高效率的无线技术应用于宽带接入网络中,以无线方式向用户提供宽带接入的技术。根据覆盖范围将其划分为无线个人网(WPAN,10m 之内)、无线局域网(WLAN)、无线城域网(WMAN)和无线广域网(WWAN)。

IEEE 802.20 标准,也被称之为 Mobile-Fi,其目标是制定一种适用于广域网环境下满足高速移动需求的无线宽带接入系统的空中接口规范,其单小区覆盖半径为 15km,在移动性上可支持的最高速率为 250km/h,并且可以提供大于 1Mbit/s 的峰值速率,远远高于 3G 技术的性能指标。我国也推出了 TD-SCDMA 标准,并且在 2008 奥运会期间大力推广,在无线接入方面也占有了一席之地。

与有线接入方式相比,无线接入具备用户移动性好、建设周期短、提供服务快速、可按用户需求动态分配系统资源及系统维护成本低等优势,已经成为继 DSL、HFC 和光纤接入技术之后的第四种最重要的接入技术。

12.4 虚拟现实系统

12.4.1 虚拟现实的概念

虚拟现实(Virtual Reality,VR)或称是由计算机生成的、具有临场感觉的环境,它是一种全新的人机交互系统。

虚拟现实技术是多媒体技术发展的更高境界,它使计算机从使用常规键盘、鼠标、显示器等输入、输出设备对其操作的系统,变成了人处于计算机创造的虚拟环境中,通过多种感官渠道与虚拟环境进行比较"自然"的实时交互的系统,从而体验真实的环境,为人们探索宏观世界和微观世界,研究各种复杂、危险的环境下事物的运动变化规律,提供了极大的便利和全新的方法。近年来,虚拟现实技术引起了各国学者的关注,得到了飞速地发展,成为十分活跃的研究领域。

虚拟现实的概念最早源于 1965 年 Ivan Sutherland 发表的论文"The Ultimate, Display",限于当时的软硬件技术水平,长期没有实用化系统。飞行模拟器是 VR 技术的先驱者,鉴于 VR 在军事和航天等方面有着重大的应用价值,美国一些公司和国家高技术部门从 20 世纪 50 年代末就开始对 VR 进行研究。NASA 在 20 世纪 80 年代中期研制成功第一套基于 HMD 及数据手套的 VR 系统,并应用于空间技术、科学数据可视化和远程操作等领域。

1989 年,美国 VPL 研究公司的创始人加隆·雷尼尔(Jaron Lanier)提出了 Virtual Reality 一词,用于统一表述当时涌现的各种借助计算机及传感装置而创造的一种新的人机交互手段概念。钱学森先生把 Virtual Reality 译为"灵镜"。

虚拟现实系统具有多感知性、沉浸感、交互性和自主性 4 个特征。交互性和沉浸感是虚拟现实系统的两个实质性特性。

12.4.2　虚拟现实技术的应用

虚拟现实技术是 21 世纪广泛发展和必将得到广泛应用的新技术。虚拟现实的应用范围如表 12-2 所示。

表 12-2　虚拟现实的应用范围

应用领域	主要用途
医学	外科手术、远程遥控手术、医学影像、药物研制
教育	虚拟天文馆、远程教学
艺术	虚拟博物馆、音乐
商业	虚拟会议、空中交通管制、产品展示、建筑设计、室内设计、城市仿真
科学计算视觉化	数学、物理、化学、生物、考古、天体物理、虚拟风洞、分子结构分析
国防及军事	飞行模拟、军事演习、武器操控、武器对抗、太空训练
工业	工业设计、虚拟制造、机器人设计、远程操控、虚拟装配
娱乐	电脑游戏

1.军事应用及视景仿真

虚拟现实的视景仿真技术由于其在应用上的安全性,在航空航天、航海及核电等方面一直备受重用。特别是在军事领域,视景仿真技术已成为武器系统研制与试验的先导技术、校验技术和分析技术。美国宇航局利用虚拟现实技术对空间站、哈勃太空望远镜等进行了仿真,已经建立了航空、卫星维护和空间站虚拟现实训练系统。

美军采用虚拟现实技术进行了包括军事教育、军事训练、飞行训练及战场场景虚拟等研究,并不断开发其在武器试验方面的功能,扩大其应用范围,将其用于导弹的飞行环境仿真和虚拟电磁环境仿真等。美国的响尾蛇空对空导弹,爱国者、罗兰特及尾刺地对空导弹,先进中程空对空导弹等都进行了虚拟现实试验。采用虚拟现实仿真技术,可使实弹减少 15%～30%,研制费用节省 10%～40%,研制周期缩短 30%～40%。

2.科学计算可视化

科学计算可视化是指用计算机图形产生视觉图像,帮助理解科学概念或结果的复杂数值表示。通过视觉信息掌握系统中变量之间、变量与参数之间、变量与外部作用之间的变化关系,可直接了解系统的静态和动态特性,深化对系统模型概念化和形象化的理解。这是由于在三维环境中信息的显示要比信息的二维显示更有价值,更容易被理解与应用。

物体受力、红外光、微波、雷达、电磁场及在通道中流动的各种物质影响的数据都不是可见的,利用虚拟现实技术,可以很容易地将这些东西可视化和形象化,并进行交互式分析。

3.教育培训及娱乐

虚拟现实技术对未来教育的影响巨大,会改变未来教育的形态。由虚拟现实技术所带动的网络学习方式及视频会议技术对终身教育产生了巨大的推动作用,虚拟现实技术可以极大改善读者与教师之间、读者与读者之间、读者与学习内容之间的互动关系和互动质量,刺激用户学习兴趣及培养用户学习能力的发展,提升读者的学习效率和学习效果。

娱乐是虚拟现实系统的一个重要应用领域,通过虚拟现实技术,它能够提供更为逼真的虚拟环境,从而使人们享受其中的乐趣。例如,高尔夫球虚拟现实系统,可以模拟多个著名球场的实况。另外,利用虚拟现实技术,可以对文物古迹进行复原,并进行漫游,使人们领略古老的文化,同时也对文物起到了保护作用。

4.医学应用

虚拟现实在医学方面的应用大致上有两类。

一类是虚拟人体,也就是数字化人体。虚拟人体在医学方面的应用具有十分重要的现实意义,使医生更容易了解人体的构造和功能。在虚拟解剖教学中,学生和教师可以直接与三维模型交互。借助于跟踪球、HMD、感觉手套等虚拟的探索工具,可以达到采用模型或真实标本等常规方法不可能达到的效果。

另一类是虚拟手术系统,其意义表现为两个方面:一方面通过虚拟现实再现手术过程,对手术过程进行分析和指导;另一方面医生对病人模型进行手术,他的动作通过通信系统传送给远处的手术机器人,使其对实际的病人进行手术。手术的实际图像也可以传回到远处的医生处,以实现交互。

5.虚拟制造

虚拟制造技术采用计算机仿真和虚拟现实技术,在分布技术环境中开展群组协同工作,实现产品的异地设计、制造和装配,是 CAD/CAM 等技术的高级阶段。

虚拟现实技术还可以在遥控机器人学及艺术创作等方面得到应用,随着 Internet 技术的发展,Internet 技术与 VR 技术的结合为虚拟现实的未来提供了更广阔的应用前景。

参考文献

[1]张晓燕,刘振霞,马志强.网络多媒体技术[M].西安:西安电子科技大学出版社,2009.

[2]张云鹏.现代多媒体技术及应用[M].北京:人民邮电出版社,2014.

[3]许宏丽.多媒体技术及应用[M].北京:清华大学出版社,2011.

[4]张慧,刘艳,陈小冬.多媒体技术及应用[M].北京:化学工业出版社,2012.

[5]林秋明,骆懿玲.Internet 及多媒体应用实验指导[M].北京:北京师范大学出版社,2015.

[6]林福宗.多媒体技术基础[M].2 版.北京:清华大学出版社,2002.

[7]陆芳,梁宇涛.多媒体技术及应用[M].北京:电子工业出版社,2007.

[8]彭波,孙一林.多媒体技术及应用[M].北京:机械工业出版社,2006.

[9]薛为民.多媒体技术及应用[M].北京:清华大学出版社,2006.

[10]张瑜.多媒体技术[M].北京:清华大学出版社,2004.

[11]姜楠,王健.常用多媒体文件格式与压缩标准解析[M].北京:电子工业出版社,2005.

[12]马华东.多媒体技术原理及应用[M].2 版.北京:清华大学出版社,2008.

[13]赵济东,杨文阳,吉喆等.多媒体技术与应用[M].北京:清华大学出版社,2014.

[14]王汝言.多媒体通信技术[M].西安:西安电子科技大学出版社,2004.

[15]何小海.图像通信[M].西安:西安电子科技大学出版社,2005.

[16]焦淑红.多媒体信息系统[M].北京:机械工业出版社,2007.

[17]钟玉琢.多媒体技术及其应用[M].北京:机械工业出版社,2003.

[18]张瑜.多媒体技术[M].北京:清华大学出版社,2004.

[19]吴炜.多媒体通信[M].西安:西安电子科技大学出版社,2008.

[20]张明敏.网络多媒体技术与应用[M].北京:清华大学出版社,1998.

[21]欧建平.网络与多媒体通信技术[M].北京:人民邮电出版社,2003.

[22]刘冰.现代网络与多媒体技术基础[M].北京:机械工业出版社,2003.

[23]刘峰.视频图像编码技术及国际标准[M].北京:北京邮电大学出版社,2005.